清华建筑学人文库

多维视角下的当代演艺建筑

Contemporary Performing Arts Architecture in the Multidimensional Perspective

程翌 著

中国建筑工业出版社

审图号：GS（2015）2435号

图书在版编目（CIP）数据

多维视角下的当代演艺建筑／程翌著. —北京：中国
建筑工业出版社，2013.7
（清华建筑学人文库）
ISBN 978-7-112-15671-9

Ⅰ.①多…　Ⅱ.①程…　Ⅲ.①剧院 – 建筑设计 – 研究
Ⅳ.①TU242.2

中国版本图书馆CIP数据核字（2013）第173608号

责任编辑：何　楠　徐晓飞
责任校对：王雪竹　赵　颖

清华建筑学人文库

多维视角下的当代演艺建筑

程　翌　著
*
中国建筑工业出版社出版、发行（北京西郊百万庄）
各地新华书店、建筑书店经销
北京嘉泰利德公司制版
北京中科印刷有限公司印刷
*
开本：787×1092毫米　1/16　印张：$19^1/_2$　字数：369千字
2015年10月第一版　2015年10月第一次印刷
定价：56.00元
ISBN 978-7-112-15671-9
　　　（24283）

序 一

　　演艺建筑的历史几乎与人类发展的历史一样悠久，原始人的活动除了满足果腹和栖居的需求外就是舞蹈，这种有节奏的运动可用来表达他们内心的感情、喜悦、祈祷和感恩，后来这些经过设计的动作逐渐地具有了戏剧的基因，单词和声音跟随着有节奏的舞蹈很快地发展成了语言和音乐，拓展了新的情感表达的传播手段，原始的戏剧就这样形成了。从原始时代到空间时代，戏剧伴随着人类历史的发展，与人类共存并满足人的精神需求，随着人类的进化而演进。戏剧是一种融合了所有其他艺术的艺术形式，是群体的有意识的努力，不仅是观众和演员的交流，而且也是剧作家通过演员的引导，达到与观众在精神、情感和经历上的共鸣。

　　为戏剧提供空间需求也许应追溯的更早，目前所知，最古老的演艺建筑要算是公元前5世纪在古希腊雅典卫城边建成的永久性质的公共剧院，自此以来的2400年，演艺建筑的功能和形式随着人类社会的发展而演变，在任何时代剧院设计都是一个让尝试它的人们不断困惑和兴奋的复杂对立，追寻一个理想的剧院形式历来是人们难以企及的目标，这是因为在今天剧院设计对于建筑师和工程师来说不但是一个复杂的专业技术工作，而且还要在一个公共空间内同时满足表演艺术家和观众的双重需求，激发舞台和观众席两块板之间的热情和共鸣。

　　剧院建筑的悠久发展历史，技术的复杂综合，浓郁的文化内涵，多样可塑性等等决定了它是一个繁重困难的研究对象，所以在全球范围内，以剧院设计为题材，无论是在建筑学和历史学方面，进行严肃和详尽论述的专著几乎仍是屈指可数，这个事实与当今世界现代演艺中心的开发和建设现状，尤其是中国的发展需求明显是滞后和脱节的。

　　有鉴于此，作者竭尽其力撰写本书，目的不是推出又一本简明的剧院设计历史书，也不是一本剧院设计的工具书，而是通过引用过去研究的成果和结论去探讨剧院演进的方向和需要进一步开拓的专门领域。"讨论的起点虽然始于中国演艺建筑建设高潮的建筑现象，而研究的内容是1998—2012年间全球建成或正在建造的优秀演艺建筑，从多维视角对演艺建筑在21世纪的发展趋势进行了展望。着重分析日新月异的技术手段如何推动了演艺建筑发展，演艺建筑又出现了哪些新内容。在新技术的支持下,演艺建筑中那些恒定的特质又如何衍生出新的内涵"。作者据此在本书中展开探讨了数字化技术发展,可持续观念的深入对演艺建筑的影响以及总结演艺建筑为了吸引观众所做出的改变,包括透明、反转、城市客厅和互动等等新的特征。最后通过国内、外演艺建筑建设情况的比较,从修建模式、厅堂音质、亲密感、创新及团队构成这四个方面,探讨应对当今和未来需求的中国演艺建筑的设计。面对撰写本书需要参考引用的浩瀚文献资料和实际案例,作者清醒地认识到,本书值得讨论的核心问题仍然是,在演艺建筑历史的演变中什么是其恒定不变的因素,哪些因素促使演艺建筑发生改变和创新,什么才是演艺建筑亘古至今一直得以传承的特有的空间品质和核心魅力。

　　本书的撰写是一个学习积累、理解领悟、参与体验和不断思考的漫长过程,作者程翌是一位勤奋的青年学者,多年的学术研究和专业实践使她具有了开阔的专业视野和较为精准的思考能力。近年来她也有幸参与了两项国内省会级城市的大型演艺建筑的设计和建造的全过程,取得了难能可贵的亲身体验。除此而外,通过在美国作为访问学者的机会,她深入接触了厅堂声学、舞台管理和灯光设计等领域的专家教授,考察了为数众多的美国新旧演艺建筑,得到直观的感受和一手资料。为了进一步提升学术研究的能力和水准,她也有幸得到了清华大学建筑学院李道增院士的指导,完成了博士后阶段的研究成果,从而为本书的出版奠定了厚实的基础。我因此确信,程翌这样众多新一代学者和建筑师的不懈努力,一定会赋予未来的中国演艺建筑更鲜活的生命气息。

项秉仁

同济大学建筑城规学院教授　博士生导师

序 二

《多维视角下的当代演艺建筑》的作者精选了100多个国内、外最新演艺建筑案例，对这些案例做了深入的探讨，对其演变的过程、未来发展的展望作了充分的论述。

该书横跨了建筑和声学两个领域，是一本十分必要的、具有相当难度的论著，为建筑师和声学顾问之间建立了一个缺失的桥梁。这样的专著不仅在中国建筑界，声学界文献、书籍中难以寻得，在国际建筑界，声学界也是不多见的。该书对"亲密感"的探讨将在国内建筑界和声学界产生持续和深远的影响。特别值得指出的是，对于建筑师和声学家的高度协作和充分互动的配合，该书提出了学术界和工程界都值得关注的论述。

该书的作者以流畅的文笔，详实的建筑和声学资料为读者展示了对当代演艺建筑的一次体现建筑艺术，表演艺术，和声学技术内涵的综合巡礼。这本专著对建筑界和建筑声学界具有重要的参考价值，希望该书的出版能对学术界和工程界产生广泛的影响。

向宁

美国伦斯勒理工学院教授，建筑声学研究生项目主任

2013 年 6 月于美国纽约奥尔巴尼

目　录

绪

论

一、中国开始了演艺建筑的建设浪潮

有学者指出，当代城市的经济实力取决于它是否能吸引高素质和富有创造力的人才。在全球性人才流动和竞争中，成功的城市都是那些能够提供丰富的文化生活以及为艺术家和那些富有创造力的人们提供各种邂逅相识的机会的城市。一个伟大的城市是由它丰富的艺术作品和艺术表演而闻名于世的，这一点在今天的城市经济竞争和发展中显得更为重要。因此，在某种程度上，演艺建筑的数量和质量同一个城市的文化生命力息息相关。它们已经融入了城市生活的结构并且成为居民和游客们每日生活的一部分。

中国经济的腾飞，提高了中国城市的竞争力，也加速了中国城市对文化设施的需求。自1998年上海大剧院建成和1999年国家大剧院破土动工以后，中国开始了演艺建筑的建设高潮，无论一些省会级的中心城市，还是沿海地区的发达城市都在兴建大剧院。据不完全统计，目前我国已经建成或正在施工的演艺建筑项目共有30多个（图0.1，图0.2）。作为城市的文化明珠，演艺建筑不仅通常会担负起城市地标的作用，而且也耗资巨大。全国剧院项目的投资情况：重庆大剧院投资16亿；国内某艺术中心投资11.4亿；广州歌剧院投资10亿；武汉琴台大剧院投资7亿；杭州大剧院

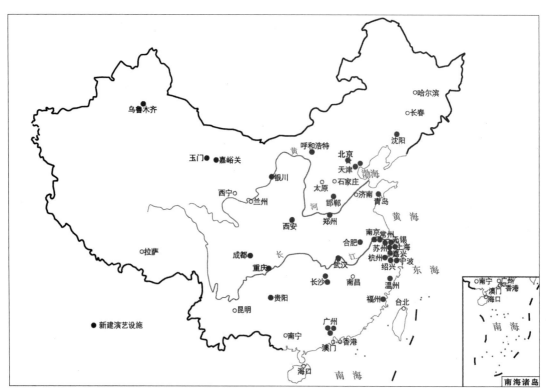

图0.1 1998~2012年中国新建演艺建筑项目分布图
（图片来源：根据附录C绘制）

投资 9 亿；河南艺术中心投资 9 亿；连地级市的宁波大剧院也投资 6.19 亿、
广东东莞大剧院投资 6 亿（表 0.1）。因此，一旦设计定位不够准确，会造
成巨大的损失。所以对这种建筑类型的设计研究工作也就显得特别重要。

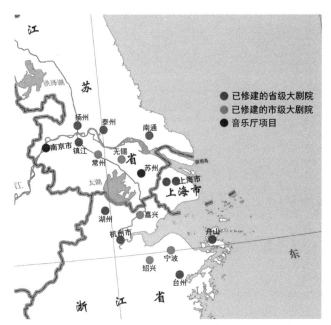

图 0.2　1998~2012 年长江三角洲地区新建演艺建筑项目分布图
（图片来源：根据附录 C 绘制）

中国城市演艺建筑项目一览表：1998~2012 年建成或在建中（中国大陆地区）　　　表 0.1

序号	建成时间	项目名称	投资／亿元	等级			修建模式			
				普通城市	省会级城市	国家等级	集中式的多厅结构	校园式①	旧建筑改造和扩建	商业合建
1	1998	上海大剧院	13		●		●			
2	2000	天津大剧院			●				●	
3	2001	辽宁大剧院	2.5		●		●			
4	2003	嘉兴大剧院	1.7	●			●			
5	2004	东方艺术中心	11.4		●		●			
6	2003	绍兴大剧院	2.8	●			●			
7	2004	杭州大剧院	9		●		●			

① 校园式的演艺中心是指演艺中心里歌剧院、音乐厅、艺术中心等建筑各为单栋建筑，组成一个群体，就像学校的建筑群一样。美国的林肯中心就是典型的校园式布局。

序号	建成时间	项目名称	投资/亿元	等级			修建模式			
				普通城市	省会级城市	国家等级	集中式的多厅结构	校园式	旧建筑改造和扩建	商业合建
8	2004	宁波大剧院	6.19	●			●			
9	2005	东莞大剧院	6	●			●			
10	2006	贵阳大剧院	3.2		●		●			
11	2007	武汉琴台大剧院	7		●		●			
12	2007	河南艺术中心	10		●		●			
13	2007	深圳文化音乐厅	7.76	●				●		
14	2007	苏州科技文化艺术中心	17	●			●			
15	2008	湖州大剧院	2.5	●			●			
16	2008	福建大剧院	4.1		●		●			
17	2008	国家大剧院	20			●	●			
18	2009	温州大剧院		●			●			
19	2009	合肥大剧院	6		●		●			
20	2009	烟台文化广场	3	●			●			
21	2009	重庆大剧院	16		●		●			
22	2009	常州大剧院	4.6	●			●			
23	2009	西安大唐文化交流广场	7		●			●		
24	2009	广州歌剧院	10		●			●		
25	待定	山西大剧院	7.9		●		●			
26	待定	宁夏大剧院	3		●			●		
27	2010	青岛大剧院		●			●			
28	2010	成都歌剧院及艺术馆	10		●		●			
29	2011	无锡大剧院	10	●			●			
30	2012	邯郸市文化艺术中心	8.54	●			●			
31	待定	湖南大剧院（和写字楼合建）								●

（表格来源：笔者根据附录 B 整理）

然而，中国建筑理论界对演艺建筑设计的研究却显得有些滞后。虽然从 20 世纪 60 年代开始，就陆陆续续有和剧院设计相关的理论书、图集和译著出版，不过演艺建筑一直没能成为建筑界广泛关注和讨论的热点。以《建筑学报》为例，从 1980 年至 2009 年 10 月，共有文章 7405 篇，而涉及演艺建筑设计及理论的文章只有六七十篇，只占 1%。特别是在过去的十年，是我国自新中国成立后剧院建设的高潮期，在《建筑学报》上也只有 45 篇此类文章，占过去十年文章总数的 1.45%，而涉及演艺建筑技术方面的讨论，就更是寥寥无几，如关于观众厅声学和音质的文章，从 1980 年至今也只有十余篇。[①] 虽然我国有两本与剧场设计密切关联的杂志《艺术科技》、《演艺设备与科技》，也经常刊登一些专家学者介绍国外剧场和探讨国内剧场发展的文章，但是少有作者从建筑设计实践的角度进行分析和阐述。

与此同时，相应的国家规范指导也有所不足。演艺建筑作为难度最高和最复杂的建筑类型，其最新版的剧场规范只有 39 页 [②]，而且一直没有针对大型演艺中心和音乐厅的规范。《建筑设计资料集 –4》（第二版）[③] 也主要是针对剧场的介绍，对演艺中心、多功能剧院和音乐厅缺少详细的分析，而且选取的案例也主要集中在 20 世纪 60~80 年代。面对国内这么大规模的演艺建筑建设，近十年累计投资 200 多亿，在全国重点院校的硕博学术论文中，也鲜有针对这种建筑类型的近期的案例分析，特别是对过去十年的变化和对 21 世纪演艺建筑发展的趋势进行的研究。清华大学建筑学院资料室统计了 1950~2005 年全国各重点建筑院校的硕士和博士学术论文，在这 50 多年中，全国的建筑院校只有 30 多本论文涉及演艺建筑设计和历史的研究（部分论文还是对观演建筑，包括影剧院、会议中心和文化中心在内的研究）。

由于理论研究相对滞后以及缺乏充分而详细的国家建筑法规指导，国家大剧院的模式几乎成了各地演艺建筑建设的一种标准。许多城市，无论其所处的等级（即使是二线和三线城市），也以国家大剧院为范本，采用了集中式的多厅结构进行修建。图 0.3 剧场的舞台多为德国的品字形镜框式舞台，追求舞台的大尺度和齐全的舞台机械设备。其功能配置也是按照西方（主要是德国）的保留剧目制剧场的配置，安排了大量的车间、绘景、库房等设施，基本上忽视了西方节俭、经济的商业性剧场模式。虽然这可能是建设方因为担心定位失误而带来投资的损失，参照国家大剧院，似乎

---

① CNKI 中国期刊全文数据库 http：//dlib.cnki.net，2009 年 10 月 10 号的统计结果。

② 剧场建筑设计规范（JGJ 57–2000，J67–2001）. 北京：中国建筑工业出版社，2001。

③ 《建筑设计资料集》（第二版）是中国建筑工业出版社于 1994 年，在其第一版（六七十年代出版）的基础上再版的一套建筑设计工具书。

比较稳妥，不过，其后果，借用北京人艺副院长濮存昕的话来说，就是"大剧院"正如牛皮癣一样在全国各地漫延。[①] 清华大学卢向东在其博士论文《中国现代剧场发展研究》一文中，对中国的大剧院现象也这样评述道："从全国范围看，几乎每个省会城市都已经或正在掀起大剧院热。这些大剧院无论在模式上，还是在剧场形式追求上，在城市中的性质和地位上，都有国家大剧院的深刻影响。"[②] 笔者在 2006 年对中国新建剧院项目的调研中了解到，像宁波这个长江三角洲的地域城市，因经济实力雄厚，也仿照国家大剧院，耗资 6 亿多修建了 1500 座的大剧场和 800 座的多功能厅，可是因后期经营困难，把多功能厅改成了夜总会，耗资上千万的机械可变座椅成为了固定的台阶。[③]

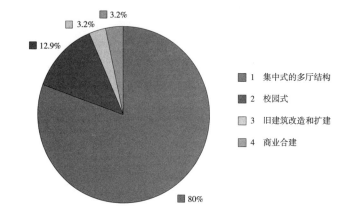

图 0.3 中国新建演艺建筑建造模式分析图
（图片来源：笔者根据表 1.1 绘制）

相比较而言，西方国家的剧场经过多年的演变，其类型是丰富而多样的。德国的剧场是从宫廷剧场发展而来，继承了意大利剧场的模式。因为有皇家的支持，所以传统德国剧场的奢华，表现在剧场的各个方面：舞台巨大，前厅和观众厅豪华。英、美的商业剧场却是另外一种情况：主要以商业营利为目的，这类剧场的成本被尽量压低，表现为舞台规模小、舞台机械简单、前厅和占地面积也尽可能地小。剧场投资只花在那些必不可少的地方。其剧场的功能设置具有很强的商业背景。前苏联由于建立了社会主义制度，剧场是人民的剧场，所以用人民的名义来修建剧场，其设计规模一度贪大而奢华。各个加盟共和国内都建设了奢华的剧场，一般采用类似于德国剧场的镜框舞台。还有些欧洲国家由于历史传统的原因，较少修建这种集中而多厅结构的演艺中心，在欧洲新修建的演艺设施多为单个的歌剧院或音乐厅。[④]

---

① http://news.xinhuanet.com/politics/2008-09/19/content_10077749.htm.

② 卢向东.中国现代剧场发展研究.清华大学建筑学院博士论文.2005：336。

③ 2006 年，笔者实地考察宁波大剧院时，得到的一手资料。

④ 卢向东.中国现代剧场发展研究.清华大学建筑学院博士论文.2005：363-365。

由此可以看出，无论是根据国家的文化传统、城市的级别、剧院运营的具体情况还是隐藏于其后的深层原因，简单地以国家大剧院为范本来修建演艺建筑，都是不可取的。那么，什么才是演艺建筑的特质？21世纪演艺建筑的发展方向是什么？在21世纪的今天，我们究竟应该如何来修建一个演艺建筑？这些问题极大地激发了笔者的兴趣。

二、为什么是"演艺建筑"而不是"观演建筑"

● 剧场名称的历史变化

现存最古老的演艺建筑要算是阿提卡的骚里哥（Thorikos）剧场，建于公元前525年，是目前发掘出来的最早的希腊永久剧场。[①] 后来，演艺建筑从室外的剧场逐步发展成为室内的剧院，直到20世纪60年代，演艺中心在北美出现之前，演艺建筑在西方一直被称为剧院或剧场（Theater）。

根据维基电子百科全书的解释，演艺中心（Performing arts center）是由几个专门为一种表演，如交响乐、室内乐或戏剧的单独表演厅堂组成的一组表演空间，通常位于一个大屋顶之下。它一般是由歌剧院、戏剧场、音乐厅、实验剧场、演播厅等多个表演空间构成，附设后台、研究、展览以及餐饮等其他附属设施，形成规模宏大、功能多样的公共建筑群。不过，演艺中心这个名称最初只在北美地区广泛使用，如美国肯尼迪表演艺术中心、美国堪萨斯城大都会表演艺术中心、加拿大的四季表演艺术中心等，而在其他国家或地区则被称为"国家剧院"、"歌剧院"、"文化中心"等，如日本第二国立剧场、悉尼歌剧院，在中国大陆，新建的演艺中心往往被称为"大剧院"，如"中国国家大剧院"、"合肥大剧院"、"重庆大剧院"等。

● 演艺建筑和观演建筑的不同

据希腊学者 Christos G. Athanasopulos 的观点，当代剧院正朝复合方向发展，一个是可以轻易适应各种表演功能需求的多功能剧场，另一个是包括各种类型空间的演艺中心，其目的就是为了推动、促进和普及表演艺术，同时满足现代城市各种复合的需求。[②] 所以，再用剧场或剧院这个名词来讨论今天的"演艺中心"或"大剧院"似乎已经不够准确，而且20世纪90年代后，特别是2000年以后，国外出版的相关

---

① 李道增，傅英杰 . 西方戏剧剧场史 . 北京：清华大学出版社 1999：17。

② Christos G. Athanasopulos, Contemporary theater : evolution and design, 2 edition, North Charleston, S.C., BookSurge Publishing, 2006：224.

书目①，也大都使用了"演艺建筑"（Buildings for the Performing Arts/ Performing Architecture/ Performing Arts Facilities）这个名称，来涵盖歌剧院、剧院、音乐厅、实验剧场、演艺中心、文化中心等各种演艺设施。所以，本书把讨论的对象定为"演艺建筑"，特指为现场表演提供场所和空间的建筑类型。而不是包含了剧场、电影院等各种与观看行为有关的"观演建筑"。"观演建筑"中的电影院这类虽然也有观众观看的行为，但是没有演员的现场表演以及演员与观众的互动行为，由此，对其观众厅空间特质的要求，乃至视线设计、座位排布都和剧场的观众厅是完全不同的（详见本书 1.2、1.3）。

三、研究案例的选取：时间范围和分布区域

因为中国演艺建筑的建设高潮始于 1998 年上海大剧院的建成和 1999 年国家大剧院破土动工，所以时间范围定位为 1998 年以后新建的演艺建筑，与中国演艺建筑建设的高潮期相吻合。目前，国内对西方剧院建筑进行系统研究的主要是李道增先生主编的《西方戏剧·剧场史》，其研究范围是从剧院建筑的起源——建于公元前 525 年的最早的希腊永久剧场阿提卡的骚里哥（Thorikos）剧场，直到 20 世纪 90 年代初的新建剧院，如 1994 年法国里昂的歌剧院改造。对国内剧院建筑的系统研究，是学者卢向东所著的《中国现代剧场的演进——从大舞台到大剧院》，书中剧院案例的选取是从 1857 年中国第一座西式剧院——澳门岗顶剧院，到 2005 年的国内新建剧院。由此可以看出，90 年代末期至今，对最近十几年的全球新建剧院，国内还没有学者进行深入和系统的研究，而笔者认为，这十几年演艺建筑的发展趋势和采取的建筑技术，对目前的演艺建筑的设计最具有参考价值。

笔者一直认为，在中国进行建筑设计研究，首先应关注中国自身的建筑文化现象，而且最好能对目前的建筑设计实践有所帮助，因此选取了"大剧院建设"这个目前中国建筑界的热点问题，具有一定的社会价值和研究意义。不过，如果是想讨论国内的建筑文化现象，只分析国内的设计和建设现状的话，还是有一定的局限性的。因为从上海大剧院、中国国家大剧院的国际竞赛开始，人们就已经认识到对于"演艺建筑"这类城市重要的公建设施，其设计和建造将会是一个全球专家和技术精英相互协作的过程，所以仅就中国范围内的讨论是不够全面和科学的，必须把中国的新建演艺

① 90 年代末至今，国外出版的相关书目：（英）伊恩·阿普尔顿. 演艺建筑设计和指导.1996；（英）迈克尔·哈蒙德. 演艺建筑：面向 21 世纪的歌剧院、剧场和音乐厅.2006；（美）休·哈迪. 建筑类型概要——演艺建筑设施.2006。

建筑放在全球剧院建设的大背景下去研究。

可是，对全球近十几年演艺建筑案例的选取是非常困难的，虽然从2005 年对演艺建筑产生研究的兴趣开始，笔者就有意识地从书籍、杂志、网络等各种渠道收集相关的新建案例，共有 200 多个。这 200 多个案例中，判断哪些是优秀的设计、哪方面值得研究，都很费脑筋。经过长时间的思考，笔者决定主要参照国际权威建筑杂志所选取的演艺建筑案例，因为这些杂志的主编和编辑一般都具有很高的专业素养和敏感的职业嗅觉。目前，笔者所接触到的比较有代表性的国际优秀建筑杂志主要有美国的《建筑实录》(Architectural Record[①])、英国的《建筑评论》(The Architectural Review[②])、日本的 GA Document[③] 、西班牙的《建筑素描》(El Croquis[④])、法国的《建筑技术》(Techniques & Architecture[⑤]) 和中国台湾的《建筑对话》(Architectural Dialogue[⑥])。通过比较发现，虽然各国的杂志都会对报导本国的建筑师和建筑项目有所偏重，但是有很多被选取的剧院项目都是相同的，而这些项目一般都是国际建筑大师（多为普利茨克奖[⑦] 的得主）或先锋建筑师的作品。

今天的建筑设计行业，已经是个全球开放的市场。英国的扎哈·哈迪德、美国的盖里、荷兰的库哈斯、法国的让·努韦尔、西班牙的卡拉特拉瓦、日本的伊东丰雄等建筑大师不会只局限在本国做设计，而是会参与到全球的重要建筑项目中（表 0.2），而且和他们相配合的技术咨询团队，如声学顾问、结构顾问也往往都是非常优秀的。他们的作品，不仅仅对建筑设计本身会有所创新和突破，在声学技术、结构和其他剧院相关工程技术方面，也会运用最新的技术手段。不仅如此，建筑师独特的个人设计风格也会影响到其设计的演艺建筑的风格，如盖里最新在美国设计的三个演艺建筑项目：费希尔中心——巴德学院表演艺术中心、

---

① 《建筑实录》(Architectural Record)：《建筑实录》是一本针对建筑和室内设计的美国建筑月刊，到 2010 年 2 月，创刊 120 年，由纽约的 Mc Graw-Hill 公司出版。杂志通过大量的建筑照片、图片和文章，为专业的建筑师和工程师们提供前沿建筑师的新闻、案例的分析、评论。

② 《建筑评论》(The Architectural Review)：这是一本国际建筑月刊杂志，1896 年于英国伦敦创刊。杂志覆盖有关建筑设计的各方面，包括景观设计、建筑设计、室内设计和城市设计以及相关理论。

③ GA Document：日本知名建筑杂志，为日语和英语的双语杂志，侧重于国际知名建筑师项目的技术图纸和照片。文字介绍比较简短，创刊于 1980 年。

④ 《建筑素描》(EL Crousl)：建筑素描是西班牙的一本享有国际声望建筑杂志，创刊于 20 世纪 70 年代。主要针对国际知名建筑师、普利茨克奖得主的建筑作品，如库哈斯、Kazuyo Sejima、赫尔佐格 & 德梅隆、Alvaro Siza、Rafael Moneo 等。

⑤ 《建筑技术》(Techniques & Architecture)：法国知名建筑杂志，为法语和英语的双语杂志，侧重从技术的角度对全球的优秀建筑项目进行报道。

⑥ 《建筑对话》(Architectural Dialogue)：中国台湾知名建筑杂志，为中文和英语的双语杂志，虽创刊时间不长，但在全球已经有一定的影响力。

⑦ 普利茨克奖 (Pritzker Architecture Prize)：Pritzker 建筑奖由凯悦基金会在 1979 年设立，用以每年授予一位在世的建筑师，表彰其在建筑设计中所表现出的才智、想象力和责任感的优秀品质以及通过建筑艺术对建筑环境和人性作出的持久而杰出的贡献，有建筑诺贝尔奖之称。

图 0.4 建筑师盖里在美国设计的巴德学院表演艺术中心、洛杉矶迪士尼音乐厅和芝加哥杰·普利茨克音乐大棚
（图片来源：笔者自摄）

图 0.5 建筑师圣地亚哥·卡拉特拉瓦在西班牙设计的特尼里弗礼堂、巴伦西亚艺术宫和美国亚特兰大交响乐中心
（图片来源：左：Clifford A. Pearson, Santiago Calatrava sets concrete in motionar the Auditorio De Tenerife in the Canary Islands, Architectural Record，2004：78-79；中：In Santiago Calatrava's City of Arts and Sciences, In Valencia, the Reina Sofia Palace of the Arts，an opera house finally touches down, Architectural Record 2007：104；右：http://www.andante.com/article/article.cfm?id=25144）

洛杉矶迪士尼音乐厅、芝加哥千禧公园里的杰·普利茨克音乐大棚都不免带有盖里独特的设计标签（图 0.4）；而扎哈·哈迪德总是偏爱非线性和流动的设计，从阿拉伯联合酋长国的萨迪亚特岛演艺中心、中国台湾台中大都会歌剧院的国际竞赛方案和中国成都歌剧院的设计中都能看出这一点（本书 1.1.2）；建筑师圣地亚哥·卡拉特拉瓦在西班牙的特尼里弗礼堂、巴伦西亚艺术宫和美国亚特兰大交响乐中心项目中始终如一地用着极为相似的个人手法等（图 0.5）。因此，对这些建筑师的剧院作品进行研究，基本上能够较全面地了解全球优秀的新建演艺建筑，便于从中分析其发展和变化的趋势。

当然，建筑空间是需要体验的，演艺建筑更是如此。仅仅根据建筑的平、立、剖面图进行分析，结合他人的描述，没有到项目现场亲自考察甚至观看演出来得到自己直观的感受和第一手资料，对这个项目的评述难免会不够全面。所以，除了这些建筑大师的演艺建筑作品外，书中适当地采用了笔者亲自考察过的美国历史及新建演艺建筑、中国的新建案例来进行补充，在讨论时也会适当有所偏重。

国外知名建筑师的主要演艺建筑作品：1998~2012 年建成或在建中　表 0.2

建筑师	项目名称	地点	建成时间
（日）伊东丰雄 （Toyo Ito）	松本表演艺术中心	日本松本	2004
	座·高丹寺公共剧场	日本东京	2009
	台中歌剧院	中国台中市	2013
（日）SANAA	艺术线剧院	荷兰阿尔梅勒	2006
（日）矶崎新 （Arata Isozaki）	奈良千禧大厅	日本奈良	1999
	深圳文化中心	中国深圳	2007
	上海交响音乐厅	中国上海	2010
（瑞士）伯纳德·屈米 （Bernard Tschuml）	鲁昂音乐厅和展览复合体	法国鲁昂	2001
	里摩日顶点音乐厅	法国里摩日	2007
（瑞士）赫尔佐格＆德梅隆	易北河交响乐大厅	德国汉堡	2013
（意大利）伦佐·皮亚诺 （Renzo Piano）	帕格尼尼观众厅	意大利帕尔马市	2001
	罗马音乐厅	意大利罗马	2002
（西班牙） 圣地亚哥·卡拉特拉瓦 （Santiago Calatrava）	特尼里弗礼堂	西班牙特尼里弗	2003
	艺术宫	西班牙巴伦西亚	2004
	交响乐中心	美国亚特兰大	2011
（荷兰）雷姆·库哈斯 （Rem Koolhaas）	波尔图音乐厅	葡萄牙波尔图	2005
	迪伊和查尔斯·威利剧院	美国达拉斯	2009
	台北艺术中心	中国台北市	2014
（荷兰）Un Studio	市场剧院	荷兰莱利斯塔德	2007
（挪威）斯内赫塔（Snohetta）	挪威国家歌剧院	挪威奥斯陆	2008
（德国）曼哈德·冯·格康 （Meinhard von Gerkan）	新 Tempodrom	德国柏林	2002
	青岛大剧院	中国青岛	2010
（法）让·努韦尔 （Jean Nouvel）	卢塞恩文化会议中心	瑞士卢塞恩	2001
	格思里剧院	美国明尼苏达州明尼阿波利斯	2006
	哥本哈根交响乐大厅	丹麦哥本哈根	2009
	巴黎音乐厅	法国巴黎	2012
（法）德·波特赞姆巴克 （Christian De Portzamparc）	巴黎拉维莱特音乐厅	法国巴黎	1998
	卢森堡爱乐大厅	卢森堡	2005
	巴西·里约热内卢音乐厅	巴西里约热内卢	2009
（法）保罗·安德鲁 （Paul Andreu）	东方艺术中心	中国上海	2004
	苏州科技文化艺术中心	中国苏州	2007
	中国国家大剧院	中国北京	2008
（英）福斯特（Forster）	塞奇音乐厅	英国盖茨黑德	2004
	西九龙文化区	中国香港	待定
	美国新环球剧院	美国纽约市	待定
	玛戈特和比尔·温丝皮尔歌剧院	美国达拉斯	2009

011

续表

建筑师	项目名称	地点	建成时间
（英）扎哈·哈迪德（Zaha Hadid）	广州歌剧院	中国广州	2010
	萨迪亚特岛演艺中心	阿拉伯联合酋长国阿布扎比	待定
	成都歌剧院	中国成都	待定
（英）迈克尔·威尔福德（Michael Wilford）	罗瑞表演和视觉艺术中心	英国索尔福德	2000
	滨海广场国家表演艺术中心	新加坡	2002
（英）FOA	特雷维耶哈市立剧院	西班牙特雷维耶哈	2006
	BBC 音乐盒	英国伦敦	待定
（英）尼古拉斯·格雷姆肖（Nicholas Grimshaw）	实验媒体艺术中心	美国纽约州特洛伊	2008
（加拿大）卡洛斯·奥特（Carlos Ott）	杭州大剧院	中国杭州	2004
	东莞大剧院	中国东莞	2005
	河南艺术中心	中国郑州	2007
	温州大剧院	中国温州	2009
（加拿大）谭秉荣（Bing Thom）	中心舞台剧院改造和扩建	美国华盛顿特区	2010
（加拿大）戴尔蒙德和施密特（Diamond and Schmitt）	薛尼·哈曼大厅	美国华盛顿特区	2004
	新马林斯基剧院	俄罗斯圣彼得堡	2008
（美）拉斐尔·维诺里（Rafael Vinoly）	基梅尔表演艺术中心	美国费城	2001
	林肯中心爵士乐厅	美国纽约市	2007
	曲线剧院	英国莱斯特	2008
（美）弗兰克·盖里（Frank Gehry）	巴德学院表演艺术中心	美国纽约州安南代尔	2003
	千禧公园的杰·普利茨克音乐大棚	美国芝加哥	2004
	Walt 迪士尼音乐厅	美国洛杉矶	2004
	新世界交响音乐厅	美国迈阿密	2010
（美）丹尼尔·李伯斯金（Daniel Libeskind）	巴伊兰大学沃尔中心	以色列拉马特甘	2005
	大运河表演艺术中心和画廊	爱尔兰都柏林	2008
（美）西萨·佩里（Cesar Pelli）	本杰明和玛丽安·舒斯特表演艺术中心	美国俄亥俄州代顿	2002
	桔县表演艺术中心 – 蕾妮和亨利·西格斯托姆音乐厅	美国加州桔县	2006

（表格来源：笔者整理）

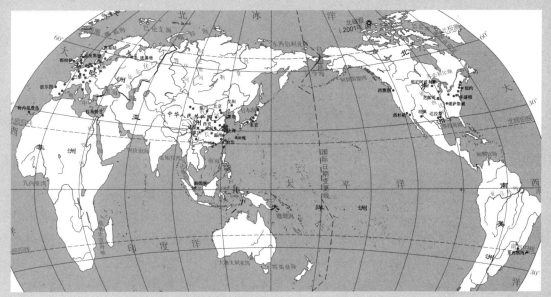

图 0.6 1998~2012 年全球建成或在建中的演艺建筑项目分布图
（图片来源：笔者根据附录 A–C 绘制）

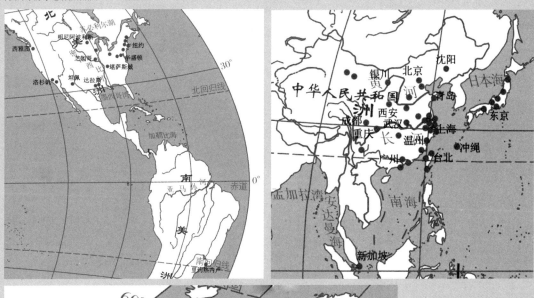

图 0.7 1998~2012 年美洲地区建成或在建中的演艺建筑项目分布图

（图片来源：笔者根据附录 A–C 绘制）

图 0.8 1998~2012 年亚洲地区建成或在建中的演艺建筑项目分布图

（图片来源：同上）

图 0.9 1998~2012 年欧洲地区建成或在建中的演艺建筑项目分布图

（图片来源：同上）

四、本书的写作思路

本书所针对的时间段是 1998~2012 年，选取了这个时间段的 100 多个重要建筑项目案例，不过由于演艺建筑的复杂性，可以切入的角度很多，比如：19 世纪的英国建筑及历史学家萨克在《现代歌剧院与话剧院》一书中，曾用同一比例尺绘制了 18~19 世纪的 55 个剧院建筑的平面和剖面图，以便对每个剧场的规模和布局进行形象的比较，让读者一目了然；20 世纪 60 年代，希腊学者 Christos G. Athanasopulos 教授在他《当代剧场的进化和设计》一书中，用简图的方式对历史上的剧院观众厅的平面类型进行分析。可是，这些工作对于本书来说，都显得非常困难，因为十几年的时间实在是太短，很难对其最近十几年的发展进行阶段性的划分和分类总结。那么，如果像经验丰富的剧院工程的专业人士具体去探讨剧院观众厅的规模、台口的尺寸、楼座栏杆的高度、耳光室的位置和大小、面光的排列方式、座位区的升起究竟取值多少合理等，就有可能把本书写成一本剧院设计的工具书，或是陷在一大堆具体的细节性的讨论中，失去对演艺建筑的整体把握。

演艺建筑是一个有着悠久历史的古老建筑类型。自人类文明的建立，就有了戏剧，那么作为承载戏剧艺术的空间，演艺建筑从 2000 多年前，雅典人在神庙北侧所建的石砌看台开始，它就伴随着戏剧、表演形式、技术手段等的发展而改变了。所以，演艺建筑类型的演变是必然的，这也是以往对它进行研究的学者们所讨论的核心内容。然而，只讨论演艺建筑在最近十几年中的变化，将会是比较片面的。众所周知，今天我们所讨论的当代演艺建筑是在历代剧院风格和进化的影响下，吸收、利用那些传统的优秀案例所取得的成就，然后以现代的技术手段再现的一种新形态。那么，如果不了解其历史和变化的原因，只掌握最新的发展情况，是无法进行研究的。所以，在写作的过程中，笔者认为必须把握历史纵观的视角，去分析演艺建筑千年不变的参量，正如进行类型建筑研究的学者们所一贯主张的：只有从历史的角度看待问题，才能触类旁通，真正把握其发展动态。

因此，本书想从演艺建筑变化和恒定的因素入手，分析在这十几年中，有哪些因素促使演艺建筑发生改变和创新，又有什么因素是演艺建筑从古至今恒定不变的，作为其特质一直得以传承。

具体分析 1998 年至今的这十几年，会发现这是非常有意思的一个时间段。计算机技术的应用，让建筑从设计到建造，所有的环节都发生了根本的改变。从建筑设计行业的角度来看，虽然早在 20 世纪 60 年代，计算机就具备了画图能力，并应用到建筑设计之中，但是其后的几十年，直到

90 年代初，计算机只是取代图板和尺规的绘图工具。在 90 年代中后期，随着计算机模型与动画的快速发展，出现了许多新的设计媒体，如虚拟现实、自由形体技术、网际网络等。建筑设计由于"计算机"这个"数码媒体"设计思考的加入，引发了比以往更惊人而且绝对不能再忽视的建筑发展。计算机已经从建筑师的绘图工具成长为进行设计创作的思考工具。

与此同时，计算机技术不仅应用于建筑设计这一个领域，而且涵盖了声学设计、数字化媒体应用等其他各种相关的工程技术。正是有了计算机技术的支持，各工种、行业之间文件的交汇和整合才成为了可能，对于演艺建筑设计这门协作的艺术，产生了不可忽视的影响。不仅如此，计算机技术也改变了人们的生活方式，演艺行业受到了前所未有的冲击，人们更愿意待在家里看 DVD，听 MP3，而不愿意花钱走进剧场。曾有学者认为，在数字化时代，演艺建筑将会消亡。那么，面对这些新挑战，演艺建筑自然会发生相应的改变。

除了以上这些新技术对演艺建筑的影响外，20 世纪 90 年代末，把历史建筑和绿色建筑的可持续理念运用到建筑设计之中的热潮兴起，这种新观念也在演艺建筑的设计和建造中有所体现。

综上所述，本书所讨论的主要问题是：在演艺建筑几千年的演变中，是否有其恒定不变的因素，什么才是演艺建筑特有的空间品质和魅力核心？在 21 世纪数字化新技术的支持下，又应如何去实现？另外，在过去十多年中，演艺建筑在计算机数字化技术、声学技术及其可持续观念的影响下，发生了哪些变化，出现了哪些新的特点？不仅如此，在数字化技术改变人们生活和娱乐方式的今天，演艺建筑这个古老的、为了表演和娱乐而生的建筑类型会有哪些新的应对手段和发展趋势？围绕着以上问题，本书分为五个章节进行讨论：

第一章从"剧场就是两块板和热情"这个古老定义出发，回顾演艺建筑 2000 多年的历史，探寻演艺建筑发展变化的原因以及它历经千年而不变的参量，提出"亲密感"是演艺建筑中的核心要素。它是一个跨学科的概念，涵盖建筑、声学、环境心理学等多领域。

随着社会的发展，演艺建筑必然发生改变。那么，在最近的十几年中，有哪些新技术和新观念对演艺建筑产生了影响呢？围绕这个问题，展开本书的第 2 章和第 3 章。第 2 章从数字化技术对演艺建筑的影响、声学技术对演艺建筑的推动这两个方面来探讨演艺建筑的变化。同时，数字化技术的发展，让建筑师和声学顾问的高度协作和充分互动成为了可能，那么建筑师和声学顾问应该如何配合来设计一个声色俱佳的厅堂，这也是本书第 2 章试图回答的问题。在第 3 章，则分析了可持续观念的深入对演艺建筑的影响，体现在历史建筑可持续和绿色建筑可持续两方面。

由于演艺建筑的目标就是"吸引观众，激发演员和观众的热情"，这一点在其漫长的历史演变中，从来没有改变过，因此，在第4章，针对最近十多年中，由数字化技术带来的人们生活和娱乐方式的改变，总结演艺建筑为了吸引观众所做出的改变：透明、反转、城市客厅和互动。同时，在新技术的支持下，建筑师和声学顾问有了更多的手段来体现演艺建筑的核心要素——"亲密感"以及实现厅堂的自然声可调。具有"亲密感"的厅堂，能让观众更好地沉浸在现场表演之中，让自然声可以和数字化的声音相竞争。

第5章通过对国内外演艺建筑建设情况的比较，从修建模式、厅堂音质、亲密感、创新及团队构成这四个方面，探讨中国演艺建筑的设计和建设的问题。

本书的讨论虽然始于中国演艺建筑建设高潮的建筑现象，不过，研究的内容是对1998~2012年全球建成或正在建造的优秀演艺建筑的一次巡礼，从多维视角对演艺建筑在21世纪的发展趋势进行了展望，着重分析了日新月异的技术手段如何推动演艺建筑的发展（第2章和第3章）。同时，探讨当技术打破旧观念，改变了现代人的生活方式，演艺建筑又出现了哪些新内容，在新技术的支持下，演艺建筑中那些恒定的特质又如何衍生出新的内涵（第4章）。

第 1 章

演艺建筑的特质

□ 21 世纪之前演艺建筑空间形态的演变

□ 优秀演艺建筑的魔力：激发演员和观众的热情
· 对现代镜框式舞台剧院的反思
· 戏剧事件的基本元素和表演空间的亲密感

□ 对现代表演空间「亲密感」的探索
· 格雷纳·万·古尔的发现：蛋形空间的力量
· 安藤忠雄的尝试
· 麦金托什的研究：「神圣的几何学」
· 营造「亲密感」的方式

□ 演艺建筑的演变规律

1.1　21世纪之前演艺建筑空间形态的演变

演艺建筑的特质正如那句古话所说："剧场就是两块板和热情（Theater is two planks and passion.）。"[①] 这里的两块板，一块板为表演者提供的，也就是舞台，而一块板是为观众提供舒适座椅的观众席。在两块板之间传递的是观众和演员相互激发的热情。

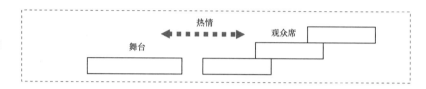

图1.1　演艺建筑空间的基本构成
（图片来源：笔者自绘）

历史上演艺建筑空间形态的变化其实就是这两块板（舞台和观众席）空间组合关系的变化。根据希腊学者Christos G. Athanasopulos的观点，历史上演艺建筑"两块板"（剧场的空间布局）的演化大致分为以下几个阶段（表1.1）：

（1）古希腊时期的室外剧场，伴随着悲剧和喜剧的出现以及古希腊文化发展的推动，剧场设定了自己真正的形态并达到第一次高潮。进化的起源开始于公元前5世纪雅典的狄俄尼索斯（Dionysus）剧场。[②] 剧场中演员和观众的关系是非常直接的，这种直接的关系被延续到希腊化的罗马剧场中，只在乐池的位置和布景房的大小上有很小的改动。

（2）罗马时期，剧院从自然的山坡上移入到城市的中心，成为一个独立的建筑。用斗兽场式的圆环场地覆盖了乐池以及加大了布景房，同时，为了支撑剧场，墙体加厚，剧院变得不灵活、厚实和功能化的笨拙。这种修建方式延续了四个世纪，演员直面所有观众的关系减弱。

（3）中世纪时期剧院和教堂合为一体，戏剧表演在教堂里或教堂里的院子中进行。剧场演变出现了一个停顿。

（4）文艺复兴时期的剧院，重拾希腊的传统，标志着剧院的再生。学者们开始从理性研究的新领域，用几何学来分析旧的形式，深受透视画法影响的意大利舞台影响广泛；同时期，在英国出现了为上演莎士比亚戏剧而设计的伊丽莎白剧院，演员和观众之间的交流和古希腊剧场中的非常相似。伊丽莎白剧院为将来现代剧场的发展奠定了基础。

（5）巴洛克时期的镜框式舞台剧场出现，从17、18世纪直至

---

① Christos G. Athanasopulos, Contemporary theater : evolution and design, 2 edition, North Charleston, S.C., BookSurge Publishing, 2006.

② 同①：240.

19世纪，镜框式舞台一直占据主导地位，历经百年，一直保留至今，几乎没有什么改变。随着镜框式舞台占据统治地位，戏剧文化的复杂性也同样被减少。

（6）19世纪末，瓦格纳在德国拜罗特节日剧院中，取消了包厢和烦琐的巴洛克装饰细节，标志着设计简洁和强调视线设计的现代剧场的出现。

（7）20世纪20年代，在包豪斯学院运动的主导下，为剧场发展提供了很多新概念，是演艺建筑进化过程中的里程碑，如莫尔纳（Molnar）的"U"形剧院是开放式舞台的起源，并提供了可行的空间概念，而格罗皮乌斯的"万能剧院"（Total Theater）则是第一个涉及剧院从固定变得灵活的设想，可以为各种表演艺术服务。

（8）二战后，剧院变化出多种形式：镜框式舞台剧院、开放式的舞台剧院、环绕式或中心式舞台剧院、适应性或实验性剧场，是文艺复兴后的又一次高潮。

（9）为了满足当代城市的功能需求，多功能剧院和演艺中心出现。这两种形式没有提高表达戏剧艺术的品质，只是满足剧院管理和经济上的需要，剧院从它传统的表演空间转而寻求它的公共性。①

演艺建筑空间演变的历史阶段 表1.1

历史时期	主要特点	观演关系	代表作品	平面	剖面/剖视图
古希腊时期	建在山坡上的室外剧场	演员和观众的关系非常直接	古希腊雅典剧场（公元前5~4世纪）（公元前5~4世纪，1.5万观众）		
罗马时期	剧场成为独立的建筑	演员直面观众的关系减弱	意大利罗马的马塞勒斯剧场（公元前27~公元476年，1.1万~2万观众）		
中世纪	教堂和剧场合一	演艺建筑发展出现停顿			
文艺复兴时期	剧场深受透视法的影响	舞台开始变大，观众与演员开始分离	意大利维琴察的奥林匹克剧场（1585年建成，400观众）		
	剧场受莎士比亚戏剧的影响	观众席与舞台共处一个半露天空间，"观与演"交流直接	英国伦敦的伦敦的环球剧院（1614年）		

① 笔者根据"Contemporary theater : evolution and design"、《西方戏剧·剧场史》书中内容整理而来。

历史时期	主要特点	观演关系	代表作品	平面	剖面/剖视图
巴洛克时期	镜框式舞台剧院和马蹄形观众厅成为主流形式	演员与观众被分别处在真实世界和虚幻场景之中，包厢成为情感连接的纽带	意大利那不勒斯的圣·卡罗剧院（1737年）		
19世纪末	注重视线需求的扇形观众厅平面	注重视线的扇形观众厅平面让观众和演员完全分离	德国拜罗伊特的节日剧场（1876年，1645座）		
20世纪20~30年代	受包豪斯运动的影响	舞台和观众席的变换，形成多种观演关系	格鲁皮乌斯的万能剧院（1927~1935年设计）		
第二次世界大战后	剧场形式多元化	多样化舞台形式，探索新型的观演关系	中心式舞台 – 美国华盛顿中心式舞台剧院（1962年，752座）		
			开放式舞台		
			实验剧场 – 美国迈阿密大学实验剧场		
			镜框式舞台 – 德国汉堡歌剧院1955		
			多功能剧场 –Edwin Thomas Hall		
			演艺中心 – 悉尼歌剧院（1973年）		

（表格来源：笔者根据 "Contemporary theater：evolution and design"《西方戏剧·剧场史》书中内容整理而来）

（图片来源：图片出自 "Contemporary theater：evolution and design"、"Theater Design"、《西方戏剧剧场史》）

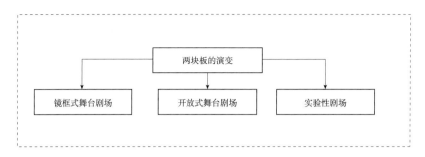

图 1.2 演艺建筑两块板的演变

（图片来源：笔者自绘）

第
1
章

演
艺
建
筑
的
特
质

在漫长的历史演变过程中，演艺建筑的"两块板"（观众厅）主要发展为以下几种类型（图 1.2）：① 随着古希腊剧院形式和戏剧艺术的衰落，出现了一种与古希腊剧院完全不同的形态：镜框式舞台剧场（Proscenium theater）。② 保留了古希腊剧场的所有完整元素（除了剧院的大小），经过伊丽莎白剧院的发展，演化为开放式舞台剧场（Open-stage theater）。后来出现的中心式舞台剧场、伸出式舞台剧场、尽端式舞台剧场和环绕式舞台剧场也都属于这种类型。③ 实验性剧场是想在一个裸露的空间中实现以上两种观众厅形式的剧场，推动了剧场空间的进一步发展，它把观众和演员都整合到了一个完整空间之中。

二战后出现的复合化演艺中心和多功能剧场并不是一种新的观众厅类型。演艺中心是把几个不同类型的观众厅并置组织在一起，而多功能剧场是在一个观众厅内，通过舞台和观众席的变化，来实现几种观众厅形态，从而满足各种演出的要求。

所以说，演艺建筑的发展是必然的，社会发展的方方面面都会对演艺建筑产生影响。不过，在某一特定的历史时期，某一种或几种因素的影响可能会最为突出。比如古希腊时期的室外剧场是伴随着古希腊悲剧和喜剧的出现而出现的；中世纪，神学的统治地位让剧场空间和教堂合为一体；文艺复兴时期，意大利舞台技术的发展推动了镜框式舞台剧院的产生；20世纪 20~30 年代的包豪斯运动思潮导致了莫尔纳的"U"形剧院和格罗皮乌斯的"万能剧院"的大胆设想；二战后出现的演艺中心和多功能剧场，就是应对城市发展而产生的变化。

然而，既然古话说"剧场就是两块板和热情"，那么，在观众和演员之间传递的"热情"又是如何被激发的呢？演艺建筑作为一种独特的建筑类型，是否有其恒定不变的要素？

1.2 优秀演艺建筑的魔力：激发演员和观众的热情

1.2.1 对现代镜框式舞台剧院的反思

在前文所谈到的三种剧场方式中，特别需要分析的是镜框式舞台剧场。因为从巴洛克时期至今，历经几百年，镜框式舞台剧场在各种剧场类型中一直占据主导地位。我国自新中国成立后至 90 年代末修建的演艺建筑也是以这种类型为主。现代的镜框式舞台剧场主要来自于 1876 年音乐家理查德·瓦格纳（Richard Wagner）在德国拜罗特节日剧院（Bayreuth Festspielhaus）中的大胆创新（图 1.3）。在设计拜罗特节日剧场时，瓦格纳希望坐席中的每个座位都有很好的视野，能看到舞台上的全部。为此，他通过对古希腊和文艺复兴时期的剧院进行分析，规定出观众坐席水平控制角和最高座位俯角不超过 30°，并要求在规定角度之外不设坐席。[①] 这样，传统多层包厢被台阶形的地面升起所取代，所有的座位均面向舞台，观众厅平面由马蹄形改为扇形平面。这种废除多层包厢，保证每个座位视线良好的设计，也体现了瓦格纳所提倡的社会民主、人人平等的思想。由于取消了包厢，观众就不可能再看到下沉乐池中的乐队了，瓦格纳认为这样可以使观众的注意力集中在舞台表演上，乐队的演奏只能被听到，有助于观众听觉和视觉的高度融合。

图 1.3 德国拜罗特节日剧院平面图和剖面图
（图片来源：Christos G. Athanasopulos, Contemporary theater：evolution and design, 2 edition, North Charleston, S.C., BookSurge Publishing, 2006：107）

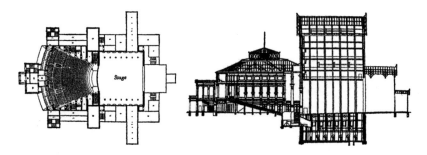

不过，在当年，这种类型的剧场模式只是用于上演瓦格纳的作品，并没受到公众的普遍注意，也没有形成广泛的影响。直到 20 世纪初期，电影这种新颖娱乐形式的出现吸引了大量的观众。电影的观看正是以正对平面的银幕为佳。瓦格纳当年强调视线设计的剧场得到了广泛的认可。同时，追求民主平等的人们坚持认为，在老式的剧场中，只有正中央的国王包厢视线最好，那么在现代社会应该让每一个人都来分享这个视线。功能

---

① 李道增，傅英杰 . 西方戏剧·剧场史 . 北京：清华大学出版社，1999：504。

主义至上的学者对老式侧包厢中视线不佳也深恶痛绝。因此，到了20世纪60~70年代，这种扇形平面、无侧墙包厢的观众厅，就随着现代主义建筑理论的传播而风靡全球了。

20世纪60年代以后，人们发现并不是每个建筑学上成功的现代演艺建筑都能被观众和演员所喜爱，不论它们的外形多么引人注目。随着电视出现并日益普及，《纽约时报》曾经有这样一条广告："当您坐在家中就可以享受到第一流的娱乐时，您为什么还要到拥挤不堪的剧院中去受罪呢？"① 这条广告确实打动了许多观众，因为他们的确对现代镜框式舞台剧院有些不满了。从表演者的角度来看，很多戏剧导演和演员们也表示他们更喜欢传统的马蹄形的剧院，认为现代剧院需要维持这种形态。他们觉得类似马蹄形的歌剧院才是优秀的剧院，能够提供一种氛围和一种情感经历，是一个"妙不可言"的地方。在那里，演员和观众紧密相连，这种演员和观众的沟通让人期盼，是吸引观众前往剧院的真正原因。剧院有其自身的魔力，建筑师不能创造它，只能顺应它，很少能驾驭它。②

那么，按照瓦格纳理念设计的现代剧院又有什么问题呢？剧院的魔力究竟是什么呢？回顾历史，可以发现，在古希腊时期，剧场中演员和观众的关系是非常直接的。那些建在山坡上的扇形的阶梯座位（cavea）大都围绕着圆形场地（orchestra）布置，阶梯座位和圆形场地为同一个圆心，演员主要在圆形场地上表演，背后的长条形舞台和景屋（skene）只是供演员出入和作为永久性建筑背景。这种座位和表演场地紧密衔接的方式使演员自然而然地成为观众视线的焦点，演员和观众的紧密关系得到极大的加强（图1.4）。文艺复兴时期，英国的伊丽莎白剧场也体现了与希腊剧场类似的观众和演员的关系，而且非常接近英国剧场工程顾问公司（Theatre Projects Consultants）创始人理查德·皮尔布罗③（Richard Pilbrow）所描述的戏剧表演的自然状态。皮尔布罗认为，戏剧表演来源于人们聚在一起，亲密无间地去听一个用诗一般的语言以及歌声和舞蹈来讲述的故事，其自然状态就是"在空地上，人们围绕着表演者聚在一起，首先是正面，然后是侧面，大胆一些的要找一个高一点的位置——一支树杈，一个窗口或阳台。孩子们玩闹着坐在前面。"④ 伊丽莎白剧场正是中央庭院加伸出式舞台，舞台周围环绕着观众回廊，舞台与观众处于同一空间中，两者之间没有分隔（图1.5）。

023

---

① Iain Mackintosh.Architecture.Actor and Audience（Theatre Concepts），Routledge UK，May 1993：4.

② （美）哈迪－霍乐兹曼－法依弗联合设计事务所（HHPA）.剧场.曲正，曲端译.辽宁科学技术出版社、中国建筑工业出版社，2002，10：11-12。

③ 理查德·皮尔布罗（Richard Pilbrow）：全球最知名的剧院顾问之一，也是国际知名的舞台灯光设计师，1957年在英国伦敦创立剧场顾问公司。在他的领导下，剧场顾问公司成为在全球范围内都非常优秀的剧院咨询公司，已承担了1200个项目，遍布70个国家。

④ 范强，当代演出建筑的多用途使用与适应性问题研究.清华大学建筑学院硕士论文.1994：59。

图1.4 古希腊剧场平面图和英国伦敦天鹅剧院(伊丽莎白剧场)

(图片来源:Christos G. Athanasopulos, Contemporary theater : evolution and design, 2 edition, North Charleston, S.C., BookSurge Publishing, 2006 : 15, 65)

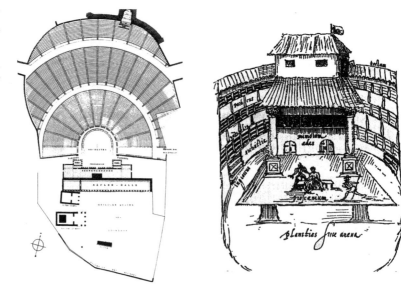

图1.5 古希腊剧场和罗马时期剧场的比较:观众席的围合度减小;舞台布景加大(图片来源:同上 : 37)

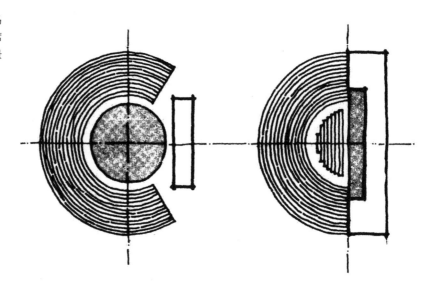

可是,后来随着舞台布景的增多而导致舞台进深加大,为了让所有观众都能看到舞台上的表演,只能减小观众席的围合度,从希腊时期到罗马时期剧场平面的变化,就已经可以看出这一点。巴洛克时期出现的镜框式舞台则正是为了适应大量布景变化的需要,用巨大的箱体隐藏复杂的舞台设施,只留下一个镜框洞口来展现戏剧的场景。这种镜框式舞台,也被称为第四道墙,演员与观众分别处在真实世界和虚幻场景之中,二者的关系已经不像希腊和伊丽莎白剧场中那么密切了。不过,按照皮尔布罗的观点,传统的马蹄形镜框式舞台观众厅仍然可以属于庭院式空间的一种演变。虽然舞台完全退到了镜框台口的后面,可三面围合的马蹄形多层包厢依然构成庭院式的感觉。包厢不仅成为连接观众与演员的情感纽带,同时也让观

众可以彼此相望，产生欢聚一堂的向心感。观众与演员之间的热烈交流以及观众之间的分享，更加激发了演员的创作欲望和观众参与的热情。可是，在提倡极简的现代观众厅中，由于奉行瓦格纳废除包厢的理念以及严格控制视线范围，从演员的角度看，大部分观众隐退至远离自己的无边黑暗之中，很难与他们产生情感上的共鸣。

1.2.2 戏剧事件的基本元素和表演空间的亲密感

戏剧表演本身是一个非常复杂的事件。当年波兰戏剧家格罗托夫斯基进行了一系列戏剧的实验，试图揭示戏剧表演的基本元素。他在其理论著作《迈向质朴戏剧》中写道："逐渐去掉证明是多余的东西之后，我们发现，没有化妆，没有服装，没有绘制舞台，布景的透视法，戏剧表演仍然可以进行；但是如果没有演员和观众之间的感性的、直接的、活生生的交流，戏剧表演便不能存在。"[1] 格罗托夫斯基筛选到最后，仅存演员与观众及两者的"交流"，那么，演员与观众能处在交流虚空中吗？显然是不可能的。关于这一点，英国戏剧导演彼得·布鲁克（Peter Brook）的概括似乎更全面，他在自己的《空的空间》（The Empty Space）一书中这样写道："我可选取任何一个空间，称它为空荡的舞台。一个人在别人的注视下走过这个空间，这就足以构成一幕戏剧了。"[2] 如果对这句话加以提炼，就是"一个人（演员）、别人（观众）、注视（观看）、走过（表演）、空间"。因此，构成戏剧事件的基本要素即是空间、演员和观众（图1.6）。

英国戏剧顾问伊恩·麦金托什在其《建筑、演员和观众》一书中这样指出，戏剧表演是三维的和三种方式的活动。演员们的交流不是简单的你和旁观者的关系，而是你和他，这一组和那群人之间的交流。所有个体和他人之间都有互动，而且表演也是唯一的，而不是某一作品一次表演的复制，同一个表演在不同夜晚的演出是不同的，由演员和专心致志看演出的观众来强化它。[3] 由此可以看出，不仅演员和观众的关系会影响演出的效果，观众与其他观众之间的联系也非常重要。观众通过体验心灵的洗涤，通过观赏悲剧、喜剧、歌剧以及史诗戏剧，还有享受不可控制的大笑，而成为戏剧事件积极的参与者，他们共同分享着

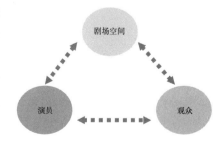

图1.6 戏剧表演的三要素
（图片来源：笔者自绘）

---

① 格罗托夫斯.迈向质朴的戏剧.北京：中国戏剧出版社，2006：10.

② 彼得·布鲁克.空的空间.刑厉等译.北京：中国戏剧出版社，2006：1.

③ Iain Mackintosh.Architecture.Actor and Audience（Theatre Concepts），Routledge UK，1993.

现场演员的表演，也感受他人对表演的反应。

相对戏剧表演而言，在电影院中的艺术形式是消极的。观众的反应已经被导演、角色和编剧所设定，只有在空调坏了、座位不舒适或前排有人打鼾时，观众才会对影院的环境有所警觉。即使这样，如果观众显得无精打采，这种反应也无法影响到屏幕上演员的表演，因为这种表演不是在电影院观众厅里的一种现场演出、实质性的展示，自然也不会对观众失去兴趣而有所警觉。观众和屏幕上影像的交流是单向的，电影演员们并不能听到或看到。但是在戏剧表演中，无论导演多么刻意地设定观众对戏剧作品的反应，观众和演员仍会处在一个无法控制的环境中，这种无法控制的偶然性以及能在优秀剧院中感受到的分享和交流的体验是现场戏剧表演和电影的最大不同。也正是通过这种比较，才让建筑师们理解了过于注重观众对舞台（电影屏幕）的视线，是现代剧场失败的主要原因。这种沉闷的剧院不能提供机会让表演的火花点燃观众和演员交流的高潮（图1.7）。

研究剧场的学者把观众和演员之间、观众相互之间建立一种亲密无间的关系称为剧场空间的亲密感（Intimacy）[1]，认为这就是剧院空间的魔力，激发出观众和演员热情的源泉。戏剧顾问麦金托什也认为剧场空间的亲密感是演员和观众喜欢这个剧场而不是那一个的主要原因。麦金托什指出，剧院里演员和观众所需要的生动的相互之间的交流，几个世纪都没有改变。那些对此不够了解，认为剧院需要现代化，喜欢用没有检测过的现代手段来设计剧院的建筑师过于自信了[2]，他对历史上具有良好亲密性的优秀剧院进行了总结，认为好的剧场总是有一定的比例、视线不好的座位，那些过于强调视线设计的剧场总是失败的，会让人觉得不舒适，观众和演员都不喜欢它。另外，历史上能激发演员和观众的能量的演艺建筑空间，其座位容量总是比较小的，而且那些成功创造出优秀戏剧、歌剧和舞蹈作品的剧场也几乎都是小剧场。在小剧场诞生的经典作品之所以被引进大的剧场，是因为人们认为这样可以赚到更多的钱。因此，为了获得生动的现场表演和吸引那些被家庭娱乐设施所引诱的观众，剧院需要控制容量，为亲密感付出代价。

由此可见，塑造有"亲密感"的观众厅空间，可以激发出演员和观众之间的热情，展示演艺建筑的魔力。美国艺术指导艾米丽·曼恩（Emily Mann）[3] 对有"亲密感"的剧场这样描述道："……你能感觉到空气的能量，一种非凡的、神奇的、只有有生命的剧院才拥有的能量，你对观众席

---

① 本书的"亲密感"是对英文"Intimacy"的直译，国内也有学者把"Intimacy"译为"亲和力"（毛伟，2009）或"亲切感"（曲正、曲端，2002）。由于优秀剧院都能让演员和观众形成一种"亲密无间"的关系，笔者认为译为"亲密感"更为准确。

② Iain Mackintosh.Architecture.Actor and Audience（Theatre Concepts），Routledge UK，1993：161.

③ 艾米丽·曼恩（Emily Mann）：美国戏剧艺术指导和美国新泽西州麦卡特剧院的剧作家。

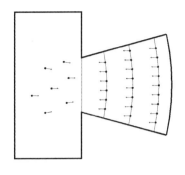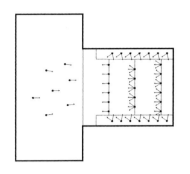

的注意把你的感官及思想引向舞台。"[1] 她同时指出，在 20 世纪 60 年代建成的学校礼堂中就没有这种兴奋，不会有头晕目眩、心脏剧烈跳动的感觉，只是进入了一个毫无生气的地方。

027

　　有趣的是，除了厅堂空间上的"亲密感"，声学顾问还会讨论声学上的"亲密感"（Intimacy）。[2] 随着声学技术的发展，声学顾问对一个厅堂音质的评定，已经远远不仅是混响时间这一个评定标准，还需要考虑亲密感（亲切感）、混响、温暖感、响度和环绕感这些心理声学参数。[3] 迈克尔·巴伦（Michael Barron）在他 1993 年所写的《大厅音质和建筑设计》中对"亲密感"的解释是："亲密感表示听者和演出者之间认同的程度。听者或者感受声音的包围，或是与音乐分离。"[4] 录音师们在谈到房间中的声音有亲密感时，也是在表示听者有与演奏者密切相关的感觉。

　　著名声学家白瑞纳克先生认为，小的厅堂会有视觉上的亲密感（Intimacy）。如果在一个大厅中演奏音乐时，声音好像在一个小厅一样，就会有声学上的亲密感。他又进一步指出，亲密感的定义源于这样一个事实，即盲人能通过声音辨别出房间的大小。每种风格的音乐在具有合适音质亲密感程度的厅内听起来才最佳，这不是说房间要有规定的大小，而是指音乐听起来好像和房间大小合适。也就是说，如果在学校礼堂里演奏巴赫的管风琴音乐作品，观众会立刻察觉到不对头。白瑞纳克在对世界上很多著名音乐厅的音质进行了研究以后表明：一个被认为音质良好的音乐厅必须具有充分的优良的混响、比较强的低音和高度的声学亲密感。[5]

[1]　艾米丽·曼恩.建筑师和演员的炼金术 // 哈迪 - 霍乐兹曼 - 法依弗联合设计事务所（HHPA）.曲正，曲端译.剧场.辽宁科学技术出版社，中国建筑工业出版社，2002：176.

[2]　国内声学界把 "Intimacy" 翻译为 "亲切感"，见马大猷主编《声学名词术语》，这里，由于英文中无论是建筑领域还是声学领域讨论的都是 "Intimacy"，所以本书均翻译为 "亲密感"。

[3]　亲切感、混响、温暖感、响度和环绕感与声学属性相对应的关系分别为：亲切感对应初始时延间隙（ITDC）；混响对应混响时间；温暖感对应低频混响时间与中频混响时间的比，即低音比（BR）；响度对应厅堂中的声级（G）；听众环绕感（LEV）的主观参数与 "表面扩散性" 的声学属性有关。

[4]　Michael Barron.Auditorium Acoustic and Architecture Design.1993.

[5]　B.B.Watters，L.L.Beranek，F.R.Johson and l. Deyer.Sound.1963，3：26.

图 1.8 汤戈伍德音乐大棚的室内照片
（图片来源 http：//www.panoramio.com）

028

他认为有几个声学参量与亲密感（Intimacy）有关，其中之一就是初始时延间隙 t_1（ms）。他把初始时延间隙[①] 用作亲密感的量度，主要是因为在那些特别大的厅堂，如美国马萨诸塞州的汤戈伍德音乐大棚（Tanglewood Music Shed）[②] 中增加水平悬挂的反射板，使 t_1 缩短以后，使这个 5000 座的音乐棚的音质得到了很大的改善，音乐似乎突然能抓住观众了，自此，这个厅堂始终受到音乐家、音乐评论家和听众的高度欣赏（图 1.8）。[③]

由前文的描述可以看出，"亲密感" 其实是一个跨学科的概念，不仅体现在厅堂的建筑空间上，也体现在厅堂声场的声学方面，甚至还涉及环境心理学[④] 等范畴。在休·哈迪特所著的《剧场》一书中，邀请了多位知名演员、剧院设计师来讲述自己的心得体会。其中，一位知名演员这样指出："为了实现观众与演员之间建立一种亲密无间的关系……有的剧院则采用了更深入的方式，希望观众踏入门厅或从外面准备进来时，他们就能感到一种兴奋。一些剧院想要的是一种温暖、亲密的感觉，当观众从门厅走向观众席时就能体会到这种感觉……"[⑤] 由此可以看出，从 "环境心理学" 的角度来加强 "亲密感"，已经不再局限于观众厅内，已经被扩展

---

① 初始时延间隙：直达声到达时间与第一个反射声到达时间之差。

② 汤戈伍德音乐大棚：位于美国马萨诸塞州的风景胜地，由著名建筑师小沙里宁（Eero Saarinen）设计，1940 年建成，室内设有 5121 个固定座位，室外草坪可容纳一万人。最初，这个厅堂的声学效果并不理想，后来由美国 BBN 声学公司承担了其声学改造，声学顾问白瑞纳克博士给室内观众厅顶棚加上了一个三角形的声学反射板，令厅堂的音质大为改善，现在是波士顿交响乐团夏季的驻团音乐厅。

③ （美）白瑞纳克，音乐厅和歌剧院，王季卿、戴根华、项端祈等译，上海：同济大学出版社，2002：471

④ 环境心理学的重点在于人类的行为、感受和身为人类的知觉如何受到物理环境的互动影响以及人们对人为与自然环境危害的反应。所以，在近代，环境心理学家普罗夏司基（Proshansky）将 "环境心理学" 定义为一门关心人与环境之间的互动及关系的学科。

⑤ （美）哈迪－霍乐兹曼－法依弗联合设计事务所（HHPA）. 剧场. 曲正，曲端译. 辽宁科学技术出版社、中国建筑工业出版社，2002，10：182.

图1.9 古希腊室外剧场
空间凝聚的效果

（图片来源：Christos G.
Athanasopulos, Contemporary
theater : evolution and design,
2 edition, North Charleston,
S.C., BookSurge Publishing,
2006 : 21）

第
1
章

演
艺
建
筑
的
特
质

029

到演艺建筑的公共空间，注重观众戏剧体验的全过程。

通过对 21 世纪以前相关文献和案例的研究，笔者发现"亲密感"作为表演空间魔力的核心要素，已经引起越来越多的建筑师和学者的关注，也对在现代厅堂空间中，如何塑造"亲密感"进行了探索。

1.3　对现代表演空间"亲密感"的探索

1.3.1　格雷纳·万·古尔的发现：蛋形空间的力量

格雷纳·万·古尔（Greiner Van Goor）是一个演艺建筑设计经验丰富的荷兰建筑师。他认为，演艺建筑常常被看做是这个世界的文化寺庙，它们吸引人们蜂拥而来，聚集在一起，得到心灵上的慰藉，至少是获得了某种精神上的能量，所以其建筑外形的视觉效果是非常重要的。不过，从全球的演艺建筑中，他发现不论演艺建筑的外形——那些视觉元素多么千奇百怪，总有一些更加重要的东西看起来是非常传统的，这就是演艺建筑的"空间品质"（Spatial Qualities）。

为了发现演艺建筑的"空间品质"，早在 20 世纪 50 年代，格雷纳曾亲自考察了古希腊的室外剧场。那个扇形的、像是嵌在山上的埃皮达鲁斯（Epidaurus）剧场，如此巨大，能够容纳 1.2 万名观众。从表面上看，这个室外剧场非常朴素，但是空间上却是那么吸引人，即使舞台上演员的低语也能被场内每个观众所理解。在那里，格雷纳体验到一种空间凝聚（Condensed space）的力量，所有的观众都被舞台所吸引（图 1.9）。

随后，格雷纳在分析伊丽莎白时期的剧场以及研究作家罗纳德·沃特金斯（Ronald Watkins）的《制造莎士比亚》（On Producing Shakespeare）一书时又有了类似的发现。虽然这些当年上演莎士比亚戏剧的剧场，如 1576 年的剧场剧院、1587 年的玫瑰剧院、1594 年的天鹅剧院以及 1599 年修建的最初的全球剧院，很多没能完整保存下来，不过它们独特的空间品质一直被人称颂，而且还被复制到 20 世纪末的一些重要剧院之中。

当年这些剧场只是一个封闭的圆形空间，其直径大约为 30.5 米（100 英尺），一个有顶的舞台，不完全对称地放在圆形空间的中间。圆形的全部内墙都设有两层楼座。地面层是观众站席，挤满了观众，他们试图离演员更近一些。演员和四周所有的观众都有交流，他们常常可以走进观众中，或者沿着楼座的周边晃来晃去（图 1.10）。莎士比亚的戏剧在这样的剧场中获得巨大的成功，剧院的空间品质让所有的观众一心一意地投入到戏剧之中。虽然有时会有观众因为观看表演过于投入，而去威胁或攻击那个扮演他不喜欢的角色的演员，但是，这就是戏剧的本质：观众被舞台上所发生的事情而感动。几个世纪以来，这种渴望成为剧院建筑最重要的设计原则：观众要对舞台上发生的事情产生同感。因此，格雷纳认为这不仅是声学上的需要，剧院被修建得如此紧凑，还在侧墙上安置楼座，而且这种紧凑型空间能让观众体会到空间凝聚的效果，和在希腊埃皮达鲁斯剧场中相似，只不过在结构上，用的是封闭的墙体。

图 1.10　伊丽莎白剧场的空间效果
（由不知名画家绘制，可能是全球剧院；图片来源：同上：66）

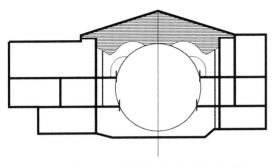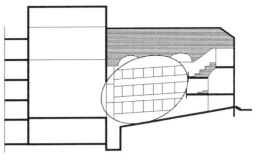

图 1.11　荷兰莱兹·苏堡剧院横剖面和纵剖面示意图

（图片来源：笔者根据"Theatre architecture as a mirror of experience"书中第 88 页图绘制）

图 1.12　荷兰莱兹·苏堡剧院室内照片

（图片来源：http：//www.leidseschouwburg.nl/ ）

　　1969 年，格雷纳在参与荷兰最古老的剧院建筑莱兹·苏堡剧院[①]（Leidse Schouwburg）的整修时，发现了古典马蹄形剧院的秘密。莱兹·苏堡剧院最早建于 1705 年，1865 年，由建筑师 J.W Schaap 重新修建。格雷纳发现，这个剧场特点是：当剧场空座的时候，它看起来是那么小；而满座时，又让人觉得是那么大。最突出的是，演员站在舞台上，会觉得距离所有的观众都很近，演员可以和每个观众建立联系。随后，他仔细地测量了这个观众厅所有的尺寸和比例，得出的结论是这种效果是由于观众厅的基本形状决定的。它的平面像一个蛋，而且舞台有明显的弧线，它的横断面不仅宽，也几乎能成为一个完整的圆蛋形，因此给演员和观众提供了很好的视线交流（图 1.11，图 1.12）。

　　在格雷纳随后的所有剧院作品中，都延续了这个蛋形，这个概念被他的同事们称为"格雷纳之蛋"[②]，是他们的剧院项目设计的基本原则。这种蛋形的空间形态不仅能提供一种空间的亲密感，而且有意识地形成一种

---

① 莱兹·苏堡剧院（Leidse Schouwburg）位于荷兰首都阿姆斯特丹附近的一个小镇——莱顿市，是荷兰最古老的剧院建筑。

② Hilde de Haan.De Spiegel：Theatre architecture as a mirror of experience，Amsterdam：Architectura & Natura Press，2007：88.

视觉效果。建筑师格雷纳非常接受观众们不能坐得很舒适以及在侧面楼座有视线不好的座位，从而换取所有的演员在剧院演出时工作愉快，而且观众也能够很快喜欢上这个剧院并拥抱它。

1.3.2 安藤忠雄的尝试

在 20 世纪，有不少建筑师和剧院研究的学者为了探寻剧场空间的本质，试图从传统剧场中去寻找灵感。如果说荷兰建筑师格雷纳·万·古尔是通过对西方历史上各个时期优秀剧院的研究来寻找演艺建筑独特的"空间品质"，那么，日本建筑师安藤忠雄就是通过对日本传统的歌舞伎剧院的学习，来探索剧场空间的"亲密感"。

建筑师安藤忠雄认为，他从金丸座（Kanamaru-za）剧场中学到了戏剧艺术的精髓。金丸座剧场位于日本四国岛（Shikoku）上，是一个日本歌舞伎（kabuki）剧场，修建于江户时代晚期（Edo era），也是日本现存最古老的剧场之一。在简单的木屋里面，演员和观众亲密地聚集在一起，从而建立了一种极为亲近的关系。而且这座剧院是高松市（Takamatsu）金毗罗神寺庙（Konpira Shrine）的一部分，位于走向 88 座寺庙的祈祷路线上，是一个剧院＋寺庙的复合体。为了观看剧院的表演，人们必须通过寺庙的山门，爬上山的顶峰。这是一个非常困难的爬山过程，不过，加强了人们要接近一个不同寻常的场所的感受，也加强了一个人到达后的愉快感（图 1.13，图 1.14）。

图1.13 安藤忠雄的草图：金丸座剧场中的亲密感

（图片来源：Hans Baldauf, Baker Goodwin, Amy Reicher, Perspecta 26 The Yale Architecture Journal-Theater, Theatricality and Architecture. New York, NY：Rizzoli International, 1990：172）

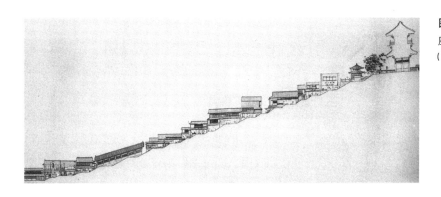

图 1.14　位于山上的金丸座剧场
（图片来源：同上：173）

第 1 章
演艺建筑的特质

　　可是，在现代剧场中，安藤忠雄却很少体会到这种感受，因为那里的每一样东西都是机械化的。正如金丸座剧场后来配置了最先进的技术设备，来给演员和观众提供尽可能好的环境，观众就像在他们的起居室里一样舒服地坐在椅上观看表演，室内是有空调的，在演员需要的时候，可以适用扩声设施。可是，这些舒适的技术设备让他发现，这里不再是一个对演员和观众来说真正激动人心的场所了。

　　所以，安藤忠雄认为理想的剧场尺度是观众能够用自然视力看清表演、听清自然的声音、得到自己的感受的尺度。他相信存在着理想的剧院尺寸，演员和观众能够交流，不需要任何技术措施。他说："在欧洲，歌剧和戏剧最初是在皇室和贵族的家里演出，那些建筑的尺度是非常适合的。后来为了容纳广大公众，这些剧院变得越来越大，为了能观看演出，引进了看歌剧的望远镜……可是，用望远镜，你不可能真正看到任何东西。慢慢地这些剧院变得越来越商业化，成为一笔大生意，这就是剧院的今天。虽然从原则上说，我们所处的社会依赖于大量的沟通，所以剧院需要尽可能容纳更多的观众。可是，我想问一下什么是剧院的本质……"[1] 因此他一直想设计一个接近剧院原始状态、能够唤起人类共鸣的剧场，作为他对现代剧院的回应。

　　1985 年 7 月，日本建筑师安藤忠雄被邀请在东京的浅草区（Asakusa）设计一个剧院。在开始设计之前，他想起了自己曾参观过的位于四国岛（Shikoku）上的金丸座（Kanamaru-za）剧场。他希望这个命名为"卡拉"（Kara-za）[2] 的新建的剧院给人一种现代的歌舞伎剧院的印象，从内到外的概念不同寻常。

———————————

[1]　Kara-za.A Movable Theater-an interview with Tadao Ando//Hans Baldauf，Baker Goodwin，Amy Reicher，Perspecta 26 The Yale Architecture Journal-Theater，Theatricality and Architecture. New York：Rizzoli International，1990：173.

[2]　卡拉剧场（Kara-za）：以日本戏剧艺术家卡拉十郎（Kara Juro）的剧团命名。卡拉十郎既是一个演员、作家，也是导演。他的戏剧作品从来都不是为大型剧院所写的。他和他的演员们常常在赤滕托 aka-tento（红色帐篷）中表演。

安藤忠雄在卡拉剧场中使用了和金丸座剧场几乎相同的尺寸，不过，在形态上非常不同。整个剧场是一个十二边形，27米宽，27米高，由围绕着中心的两个同心的圆组成，有600个活动座位。内部的圆被屋顶覆盖，由中心舞台和弧形的延伸座位区组成。外面那个没有顶的圆作为演员的通道，如果下雨，演出照常进行，演员演出结束后，也是通过这个通道离开。他们常常在演出结束的时候歌唱，虽然观众不能看到他们，但是可以听到他们的声音和歌唱。就像人们在寺庙外面听僧侣们在寺里念经，只听到声音时效果最好。观众通过太鼓桥（Taiko-bashi：一个弧形的、半鼓形的桥）来进出卡拉剧场。桥的这种形式经常被用在戏剧区域里，标志着一个分界点，联系着现实世界和彼岸（另一个世界）。观众穿过这个桥后开始变得敏感，象征着一个人从现实世界进入到一个虚构的世界中（图1.15，图1.16）。

剧场的后台空间是全地下的，设有很大的房间作为化妆室和布景间。在没有看到演员之前，观众就能听到从地下或其他地方传来的演员的声音，能感觉到被演员所包围。虽然观众席的座位布置在座位结构支撑的管子之间，有些座位会有遮挡，剧院的结构和座位匹配得不是很好，不过安藤忠雄认为没什么问题。那种只提供观众从固定角度观看舞台上演员表演的剧场，不是他所认为的真正的剧院。剧院应该是这样一个地方：通过这里的各种可能性，极大地调动了演员和观众的情绪，演员可以从各种方向出现在舞台上，观众能够真正地被演员所环绕，或包围着演员。所以，安藤忠雄特意在地板上留下一些通道，演员可以从各个方向冒出来，就像在日本传统的歌舞伎剧中设置的花道（hana-michi）一样，演员可以从剧场的后面出来，穿过观众席来到舞台。

图1.15 通过太鼓桥（taiko-bashi）走进卡拉剧场（左）
（图片来源：同上：175）

图1.16 卡拉剧场两个圆之间的演员通道（右）
（图片来源：同上：177）

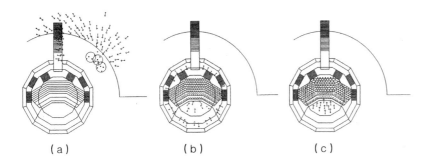

图 1.17 （a）演出开始或结束后，观众聚集在桥下，演员迎送他们；（b）卡拉剧场的观演模式：演员围绕着观众，从两圆之间的空间进出；（c）常见的观演模式

（图片来源：同上：172，中文注释：笔者）

由于东京浅草区没有足够的经费，因此作为一个临时剧院来修建，所以安藤忠雄选用了日本工地上最常见的脚手架管作为建筑的基本结构。剧场屋顶的形状像一把大型的撑开的雨伞，同样用脚手架来构成它的结构，上面用红色织物覆盖，织物只是放在屋顶上，在需要时可以卷起。安藤忠雄认为，最理想的剧院是露天的，这样，演出的剧团可以在需要的时候打开屋顶。建筑的墙体由用混凝土浇筑的夹板构成，被涂成黑色，类似传统日本围墙的色彩。在每一块板之间留下缝隙，让光线洒落进来。白天，自然光通过这些裂缝滤进来；晚上，室内发出的红色光芒，在外面也可以看见。

在建筑师安藤忠雄的卡拉剧场中，从以下几个方面来营造了剧场空间的"亲密感"：一是剧场的空间形态和布局，安藤忠雄采用了和金丸座剧场几乎相同的尺寸，来保证剧场人性化的尺度。十二边形的同心圆平面让演员可以从各个方向出现在舞台上，开放式舞台的空间布局，可以增加演员与观众之间多角度的互动和交流。安排观众通过太鼓桥来进出卡拉剧场，这和在金丸座剧场中，人们必须经过爬山才能走进剧场一样，是用"铺垫"和"序曲"来强化观众接近表演空间时，对演出的期待（图 1.17）。

1.3.3 麦金托什的研究："神圣的几何学"

历史上，西方的建筑师们一直认为建筑空间的美学法则符合一定的几何关系或数学公式。意大利维琴察（Vicenza）的奥林匹克剧场（Teatro Olimpico）的建筑师帕拉迪奥这样写道："虽然多变和新鲜的事物让人愉悦，不过它们不能和美的规则相违背。历史上建筑的各种变化，从来没有远离过宇宙和美学的必然法则。"[1] 对于房间的形状，帕拉迪奥认为，7 种几何关系的形式是美的，它们是圆、正方形、以正方形对角线的长度为房间长边组成的矩形、1+1/3 个正方形、1+1/2 个正方形、1+2/3 个

[1] Iain Mackintosh.Architecture.Actor and Audience（Theatre Concepts），Routledge UK，1993：166.

正方形和 2 个正方形。包豪斯的德国建筑师埃瑞许·孟德尔松① 也感受到了符合几何关系的空间具有一种和谐的力量。埃瑞许·孟德尔松说:"建筑必须创造出各组合部分与细节的和谐一致。在任何时代,最好的建筑中都能奇迹般地回溯到富有想象力的数学品质和几何关系的图形中。"② 现代主义建筑大师柯布西耶(Corbusier)在他的模块化系统中研究了人体的比例和人们站、坐、工作和学习时的各种姿态,由此决定建筑各组成元素比例的法则,并由此设计出一套精确的斐波那契数列(Fibonacci)③ 系列。同样,研究剧院空间的学者或建筑师们认为优秀的剧场空间应该符合一定的几何关系。戏剧顾问麦金托什在《建筑,演员和观众》一书中,对此进行了系统的总结,书中收录了瑞士建筑师埃德斯特伦的观点、学者乔伊·考克斯的研究、建筑师阿克塞尔·伯勒和蒂姆·福斯特的实践等。

瑞士建筑师埃德斯特伦认为,剧院空间里存在着神圣的几何学。埃德斯特伦在 1990 年时所写《如何为人们修建剧院》一文中,这样说道:"为什么剧院空间神奇的三维尺度难以超越?因为如果剧院建得更大,将不能看清舞台上的表演。在过大的剧场中,编剧的天分将被巨大的回声所埋没,演员丰富的面部表情将会被可怕地扭曲。"因此,埃德斯特伦认为,必须设计出一个和谐的剧院空间,在那里,人类的精神可以通过身体的动作和声音来表达。与此同时,被人接受的视线和声学形态以及舞台工艺和灯光,在这个和谐的几何学系统中能够比较容易地实现。剧院建筑师作为这个神圣几何学的主宰者,在听取信奉功能至上的工程师们的要求时,更应该像服装设计师那样用优雅的风格来对应人类的尺度。建筑师也很难把剧院设计成一种特别的形态,因为剧院空间的几何学法则不许可这样做。

1992 年,学者乔伊·考克斯(Joy Hancox)通过对"拜罗姆集"(Byrom collection)中 18 世纪早期的剧院图形进行研究,指出英国的全球剧院、玫瑰剧院、和平剧院、天鹅剧院,还有国王学校的小教堂以及威斯敏斯特大教堂(Westminster Abbey)④ 的平面都能从圆和三角形的几何关系中推导出来。

---

① 埃瑞许·孟德尔松(Erich Mendelsohn, 1887-1953):1887 年 5 月 21 日生于东普鲁士的奥尔什丁,今属波兰,为 20 世纪具代表性的建筑师之一。他最著名的作品是爱因斯坦天文塔,建于 1921 年,其艺术风格为表现主义。

② 同①。

③ 斐波那契数列:每个数等于前面两数之和,如 1,2,3,5,8,13,21,34,55,89,144 等。其数列中,数值越大时,其前后的比率越接近黄金分割比率。黄金分割作为一种自然界的法则存在于所有生命体中,是一种审美上令人愉悦的空间划分,柯布西耶认为人体的比例符合黄金分割。

④ 西敏寺(Westminster Abbey)是历代英国君王的加冕地,也是安葬著名人物的地方。西敏寺是伦敦三处世界遗产之一,另两处是伦敦塔和格林尼治天文台。

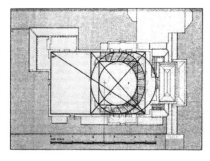
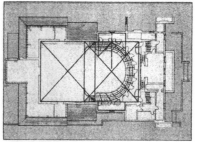

图 1.18 阿克塞尔·伯勒发现了埃德蒙兹皇家剧院内在的几何关系

（图片来源：Iain Mackintosh. Architecture.Actor and Audience（Theatre Concepts）.Routledge UK，1993：163）

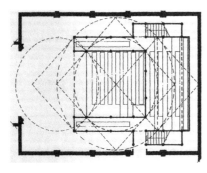

图 1.19 三轮车剧院平面图和 1788 年修建的里士满的乔治亚剧院

（图片来源：Iain Mackintosh. Architecture.Actor and Audience（Theatre Concepts）.Routledge UK，1993：185）

　　20 世纪 80 年代，英国建筑师阿克塞尔·伯勒（Axel Burrough）在位于英国东英吉利小镇伯里·圣·埃德蒙兹（Bury St Edmunds）的皇家剧院改造项目中，也发现了这个剧院内在的几何规律。埃德蒙兹皇家剧院最早建于 1819 年，由建筑师威廉·威尔金（William Wilkin）设计和建造，自建成后一直广受好评，可是，除了总平面以外，没有图纸被保存下来，因为在 1906 年，这个剧场被进行了现代化的改进，随后被啤酒厂用作仓库 40 年，1965 年又经历过一次轻率的革新，已经无法看出威廉·威尔金的初始设计。建筑师阿克塞尔·伯勒[①]经过反复的推敲和研究，通过从方、圆和三角形的几何关系中重建初始设计的所有细节，绘制出了图纸，让该剧场内在的几何学获得了再生（图 1.18）。

　　另外建筑师蒂姆·福斯特（Tim Foster）在 1980 年设计了英国基尔本（Kilburn）三轮车剧场（Tricycle Theater），该剧院的设计是模仿 1788 年修建的约克郡里士满的乔治亚剧院的尺度，无意识按照正方形（ad quadratum[②]）几何学来设计，三轮车剧场的建筑师碰巧发现了古老剧院中神圣的几何学（图 1.19）。

[①]　建筑师阿克塞尔·伯勒完成这个项目后，于 1988 年 9 月，在英国建筑评论杂志 "Architectural Review" 上发表了一篇文章《伯里·圣·埃德蒙兹剧场中建筑师威尔金的几何学平面》。

[②]　ad quadratum：学者们通过分析罗马庞贝（Pompeii）和赫库兰尼姆（Herculaneum）的建筑物，表明古罗马的房屋设计的各种尺度是建立在正方形几何学（the geometry of the square）的基础上的。这种修建方式被称为 "按 ad quadratum 修建"（they are said to be built ad quadratum）（引自 Geometry in Art & Architecture，http：//www.dartmouth.edu/~matc/math5.geometry/）。

图1.20 麦金托什对剧院
空间几何学的分析
（图片来源：Iain Mackintosh.
Architecture.Actor and Audience
（Theatre Concepts）.Routledge
UK,1993 :144. 中文注释：笔者）

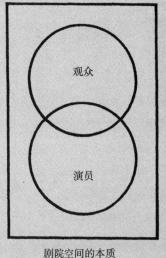

剧院空间的本质

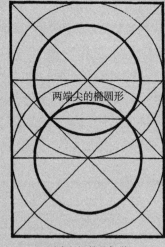

剧院空间的几何学

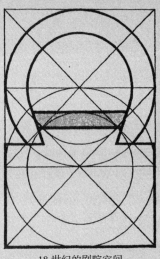

18 世纪的剧院空间

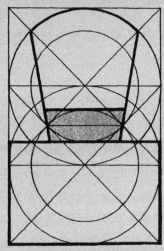

19~20 世纪的剧院空间

　　由此，麦金托什指出，在 18~19 世纪成功的剧院中，不少剧院是依据了正方形（ad quadratum）几何学和三角形（ad triangulum）几何学的原理，通过正方形、等腰三角形中的圆以及黄金分割比例，推导出平面布局。这种根据几何学原理来设计的剧院，并不是对其空间形态的束缚，导致出现一种僵化，而是一个空间和谐的动态系统，因为在几何学控制的空间安排下，不仅满足剧院功能，也鼓励观众和演员之间能量的流动，其空间比例也与音乐相和谐。[①] 他认为，19~20世纪现代化的剧院平面不符合剧院空间内在的几何学特征，21 世纪的

---

① 西方一直认为音乐的和谐和房间的比例有关。17 世纪 70 年代，欧洲最早的音乐厅，其长宽比是符合黄金分割率的。美国音响学会（AES）推荐的听音室的空间比例也遵循黄金率：0.618 ∶ 1 ∶ 1.618（曹孝震.观众厅的尺度和比例.建筑学报，1996（12）：55~57）。

剧院应遵循18世纪的剧院空间几何模式。他认为，正是这种几何学的规则塑造出了剧场空间的"亲密感"，是"无法掩饰的神秘"（Unfolding a Mystery）（图1.20）。

1.3.4 营造"亲密感"的方式

1968年，英国戏剧导演彼得·布鲁克（Peter Brook）在《空的空间》一书中这样谈道：我和设计新剧院的建筑师们有很多不成功的讨论，徒劳地试图找到一些词汇来表达我的观点，剧院设计不是一个好的或坏的问题，一个美丽的地方也可能从不带来生命力的爆发，而另一个看似杂乱的地方却能成为很有吸引力的聚会场所。这就是剧院的神秘，但是理解剧院神秘的惟一可能是让它成为科学。在其他建筑类型中，有意识的设计和好的功能是有联系的：一个设计有序的医院相比那些乱七八糟的，能够更加有效。但是对剧院建筑的设计不能从逻辑开始。剧院不是一个可以分析需要什么、如何最好地组织它们的空间，这样常常会导致一个平淡的、乏味的、冷酷的大厅。剧院建筑的科学应来自于那些带来人们之间生动关系的研究，这种关系也许就是无序或不对称导致的。需要研究无序中的规则。[①]

因此，满足完美视线要求的剧院，却往往会成为一个乏味的、枯燥的和冰冷的大厅。如果忽视了"亲密感"这个优秀剧院特有的空间品质，那么将无法激发出演员和观众的热情，剧院就失去了建造的意义。在麦金托什的书中，他把这种演员和观众之间传递的热情称为能量（energy），他认为剧院建筑的首要目标是提供一个能量流动的渠道（a channel for energy）。虽然能量从表演者传向观众，但是表演者是不能提供能量补偿的，除非得到观众的反馈，在搞笑剧中大笑的观众，也会分享悲剧的敬畏，甚至能和演员的表演相互作用。在剧院中，这个能量必须双向流动，两边相互融合，从而创造出一种戏剧体验的狂喜。

通过分析前人对表演空间"亲密感"的探索，笔者认为表演空间的"亲密感"可以从以下几个角度来体现（表1.2）：

1）从建筑空间的角度（视觉方面）

（1）平面形状：具有向心感的平面，如椭圆形态或半圆的形状有易于形成表演空间的"亲密感"，这也是传统的马蹄形剧院成功的原因。大量的研究表明，历史上成功的剧院基本上都遵循了一定的几何关系，可以通过正方形、等腰三角形中的圆以及黄金分割比例，推导出具有"亲密感"

[①] Iain Mackintosh.Architecture.Actor and Audience（Theatre Concepts），Routledge UK，1993：167.

的平面布局。建筑师格雷纳经研究发现，不仅平面应是蛋形，剖面上也应是个蛋形。

（2）布局：三面围合+多平台、多方向的座位区。观众席的布置要对舞台形成三面围合，使观众可以尽可能靠近舞台，有助于形成空间的亲密感。不介意有一些视线不好的座位，座位也不需要都面对着表演区，它们可以由观众自己调整，没有必要让所有的观众同样平等地看到完整的舞台场景。建筑师和设计者的首要责任是让人们进入到彼此之间生动的关系之中，不仅要让演员和观众能够交流，观众之间也需要彼此相望和交流。多平台、多方向的座位区，会有利于观众之间的交流，追求大空间内还有小空间，让每个观众都能感受到自己是团体中的一员，而不是消失在大陆式的座位席中。

（3）尺度：小型的剧场相对大剧场而言，具有更好的亲密感，因为亲密感就是距离舞台越近越好。

（4）密度：提供多种不同密度的坐席。由于演员的成功很大程度上是由观众的反馈所决定的，不密集的观众厅将会冲淡表演者得到的反馈，因此观众席的密集度也非常重要。过于舒适的观众席往往也会更缺乏生气。[①] 戏剧顾问麦金托什提出的解决方式是：提供多种不同密度的坐席，把舒适而有完美视线的座位让给愿意出更高价钱的观众，而更加密集的区域留给付钱少的年轻人。座位价格幅度政策，将反映出每个座位的价值，吸引尽可能多的人们进入剧院。

2）从声学的角度（听觉方面）

声学上，也要注重声音的亲密感。要能形成声音的空间环绕感，让自然而亲切的声音包裹着观众，让他们觉得自己位于整个表演事件的中心。因为所有的感官都在听，心理声学在观众欣赏音乐时，也会起到一定的作用。不过，除了美国声学家白瑞纳克提出把"初始时延间隙"作为亲密感的量度以外，还有哪些具体的指标或手段能够衡量或检测声学上的亲密感，目前声学界还没有定论。在国外，该领域也还处在探索和研究阶段。

3）从环境心理学的角度（感觉方面）

从"环境心理学"的角度来加强"亲密感"，已经不再局限于观众厅内的空间和布局了。为了激发观众对演出的热情，在他们走进观众厅之前，演艺建筑公共空间、外部环境的铺垫和序曲也很重要，能加强观众对演出的期待，注重他们体验戏剧艺术的全过程。

---

① 欧洲戏剧运动改革者阿道夫·阿匹亚（Adolphe Appia）指出，"我们一直希望坐在那里的观众能集中注意力。为了实现这个目的，提供了舒适的座位并把他们放在一个半黑的环境中，可导致了彻底的消极状态。"所以，布鲁克曾提倡用硬长凳而不是舒适坐席，来增加观众的密集度，以加强戏剧性和观众反馈。

总之，"亲密感"是一个跨学科的概念，需要从多角度、多层次来实现，而且各个学科领域之间，不是界限清晰而是相互叠加的。比如说，弧形的、向心的厅堂空间具有"亲密感"，可以说是空间形态的问题，也可以说是环境心理学的问题，因为弧形的空间能给观众一种很好的围合感，让人们觉得空间很亲密。所以说，观众在欣赏演员的表演时，他们对演出的感受是非常综合的，不是只有"看"和"听"，还有"感觉"，是全身心的投入和互动。

"亲密感"的构成 表1.2

跨学科，全身心	建筑空间（视觉）	平面形状	弧形空间（椭圆或半圆），平面和剖面都为蛋形
		布局	三面围合 + 多平台、多方向的座位区
		尺度	小比大好
		密度	保持一定的密度，不能过于追求舒适度，提供多种不同密度的坐席
	声学（听觉）		自然声（能听出演员的状态）；初始时延间隙
	环境心理学（感觉）		序曲和引导 公共空间的氛围 / 外部环境

1.4 演艺建筑的演变规律

演艺建筑的古老定义就是"两块板 + 热情"。通过对演艺建筑2000多年演变历程的回顾和总结，可以发现"两块板"的空间形态随着社会的发展、技术的推动而不断出现创新，而"吸引观众，激发出演员和观众之间的热情"这个目标从来都没有改变过，一直在传承。笔者找到以下两条线索：

（1）演艺建筑的"两块板"（观众厅的布局）是随着时代、社会的发展而变化的，从古希腊的室外剧场发展至今，其"两块板"发展为镜框式舞台剧场、开放式舞台剧场和实验剧场三种形式。目前，镜框式舞台剧场在各种剧场类型中占据主导地位。

研究这种类型建筑的学者们普遍认为演艺建筑的发展是人类文明演化的一面镜子，即社会的方方面面都会对演艺建筑的演变产生影响，如戏剧艺术、文化思潮、城市发展的需求、政治经济的因素等，特别是科学技术的推动，如历史上建造技术、声学技术、舞台设备的发展都对演艺建筑的演变产生了很大的影响。

（2）剧场空间的亲密感（Intimacy）是演艺建筑的特质和核心要素，也是历史上所有优秀剧院的共性，也可以说是剧场空间的千年不变的参量。一个具有"亲密感"的空间能激发出"演员和观众热情"，甚至能让剧场被认为是具有某种魔力或神秘感的地方。亲密感是一个跨学科的概念，涉及建筑学、声学和环境心理学等学科。因此，营造剧场空间的"亲密感"不仅取决于厅堂的形态和布局，也取决于厅堂的声场和在观众走进观众厅之前，公共空间、外部环境所作的铺垫和序曲。

数字化技术、声学技术的发展对演艺建筑的影响

2.1 数字化技术为演艺建筑空间形态提供了新的可能

2.1.1 将来剧院的预言

从演艺建筑的历史演变中不难发现，演艺建筑可以说是一个体现社会发展的"晴雨表"，戏剧艺术的发展、建造水平的提高、透视画法及舞台布景技术的应用、社会变革、文化思潮的影响（如包豪斯运动）、城市发展的需求等多方面都会对其发展产生影响。特别是每一次技术的革新，都起到了很大的促进作用。正如文艺复兴时，意大利舞台技术的发展直接推动了镜框式舞台剧院的产生。那么，在 21 世纪，演艺建筑在数字化技术的推动下，又将会怎样发展呢？有趣的是，早在 20 世纪，那些对演艺建筑兴趣浓厚的学者们就对剧院的将来曾有过各种各样的展望和预言。

早在 1928 年，国外就有一位学者写了《剧院的将来》一书，在书中，他对将来的剧院这样描绘："我们的空中汽车把我们载到一个像第十九层楼一样高的地方，我们便立刻走进一个大围场。场的周围由一层一层的座位组成，看来大概可以容纳两万多人，除了周围那奇特的曲线和场地中心也有座位外，一切都很像一个罗马剧场。向四周望了望，简直找不出舞台的影子。后来才知道那盘子似的屋顶就是舞台……现在的戏剧已经没有悲剧和喜剧之分，戏剧的目的，就是要表达某种情景，不论是单纯的还是复杂的，而导演就是知道排演的戏剧目的之后，设法引发观众与这种目的相合的情绪……演出的时候，通过舞台上光线的变化、投影图案的变化，真人演员和这些投影混在一起以及在剧院里散发不同的气味，如淡淡的香味和影像的变化、演员的台词，还有音乐，让观众感受快乐、不安、痛苦、压力等各种情绪……"[①]

奥地利裔美籍建筑师弗雷德里克·基斯勒（Frederick Kiesler, 1890–1965）是 20 世纪一位探索非线性建筑的先驱。他认为剧院的形态将会越来越自由，将会找到一种和现有建筑完全不同的形态，是一个模糊的、可变的、非常现代的建筑壳体。不仅如此，就连一直以来受文化和理性的影响而发展、强调功能的室内空间也会变得多样化。媒体技术的力量将会战胜各种困难、带来各种革新手段，将能够很好地组织空间，让剧院建筑成为一个公共交流的中心（图 2.1）。1931 年，基斯勒赢得了纽约伍德斯托克（Woodstock）环球剧场的设计竞赛，在这个设计中，基斯勒表达了他这种

---

① Bonamy Robref Zhu. 剧院的将来. 徐霞村译. 上海：北新书局，1928：19.

乌托邦式的设想：试图以最理想的方式表达一个另类的、用媒体技术塑造的空间。剧场内上演的也将是混合多种元素的媒体戏剧。它结合了视觉、听觉、光线的作用以及媒体投影来加强表演、音乐和节奏的效果，这种戏剧方式将会比街头戏剧的表达更加有效，创造出传统戏剧中从未实现的场景。基斯勒在设计时采用了灵活可变的舞台和观众席来对应不同的演出需求。在这里，演员和观众的隔阂将会被消除，人们将会敞开心扉，彼此交流；他们将会对演员、编剧、作品了解更多。剧场将真正成为一个创造性交流的空间，一个交流在这里产生的有趣想法的场所。① 可是，在 20 世纪初期，他这种未来主义的设想，在倡导技术实用主义的压力下，很难实现。

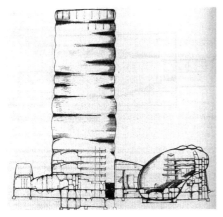
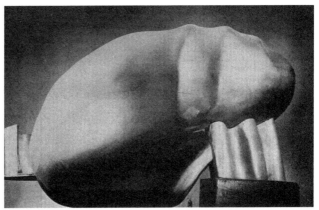

从这两位学者对将来剧院的预测中，我们可以发现，他们的设想都和数字化技术有着或多或少的联系，如演艺建筑自由而流动的空间形态、数字化媒体技术在演出时的运用等。令人惊讶的是，这些设想在 21 世纪的今天几乎都实现了。

图 2.1 建筑师基斯勒对将来剧院的设想

（图片来源：Christos G. Athanasopulos.Contemporary theater：evolution and design, 2 edition, North Charleston, S.C., BookSurge Publishing, 2006：304-305）

2.1.2 新建演艺建筑呈现出流动、虚幻的新感受

今天，计算机技术的普及和互联网的使用，已经改变了人们的生产方式和生活方式。数字技术早已成为我们生活中不可或缺的一部分，SOHO 式家庭办公室、电子商务、网络购物、网上图书馆……正如美国 MIT 媒体实验室的创办人尼葛洛庞帝所说："计算不再只是和计算机有关，它决定我们的生存。"这场方兴未艾的数字革命从根本上改变了人类的思维模式与生产、生活方式，最终改变了家庭、社会甚至全球各个领域的面貌。生活方式是产生和发展建筑的第一动因，在数字化背景下，建筑和城市的改变已不可避免。演艺建筑这个最古老的建筑类型也自然发生了变化。

---

① Christos G. Athanasopulos.*Contemporary theater：evolution and design.* North Charleston, S.C., BookSurge Publishing, 2006：304-305.

虽然，20 世纪 20~30 年代，建筑师基斯勒就尝试了用流动和非线性的设计手法来设计演艺建筑，可是在缺乏计算机技术的支持下，很难实施。在 20 世纪 60 年代，由伍重设计的澳大利亚悉尼歌剧院，因为其复杂的建筑造型，用了 15 年的时间才建成。1978 年，由美国著名的建筑师华莱士·哈里斯（Wallace Harrison）设计的纽约州首府奥尔巴尼帝国广场的蛋形演艺中心（The Egg Center for the performing arts）建成，演艺中心中一个 982 座的 Kitty Calisle Hart 剧场，如同半个反翘的蛋壳，漂浮在空中。这个带有未来主义色彩的建筑造型，成了整个帝国广场乃至奥尔巴尼市的标志（图 2.2，图 2.3）。可是，在当年，由于它的建造难度，这个项目从设计到修建历时 12 年，投资也远远超出了预算，纽约州政府为了实施这个建筑付出了高昂的代价。

图 2.2 美国奥尔巴尼市的蛋形演艺中心
（笔者自摄）

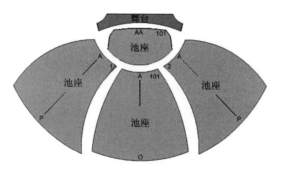

图 2.3 蛋形演艺中心的 Hart 剧场平面
（图片来源：http：//www.egg performiang arts.org）

1997 年由美国先锋建筑师盖里设计的西班牙毕尔巴鄂的古根海姆博物馆，让毕尔巴鄂这个原本位于西班牙北部巴斯克地区的不太景气的小城市一夜成名，成为一个引领时尚文化的观光城市（图 2.4）。博物馆火焰般的建筑造型引起了全球性的轰动，人们已经感受到了数字化设计和建造的力量。可是就在 1999 年，安德鲁刚刚在中国国家大剧院的国际竞赛中胜出的时候，他那个大胆的蛋形剧院，还是颇受争议的。

曾有学者这样指出："如果这个项目万一不幸实现了，将是近代建筑史上最荒谬的大笑话，我们可以烧掉所有的建筑系的教科书。"[1] 可是，在十

---

[1] 彭培根. 我们为什么这样强烈反对法国建筑师设计的国家大剧院方案. 建筑学报，2000.

年后的今天，如果再在中国某个城市或者其他国家建一个类似这样的建筑，应该不会再有人惊讶了。在中国，这短短十年内修建的二三十个演艺建筑项目中，合肥大剧院、山西大剧院和广州歌剧院等，也都体现了数字化美学的建筑特征（图2.5，图2.6，图2.7）。

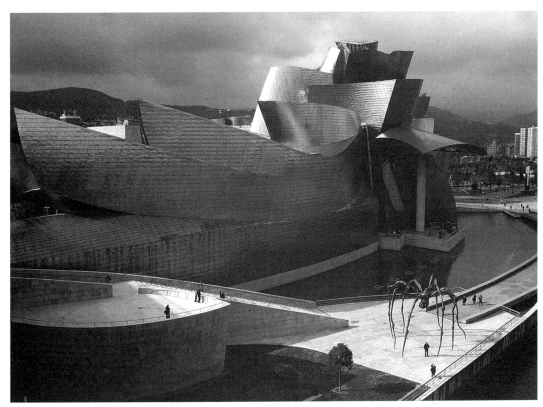

图2.4 西班牙毕尔巴鄂的古根海姆博物馆

（图片来源：http：//images.google.com/）

图2.5 中国国家大剧院

（图片来源：笔者自摄）

图 2.6　中国山西大剧院

（图片来源：http：//www.lvshedesign.com/archives/15583.html）

图 2.7　中国合肥大剧院

（图片来源：张嗣烨摄）

在 20 世纪 90 年代初，英国先锋建筑师扎哈·哈迪德还一直被称为"纸上谈兵"的建筑师，在很长一段时间内，由于其设计的建造难度太大，很难实施，所以建成的作品很少，只建成了像德国维特拉（Vitra）家具公司消防站、莱茵河畔威尔城园艺展览馆这样的小建筑。1994 年，她在英国威尔士加迪夫湾歌剧院方案竞赛中获得第一名，这是她第一次接触到功能复杂的歌剧院项目。虽然哈迪德非常偏爱流动和非线形的设计造型，可在这个歌剧院设计中，她也只是用了一些比较规则的几何形体来组成一个内向的空间，然而方案还是在最后一刻被拒绝了。人们支持那个由建筑师帕西·托马斯（Percy Thomas）设计的，争议较少的，看起来更接近传统剧院的千年中心（图 2.8，图 2.9）。

图 2.8　建筑师帕西·托马斯设计的千年中心（英国威尔士加的夫湾歌剧院）
（图片来源：performing architecture：opera house. theaters and concert halls for the twenty-first century：112）

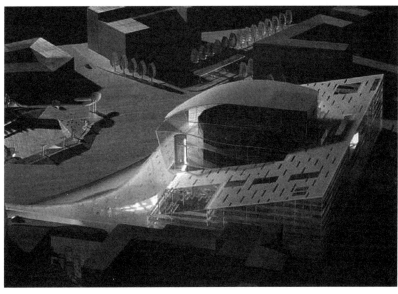

图 2.9　1994 年哈迪德设计的英国威尔士加的夫湾歌剧院方案
（图片来源：http：//www. zhulong.com/）

图2.10 广州歌剧院鸟瞰照片（上）
（图片来源：广州歌剧院提供）
图2.11 广州歌剧院全景图（下）
（图片来源：广州歌剧院提供）

就在8年以后，2002年广州歌剧院的国际设计竞赛中，扎哈·哈迪德用两个非线性的不规则形体作为建筑主体，突出"珠江边两块石头——圆润双砾"的设计理念却大获成功。"大石头"为1800座的歌剧院及配套设施，"小石头"是400多座的多功能厅及西餐厅，南面的草坡下是配套设施用房，包括咖啡厅、售票中心和表演艺术研究交流部等。虽然建造难度很大，可是已经不再有人怀疑这个设计概念的实施可能了（图2.10~图2.14）。

在整个设计过程中，扎哈·哈迪德事务所非常依赖电脑技术，特别是犀牛软件（一种相对3D Max更能准确表达空间造型的三维软件）。他们的工作方式是先做三维形态，不画平面，有了空间和造型后，再开始解决功能问题，所以平面和剖面都在计算机三维模型上直接切出来，由计算机自动生成。据承担该项目施工图设计的珠江外资设计院的有关人士说，广州歌剧院的整个空间就像胶泥一样，任由建筑师改变。在这个项目里，没有

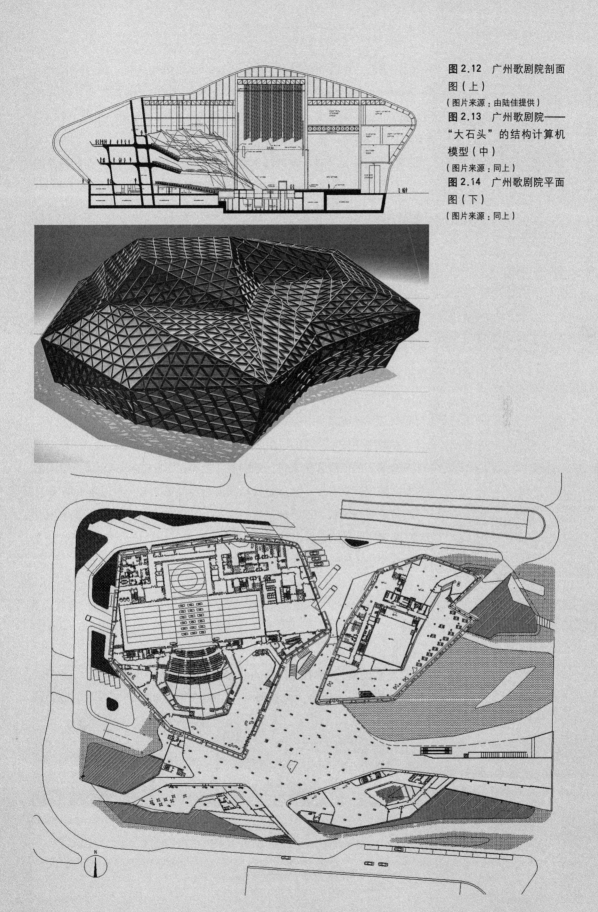

图 2.12 广州歌剧院剖面
图（上）
（图片来源：由陆佳提供）
图 2.13 广州歌剧院——
"大石头"的结构计算机
模型（中）
（图片来源：同上）
图 2.14 广州歌剧院平面
图（下）
（图片来源：同上）

一根柱子、一片墙是直的。[①] 整个建筑外形由 59 个转角、101 个折线面、158 条棱线、67 个不规则的三角形或四边形构成。2008 年 4 月，进行建筑外立面施工时，需要用 GPS 定位每个构件的空间位置，工地上有 450 个焊工同时进行焊接。

数字化技术手段不仅能够支持建筑师实现自己的想法，在某种程度上，由于设计工具的改变，也影响了建筑师的思维方式。2006 年，扎哈·哈迪德在中国台湾高雄艺术文化中心的国际竞赛中，获得第二名，该设计的核心概念就是从 Voronoi（沃洛诺依）算法[②] 中产生的。哈迪德这样介绍自己的方案：为了创造出连续性的开放绿带，同时将周围的发展渗入到基地内，把 Voronoi 空间关系算法作为组织和架构整个基地配置的设计手法。该算法可以依照所给的点，创造出包覆区域。经由研究场地内的珍贵老树、历史建筑及基地边界，再透过 Voronoi 空间关系演算法的计算与分析，用分析出来的结果作为本设计的主要空间配置组织架构。[③] 这样的过程类似于自然界里自然组织的生长和发展，同时创造出具有强烈连贯性的有机体。哈迪德想以这种方式来实现尊重基地内现有环境的目标，并将建筑物与周围景观环境完美结合（图 2.15）。

在数字化技术手段的帮助下，扎哈·哈迪德如鱼得水，她开始使用自己一直偏爱的流线体量来设计歌剧院。虽然在 2005 年中国台湾台中大都会歌剧院国际竞赛中，她的设计只获得竞赛的第二名，不过在 2007 年设计阿拉伯联合酋长国的萨迪亚特岛演艺中心以及 2008 年中国成都歌剧院和艺术展廊的国际竞赛中，她如愿以偿。扎哈·哈迪德为该项目设计的充满动感和变化的流线体量，被选定为实施方案（图 2.16~ 图 2.19）。

图 2.15 扎哈在中国台湾高雄艺术文化中心投标方案
（图片来源：台湾《建筑师》2007/05：116，118）

---

① 冯江，徐好好. 关于珠江边两块石头的对话——广州歌剧院设计深化访谈. 新建筑，2006：43.

② Voronoi（沃洛诺依）算法：在自然科学和社会科学的诸多研究领域的问题中，Voronoi（沃洛诺依）多边形网络常常被用来作为计算机仿真模型。

③ 形随韵律化地景. 建筑师，2007（05）：116.

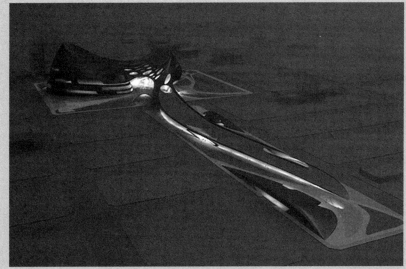

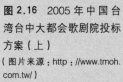

图 2.16　2005 年中国台湾台中大都会歌剧院投标方案（上）

（图片来源：http：//www.tmoh.com.tw/）

图 2.17　2008 年中国成都歌剧院方案（中）

（图片来源：成都高新区管委会）

图 2.18　中国成都歌剧院方案结构设计图（下）

（图片来源：同上）

图 2.19 哈迪德设计的阿拉伯联合酋长国的萨迪亚特岛演艺中心
（图片来源：http ://www. dezeen.com ）

054

图 2.20 台中大都会歌剧院模型
（图片来源：http ://www.tmoh. com.tw/ ）

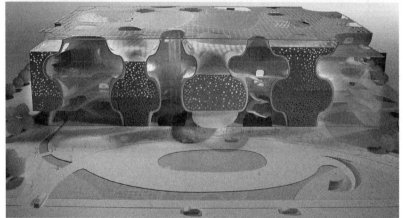

如果说盖里和扎哈·哈迪德本来就是欧美先锋派的建筑师，其作品会带有未来主义和数字化美学的特点，这些还在人们的意料之中的话，那么 2005 年日本建筑师伊东丰雄（Toyo Ito）设计的台中大都会歌剧院方案，其复杂的空间形态和结构形式，不仅超出了传统剧院的限制，同时给演艺建筑带来了一个新的空间体系。伊东丰雄认为："演艺建筑必须适应社会的多样性，并反映出一个正方形或立方体所不能承载的这种多样性。"[1]他在台中大都会歌剧院设计中提出了以下设计概念：不再执着于原有线性或曲面建筑，而是超越原来几何学的模式；由过去机械式的美学思考，转为全新的电子美学形式；运用铝板、玻璃等材料表现建筑的轻盈、穿透感；使自然的光与风，结合数字电子媒体的流动，形成独树一帜的演艺建筑语汇。他设计了一个称之为"声音的涵洞"、类似多孔隙海绵体的开放结构。

① 时代建筑，2006：158.

伊东丰雄认为这个结构流畅的连续体反映出这样的观点：戏剧艺术是结合人体、艺术、音乐和表演的空间艺术。伊东丰雄思考这个体系已有两年半了，在比利时根特歌剧院投标方案中，他就进行了类似的尝试，没想到有机会在台中实现。如果说过去的演艺建筑被建筑外墙定义为室外和室内空间的话，那么，伊东丰雄通过这个多孔隙海绵体的开放结构，实现了"无缝建筑"（Seamless Architecture）：将都市延伸到演艺建筑之中，也将演艺建筑同化为都市，完成了对柱、水平楼板之类建筑基本元素的形式消解，令演艺建筑呈现出流动、虚幻的新效果。

台中大都会歌剧院的建造过程中，其结构系统的曲墙最具挑战性，整个结构体是由 58 块曲墙单元所组成的，而每个曲墙单元是由 40 厘米厚的实心混凝土浇筑形成的双向曲率墙面，作为提供垂直支撑及侧向抵抗之结构。由于修建过于复杂和其他因素，这个项目的工程招标经过了四次流标，才开始修建。不过伊东丰雄仍然对建造充满信心，他说正如 2001 年建成日本仙台媒体中心一样，所有不利的言论都会随着大都会歌剧院的建成而消失（图 2.20~ 图 2.23）。

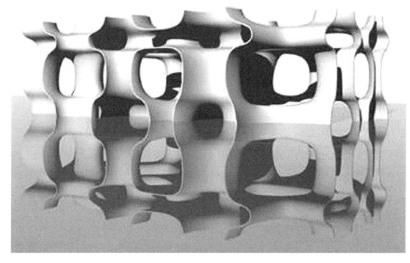

图 2.21　台中大都会歌剧院主体结构示意图（上）
（图片来源：同上）
图 2.22　台中大都会歌剧院剖面示意图（下）
（图片来源：同上）

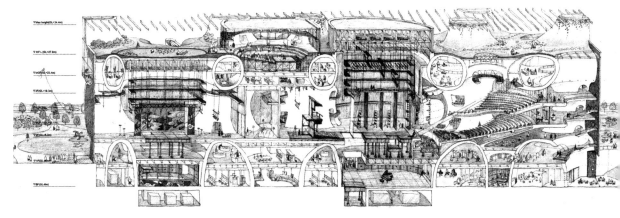

图 2.23 台中大都会歌剧院主体结构示意图 2
（图片来源：同上）

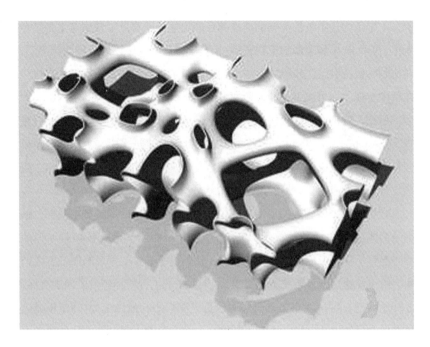

2.1.3 改变历史演艺建筑的 DNA

优秀的历史演艺建筑在一个城市乃至一个国家中都享有重要地位。西方国家为了保留这些城市的文化地标，并让它们适应时代发展，一直非常重视对历史演艺建筑的改造，包括改善其厅堂音质、增加附属设施等。1997 年美国肯尼迪表演艺术中心音乐厅的音质完善和 1993 年法国里昂歌剧院的改造都是非常成功的案例。虽然让·努韦尔所作的里昂歌剧院改造大胆地给古老的歌剧院加上了一个现代的玻璃顶，让它看起来很像一个改装后的珠宝盒，不过建筑师仍然维持了历史建筑原有的体量和立面外墙。2009 年，纽约的迪勒·斯卡菲狄欧 + 伦弗洛建筑事务所（DS+R：Diller Scofidio +Renfro）完成的纽约林肯中心爱丽丝·塔利大厅（Alice Tully Hall）及茱莉亚音乐学校的改造和扩建中，试图寻找到历史建筑的 DNA，并用数字化的新语言来颠覆它。2008 年，多米尼克·佩罗（Dominique Perrault）在其承担的俄罗斯圣彼得堡马林斯基剧院扩建项目中，没有去继承老剧院原有的比例尺度，而是用一个数字化多维体与之并置对话。

美国纽约的林肯表演艺术中心[①] 是全球最早的演艺中心之一，由一组

---

① 美国纽约林肯表演艺术中心：整个演艺中心由一组各自独立的演艺建筑，共 17 个演出厅堂组成，其中包括著名建筑师菲利普·约翰逊（Philip Johnson）设计的纽约州剧院、华莱士·哈里斯（Wallace K. Harrison）设计的大都会歌剧院、马克斯·阿布拉莫维茨（Max Abramovitz）设计的艾弗里·费希尔（Avery Fisher）交响音乐厅、"国际主义"建筑大师皮耶特罗·贝鲁斯基设计的爱丽丝·塔利大厅及茱莉亚音乐学校等。

各自独立的演艺建筑组成，不仅是世界表演艺术的文化腹地，也是让纽约享有国际大都会盛名的重要原因。20世纪60年代建成的林肯中心，用的是当时简洁、实用的新古典建筑语汇，整个建筑群在某种程度上有一点封闭和冰冷，拒人于千里之外（图2.24）。在爱丽丝·塔利大厅及茱莉亚音乐学校改造项目中，DS+R的建筑师和Arup公司高水平的工程师们一起，运用三维计算机模型和先进的建造材料，以数字化时代的语汇和抗拒地心吸引力的景象，给林肯中心注入了新的活力。

纽约时代周刊的建筑评论家这样指出，用"改造"和"再设计"来描绘爱丽丝·塔利大厅所发生的变化，是不够准确的，似乎"变形"更确切一些。爱丽丝·塔利大厅的楼层配置已经完全不同，让人难以置

图2.24 爱丽丝·塔利大厅及茱莉亚音乐学校室外改造前的照片

（图片来源：http://architecture.nyc-arts.org；http://en.wikipedia.org/wiki/）

图2.25 爱丽丝·塔利大厅及茱莉亚音乐学校室外改造后的照片

（图片来源：©Iwan_Baan）

图2.26 爱丽丝·塔利大厅及茱莉亚音乐学校改造的效果图

（图片来源：http：//architecture.nyc-arts.org；http：//en.wikipedia.org/wiki/）

信。[①] 整个改造项目被描述成一次精妙的外科手术。建筑师把扩建出来的空间放在一个楔状的悬臂梁上，像船头一样对着百老汇街和西65街，向上倾斜16°，下面是高38英尺6英寸（11.73米）的玻璃门厅。这个楔状物的平面投影不是由最初体量所决定的直角平面，而是一个不等边四边形，在平面上，和西侧的百老汇大街相平行，和城市的道路网格取得对话。玻璃幕墙结构把白天的光线引入到楔形物内三层的教室和彩排室以及悬挂在楔形物之下的舞蹈工作室中（图2.25，图2.26）。正如DS+R公司的首席设计师莉斯·迪勒所说："我们试图寻找到这个建筑的DNA，然后用一种新的语言来颠覆它。"

位于西65街的茱莉亚音乐学校的入口，原本位于一个天桥上，并不引人瞩目，建筑师在改造中，把入口移到街道层，通过一个引人注目的大楼梯通往二层。其入口设计延续了转角处楔状物的手法，充满数字语言的动感。为了增加室外介于塔利大厅和大都会歌剧院之间的广场面积，设计师把广场的平面拉起了一个角，形成了一个自由斜面，这个斜

① http：//new.lincolncenter.org/live/index.php/erforming-architecture

面的下面是餐厅，上面是倾斜草坡。这种多维的数字化景观，让整个广场都流动了起来（图 2.27）。

法国建筑师多米尼克·佩罗在 2003 年开始设计的俄罗斯圣彼得堡马林斯基剧院扩建项目[①]，被称为一种疯狂的野心。如果说 DS+R 是用数字化手段让历史建筑变形，那么，佩罗是用一种多维的数字化壳体来表示对历史建筑的尊重。建于 1860 年的马林斯基剧院是俄罗斯文化的象征，位于有着丰富历史建筑遗产的城市区域。新建的马林斯基剧院位于老剧院的一侧。建筑师佩罗不愿意提供一个简单的好建筑，他希望新建筑引人注目，不用通过重建老建筑，甚至拆毁老建筑来让位于新建筑，而是让新旧两个建筑连为一体。

佩罗的解决方案非常大胆。他认识到不可能再塑造出圣彼得堡历史建筑的那种内在的古典主义，而是延续老建筑的 DNA，来获得新旧建筑的

① 该设计未能实现，由于种种原因，2007 年，圣彼得堡市政府重新委托加拿大的戴尔蒙德和施密特建筑师事务所进行设计。

完整性。他想制造一个未来主义的设想，让两个建筑共同创造出一个整体，各自独立但不可分割。一个是古老的，强调实用主义和理性的歌剧院，另一个是联系周围城市文脉，让观众能够窥视建筑的内部，对其神奇核心感到惊讶的新建筑。新建筑设计的关键是一个被黑色大理石所覆盖的非常功能化的盒子状剧院和一个自由的金色包裹结构。佩罗解释说："这个包裹结构，视觉上像圣彼得堡的那些纪念物，金色让它和建筑的外形区分开来。它像一层光线制成的衣服，围绕着身体展开，留下自由的空间，开放给城市。"[①] 这个金色包裹物是非常复杂的，主要是用钢桁架和受拉缆索来支撑一个两层的表皮系统。外层的表皮是镀金的铝片条板；而内层表皮是玻璃，与外层表皮有 2 米的距离。这个蚕状的数字化外壳，覆盖了整个新建剧院，只在建筑的西侧局部打破，展示新建剧场的壮观的黑色大理石外墙，让它和多维的金色外壳形成对比（图 2.28~ 图 2.30）。

　　为了发展这个设计，佩罗充分利用了外部壳体和它所覆盖的直线建筑形体之间的空间。这些空间，部分成为可从顶层进入的平台，部分成为壮观的公共大厅、餐厅、职工食堂和夏季平台等附属设施。那些顶层的平台，在白天和晚上、表演或彩排间隙都可到达，透过金色的外部壳体可以欣赏到城市的景观。佩罗认为，完全不同的多维壳体和古典的老剧院形成对比，偶然到访的观众会被这个新剧院激发出兴趣，并愿意看到更多。

060

图 2.28　新建的马林斯基剧院（上）
（图片来源：http：//www.arch.com/）

图 2.29　从老马林斯基剧院看新建剧院的效果（下）
（图片来源：Performing Architecture：Opera house, Theaters and Concert Halls for the Twenty-First Century：197）

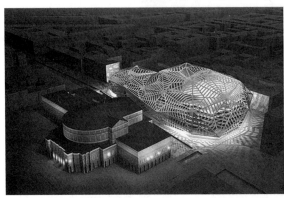

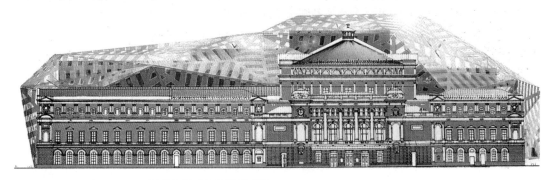

———————————————

① 　Michael Hammond.Performing Architecture：Opera house，Theaters and Concert Halls for the Twenty-First Century，London . New York：Merrell Publishers Limited，2006：197.

2.1.4 数字媒体技术为演艺建筑提供数字化表皮和表演新氛围

1. 数字化表皮

在计算机技术发展的带动下，人们开始用计算机芯片来控制灯光和投影设备，这种数字媒体技术，不仅用于演艺建筑的舞台上，也给演艺建筑提供了一种数字化的新表皮。建筑立面成为传递多层影像叠加的大屏幕，或被千变万化的 LED 灯光披上了彩色的外衣。

法国建筑大师努韦尔一直善于利用建筑立面来传送信息，设计营造气氛的"屏幕建筑"。他设计的建筑立面通过内部空间和外部环境等多种影像的叠加，映射出结构、材料肌理图案和光线变化。20 世纪 80 年代末，在巴黎的阿拉伯文化中心项目中，他就分别用了类似光圈装置的南立面和玻璃幕墙的北立面来表达阿拉伯文化和镜像现代城市景观。这种多层影像的叠加，让建筑立面传递了历史和现在、环境和内部空间、技术、文化等多种信息，确立了建筑和场所以及城市之间的关系。在他最新建成的作品——丹麦哥本哈根交响乐大厅项目中，努韦尔运用先进的数字媒体技术，让建筑立面成为影像、色彩、灯光以及内部空间活动的大屏幕，渲染出了演艺建筑特有的神秘性（图 2.31）。

图 2.30 新建剧院的黑色大理石墙面和茧状数字化外壳的对比

（图片来源：Performing Architecture：Opera house. Theaters and Concert Halls for the Twenty–First Century：197）

图 2.31 哥本哈根音乐厅的双层表皮

（图片来源：GA Doucment 107）

这座 5000 平方米的交响乐大厅建在哥本哈根市南部的一个新开发社区。努韦尔认为，在一个新建社区修建演艺建筑是有风险性的，很多项目都是因为周围城市环境的不确定性而导致了最终的失败。因此，努维尔将这个建筑设计成了一个有着双层表皮，50 米 × 102 米、高 45 米的长方体，里面是由金属线索固定的玻璃板，外面是一层蓝色的 PVC 扩张网。他想用双层表皮的方式来模糊建筑和城市的距离，同时这张蓝色的网状表皮又增加了建筑的神秘色彩。这个神奇的六边体，白天，让人猜测其内部状态，随着光线的变化而变化；到了晚上，一方面数字化媒体设备把室内演出的图像投影在它的外表面上，映射出蒙太奇般的影像，另一方面内表皮的玻璃又将人们在室内的活动透射出来，建筑成为图像、光线以及展示室内丰富多彩的活动的载体。这个明亮的蓝色半透明平行六边体，被美国纽约时报的建筑评论家称为："漂亮的充满情感的圣殿，似乎是无国界的世界中留下的一角乌托邦。"[1] 也有人把它称为"蓝调"（Blue Notes）。

这种运用数字媒体技术来增加演艺建筑感染力的手法，在全球的新建演艺项目中已被广泛应用，由 FOA 建筑师事务所设计的英国伦敦 BBC 音乐厅中，也运用了这种手法，让室外广场也成为人们观看表演的场所。也有不少新建演艺项目虽然没有使用数字化的影像与建筑立面叠加的手段，却运用计算机控制的 LED 灯光技术来给建筑立面轮番换上不同色彩的外衣，试图增加演艺建筑夜晚的识别性和演出氛围。美国西雅图市马里恩·奥利弗·麦考大厅（Marion Oliver McCaw Hall）的改造、德国多特蒙德市的音乐厅等项目都是这方面的典型案例。

西雅图的马里恩·奥利弗·麦考大厅位于 1961 年世博会的展馆区：西雅图中心，修建于 1927 年，最初就是一个普通的市政剧院。1959 年，为迎接 1961 年在西雅图举办的世界博览会，被改建为西雅图中心的歌剧院。2001 年，又投资 1.27 亿美元，开始了名为"梦幻色彩"（Dreaming in Color）的剧院改造工作，其目的是要把它改造为一个世界级的，能用于芭蕾舞、歌剧以及其他戏剧艺术表演的综合剧院。

在改造过程中，不仅增加了一个五层高的入口大厅以及对原有剧院设施和空调设备等进行了更新，最引人注目的是在建筑入口的室外广场上空 12 英尺处增建了一组 30 英尺高、60 英尺长的金属帘。这些金属帘每隔 20 英尺设置一个，界定出了长达 300 英尺的室外线形空间。每天有成千上万的游客从麦考大厅面前走过，由 Mercer 大街前往西雅图中心著名的国际喷泉。承担"梦幻色彩"改造项目的 LMN 建筑事务所的建筑师们希望能在建立建筑和室外广场空间联系的同时，引起游客对麦考大厅的关注。

---

① http://arch.m6699.com/content-14340.htm

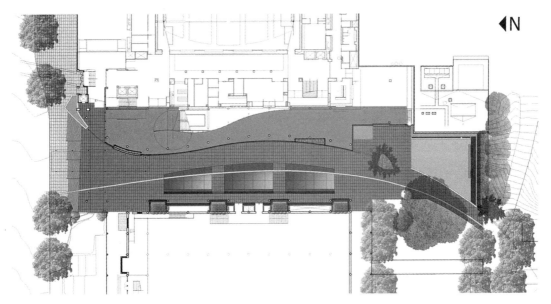

艺术家 Leni Schwendinger 被邀请和建筑师们一起工作，共同实现把室外广场戏剧化的目标。最初，建筑师的设想是使用数字化投影设备，把影像投射在金属帘子上，而 Schwendinger 提出了一个更好的设想，希望能用计算机控制的 LED 灯光技术，像变换音乐乐谱那样来改变金属帘的色彩，把夜晚的室外广场变成一个神秘的通道。金属帘有四种主要的色彩，它们如同音乐一样变换，让剧院室内表演和舞台艺术的氛围延伸到室外广场之中。艺术家 Schwendinger 说"梦幻色彩"的目的就是要给所有来到麦考大厅和西雅图中心的游客一种戏剧体验，无论他们是否有票，能否去观看室内的表演（图 2.32，图 2.33）。[①]

图 2.32　马里恩·奥利弗·麦考大厅的室外广场
（图片来源：Gareth Loveridge, Gustafson Guthrie Nichol Ltd, http：//www.asla.org/awards/2005/05winners/entry_037.html）

图 2.33　马里恩·奥利弗·麦考大厅金属帘幕的夜景和白天
（图片来源：右：同上；左：笔者自摄）

---

①　Jodie Carter.Dreaming in Color：A New Art Commission at Seattle's Marion Oliver McCaw Hall：Brings the Drama of Opera Outdoors.http：//www.landscapeonline.com/research/article.php?id=4249

图 2.34

  2002 年由德国建筑师施罗德、舒尔特和施特罗特曼（Schroder，Schulte-Srothmann）设计的多特蒙德音乐厅，被当地的市民戏称为"变色龙"。德国的多特蒙德市曾经是一个以煤炭和钢铁生产为主的工业城市，现在正转型为一个以计算机技术和信息化产业为主的城市。由于音乐厅的用地选择在衰变的 Brückstrasse 区，建筑必须要在周围遍布的快餐店、电子游戏商场、空置的厂房以及倒闭的门面中脱颖而出。周围那些破旧的门面将被精品店和优雅的小餐馆所取代，而业主希望这个音乐厅能像灯塔一样发出光芒，象征着整个街区的复兴。为了实现这个目标，建筑师们

在音乐厅临街的两个立面上设置了大面积不透明的乳白色玻璃幕墙，并配有由计算机控制的 LED
灯光管，白天建筑为乳白色，到了夜晚，计算机控制的灯光变幻出不同的色彩，让音乐厅像"变
色龙"一样熠熠发光，增加人们对这个社区重建的热情和信心（图 2.34）。

计算机控制的 LED 技术，已经在越来越多的新建演艺建筑的外立面上使用，营造演艺建筑夜晚
的独特形象。在中国的杭州大剧院（2004 年）、苏州科技文化艺术中心（2007 年）、西安大唐文化广场（2009
年）等新建项目中，也都运用了这种新手段，让演艺建筑在夜晚成为城市的焦点（图 2.35，图 2.36）。

图 2.34 多特蒙德音乐厅的色彩变化
（图片来源：http://www.archnewsnow.com/features/）
图 2.35 苏州科技文化艺术中心的数字化媒体灯光
（笔者自摄）
图 2.36 西安大唐文化广场音乐厅的数字化媒体灯光
（图片来源：西安曲江新区土地储备中心提供）

2. 视听新体验

1931年，建筑师基斯勒在纽约伍德斯托克（Woodstock）环球剧场的设计竞赛中就设想以一种理想化的方式来表达用媒体技术所塑造的空间，希望媒体技术或媒体投影能结合戏剧艺术和视觉信息，用声音和光线的作用来加强表演、音乐和节奏，塑造特别的效果。这种混合多种元素的媒体戏剧将做到传统戏剧中从未实现的场景。①

如今，随着数字化媒体技术的发展，演艺建筑的设计师们已经可以利用这种新技术来创造出一种观众在自己家中依靠家庭媒体娱乐设备所不能得到的视听和戏剧体验，从而实现吸引观众走进剧场的最终目标。这种新技术，一方面可以让音乐厅里的观众在听音乐的同时，还可以"看"音乐，获得听觉和视觉的双重狂喜；另一方面，设计师们还试图改变传统剧院中，观众围绕着演员、面向舞台的模式。在新型数字化投影设备的支持下，表演可以围绕着观众，给观众创造出一种前所未有的"浸没式"（Immersion）体验。不仅如此，这种浸没式的环境也为某些科学研究提供了新手段。

2005年建成的阿姆斯特丹音乐大厦（Het Muziekgebouw），是一个现代音乐的表演中心。荷兰3XN建筑师事务所在800座"LJsbreker"即兴音乐（improvised music）演奏厅中，把LED灯光设置在音乐厅浅色木格栅墙面的背后，让灯光可以渗透出来，给即兴音乐演奏厅

图 2.37 阿姆斯特丹音乐大厦的即兴音乐演奏厅
（图片来源：http://www.3xn.com/）

---

① Christos G. Athanasopulos.Contemporary theater : evolution and design, 2 edition, North Charleston, S.C., BookSurge Publishing, 2006 : 135.

増加了一层"色彩"的表皮。配合着音乐演出曲目的不同，灯光变幻出不同的色彩，引导观众不同的情绪，得到一种全新的听觉享受（图2.37）。

2007年，法国先锋建筑师让·努韦尔在巴黎爱乐音乐厅的国际竞赛中胜出。在这个已于2015年1月建成并投入使用的新音乐厅里，让·努韦尔希望："每一场音乐会都会有其独特的光彩和体验，这种体验不仅是音乐的狂喜，更是视觉和知觉的愉悦。"[①] 音乐厅被美妙的音乐和随着音乐而变化的数字媒体灯光所激发，观众们被浸入到音乐和灯光中，好像悬浮在空间里一样。观众厅的壳体，如同一个容积天幕（Volumetric Cyclorama），根据演出剧目的要求，被戏剧化的灯光所打亮（图2.38）。巧合的是，在建筑师弗兰克·盖里（Frank Gehry）的新作——美国迈阿密新世界交响音乐厅中，也有类似的尝试。这里将是迈阿密交响乐团的新家，盖里用先进的数字化媒体手段把乐团引领进了21世纪（图2.39）。

图2.38 让·努韦尔设计的法国巴黎爱乐音乐厅（上）（图片来源：http://www.dezeen.com）

图2.39 弗兰克·盖里设计的美国迈阿密新世界交响音乐厅（下）（图片来源：http://www.worldarchitecturenews.com）

① Jean Nouvel.Paris Philhermonie–Harmonies and Chords，GA Document 97：10–15.

图 2.40　黑 箱 工 作 室 内 360° 的投影系统
（图片来源：美国伦斯勒理工学院的 EMPAC 中心提供）

图 2.41　呈现出随机的凹痕表面声学反射板（左）
（图片来源：笔者自摄）

图 2.42　一号黑箱工作室（右）
（图片来源：美国伦斯勒理工大学的 EMPAC 中心提供）

2008 年秋天开放的美国伦斯勒理工学院（RPI：Rensselaer Polytechnic Institute）的实验媒体艺术中心（EMPAC：Experimental Media and Performing arts center）①，在 1.9 万平方米的空间里容纳了四个表演空间，在其中的两个黑箱工作室中，EMPAC 中心在希望英国建筑师尼古拉斯·格雷姆肖能设计出一种"浸没式"（immersion）的环境，用于实验表演和科研教学的可视化展示与研究。伦斯勒理工大学信息技术中心的副主任约翰·考伯（John Kolb）这样描述黑箱工作室对科学研究的帮助："今天的科学总是面临着大量的数据。过去的科学家分析数据，只能面对很小的计算机屏幕，大概只有 1000×1000 的像素，而在 EMPAC 的黑箱工作室，数据可以 4000×4000 像素的尺度投在四面墙上。伴随着声音和触摸，数据将包围着你，那些原来隐藏的信息也将显露出来。"②

"浸没式"的表演空间不仅让科学家可以沉浸在数据的海洋里来思考问题，观众们也不再像在传统的剧场中那样，必须面对着舞台，而是可以四处走动和观看。另外，配有可以记录声音方向的麦克风，让声音伴随不同位置上的图像变化传向观众。在这里，不再是观众席来围绕舞台，而是表演包围了观众，让观众沉浸其中。

为了创造这种"浸没式"的表演空间体验，在两个工作室里设有 360° 的投影系统和一个 15 英尺高（4.57 米）、40 英尺周长（12.2 米）的圆形环状屏幕，而且格雷姆肖把室内的完成面做到了极简，他希望当使用 360° 的投影系统时，建筑的物理空间能立刻消失掉。所以，两个黑箱工作室就是非常干净的方盒子，没有固定座椅，地面没有坡度，天面也是简单的金属网，只在墙面上，因声学的要求，布满了精心设计的声学反射板，来显示美学和技术的力量。每一块声学板呈现出随机的凹痕表面（其设计灵感来于剥离了树皮的树），可以反射和扩散声音。每块板的图案和角度都不一样，显得既统一，又有变化。黑色金属网的天面，可以根据表演的需要，悬挂声学反射体、扩散体以及用于三维展示的屏幕，其上部还留有足够的工作空间，便于人们安装各种设备，让表演在技术手段的支持下无所不能。

通过以上几个案例的分析，笔者认为，在数字化技术的推动和支持下，演艺建筑的设计手段有了更多的可能，从空间形态到建筑表皮都发生了改变。在最近 10 年的新建演艺建筑中，60~70 年代广泛认可的、认为演艺建筑要注重实用主义和功能至上的观点已经不再一统天下，

① 实验媒体艺术中心（EMPAC：Experimental Media and Performing arts center）：在 1.9 万平方米的空间里容纳了一个 1200 座的音乐厅、一个配有塔式舞台的 400 座的剧场、两个实验媒介演出用的多功能的黑箱工作室以及其他配套设施。

② Dennis Overbye，"Art and Science，Virtual and Real，Under One Big Roof"，http：//www. Nytimes. com/2008/09/23/science/

"拓扑几何学"①、"折叠"②、"流动"、"非线性"、"多维"、"参数化设计"、"媒体表皮"③等数字化的设计手段和思考方式已经越来越多地被使用在演艺建筑的设计之中。

不仅先锋派建筑师们的演艺建筑作品，如 UN Studio 设计的荷兰市场剧院、FOA 的西班牙特拉维哈市剧院和英国 BBC 音乐盒、丹尼尔·里伯斯金的爱尔兰都柏林大运河表演中心和巴伊兰大学沃尔中心、OMA 的葡萄牙波尔图音乐厅和台北艺术中心、伯纳德·屈米设计的法国顶点音乐厅以及扎哈·哈迪德和弗兰克·盖里的设计呈现这些特点，在那些工业时代崇尚技术美学和构造精美的高技派建筑师，如伦佐·皮亚诺、福斯特、尼古拉斯·格雷姆肖的作品中，在罗马音乐厅、英国 Sage 音乐厅、美国伦斯勒理工大学实验媒体艺术中心等项目中，也都出现了这样的趋势（附录 A）。一直崇尚地域文化的法国建筑师让·努韦尔和日本先锋建筑师伊东丰雄在演艺建筑设计方面作品颇丰，通过对他们最近十几年作品的比较（表 3.1），可以看出，尽管在 21 世纪初他们的作品还大多是比较规整的几何形态，但是就在最近这 1~2 年，其作品也开始体现出数字化美学的影响。由此，笔者认为，在数字化时代，无论建筑师所崇尚的是何种设计理念，其作品自然会体现这种时代的痕迹。演艺建筑这个古老的建筑类型在数字化技术的支持和影响下，展示出一种新魅力，那些如火焰、似折板、像宝石一样的奇幻造型，更多地担当起了城市新地标或历史街区复兴旗帜的任务（表 2.1）。

同时，不仅演艺建筑的空间形态在发生变化，其表皮也在和媒体技术进行高度的叠加。演艺建筑的实体界面正在向非物质的媒介转换。虽然在其他建筑类型中也有这种趋势，不过，只有在演艺建筑中才能把这种手段延伸到表演空间，让数字化媒介成为演出的一部分。也许，就在不远的将来，观众厅室内材料的视觉效果将不再重要，因为厅堂内所有界面最重要的功能就是成为一个屏幕，随着演员的演出，变换着电子图像，让观众身临其境，走进表演的世界。

---

① 拓扑几何学：用"拓扑等价"原理研究形体的连续变形而不撕破表皮，促进了目前大量平滑的曲线形或液滴形空间形态的产生。

② 折叠：概念最早源于 17、18 世纪德国的数学家、物理学家和哲学家莱布尼兹（Gottfriend Wilhelm Leibniz）——一个举世罕见的科学天才。经法国哲学家德勒兹的解读，折叠被赋予了前所未有的意义，为建筑空间形态的变革提供了有力的哲学依据，是非欧氏空间形态的思想来源之一。1993 年哥伦比亚大学的格里戈·林恩（Greg Lynn）编写的《折叠建筑》把德勒兹的空间观正式引入建筑的探讨之中。他认为，折叠这个概念是对复杂的、不同文化根基而又比较传统的建筑学的第三种回应。在"折叠"建筑空间观的影响下，倾斜的墙体和楼板打破了传统的三维正交网络体系，消除了楼层之间固定的水平、垂直模式，用倾斜实现了内部空间的连贯性和流通性，出现了柔韧、弯曲、平滑、褶皱等空间形态。

③ 媒体表皮：在工业时代，强调的是建构，认为建筑的表皮应忠实于它的结构逻辑和构造逻辑。随着计算技术的发展、社会信息流通量的加大，建筑的外表也成为信息的载体，从电子显示屏到电脑印刷式玻璃以至电显式玻璃幕墙，令建筑的表皮呈现出变幻不定的意象。建筑视觉界面不再只是实际的建材，也可能是全息的数码图像。

伊东丰雄和让·努韦尔的演艺建筑作品1996~2013年　　表 2.1

建筑师	项目名称	地点	照片 / 效果图	建成时间
伊东丰雄	长冈音乐厅	日本长冈		1996
	松本表演艺术中心	日本 松本		2004
	座 . 高丹寺公共剧院	日本东京		2009
	台中歌剧院	中国台中		2013
让·努韦尔	卢塞恩文化会议中心	瑞士卢塞恩		2001
	格思里剧院	美国明尼苏达州明尼阿波利斯		2006
	哥本哈根交响乐大厅	丹麦哥本哈根		2009
	巴黎音乐厅	法国巴黎		2015

（表格来源：笔者整理）

2.2　声学技术的进步推动演艺建筑的发展

人们常说，建筑是凝固的音乐。一个建筑师在做建筑设计的时候，常常会提到建筑的空间、表皮或者构造，却很少讨论建筑的声音。事实上，当我们想象一个建筑场景时，不可避免地会叠加它的声音图像，不会仅仅只有空间布局、色彩和质感等这些视觉记忆。当你走进餐厅、超市、酒店、图书馆或会议室的时候，你的听觉记忆和判断会帮助你理解和感受这个空间。美国声音艺术家 Max Neuhaus 曾这样指出："我们对空间的感受，看到的和听到的一样多。"[①]

这种声音与建筑空间体验的对应关系，在演艺建筑中显得尤其突出。其厅堂的音质效果，是一个演艺建筑能否成功和受到观众喜爱的重要因素。著名的维也纳金色大厅，正是因为其完美的音质而成为艺术家们和音乐爱好者们心中的圣地。成功设计了日本雾岛音乐厅的建筑师槙文彦（Fumihiko Maki）也曾这样指出："设计音乐厅完全不同于设计其他建筑类型。它要求建筑师们付出几倍的努力去满足这样一个首要的要求：为音乐提供尽可能好的声学效果。在某种程度上，设计一个音乐厅类似于设计汽车和轮船。它的设计成果是相对客观、可以被测量的。因此这会给建筑师造成更多的压力，同时也提供了超越的巨大机会和挑战。"[②]

可是就在 20 世纪的 50 年代，声学设计中猜测的工作还多于科学分析。那时候，创造一个重要演艺建筑只会经历一个短暂的声学设计的过程，因为声学顾问们对声学虽有足够的理解，却缺乏数据来保证所需要的结果。那时候，没有人能够确切地知道演出时音质的情况，只能靠碰运气。现在随着计算机技术的发展，声学技术手段得到了根本的改进。现在的声学技术可以让建筑师在未砌一砖一瓦之前，就能听到他们设计的空间中每一个座位处的声音，在设计过程中就能评估这个厅堂的音质，以便作出正确的决策。比如作为全球顶尖声学公司之一的奥雅纳（Arup）公司就专门成立了声学实验室（SoundLab），创建准确的计算机三维模型，模拟这个厅堂的声音，让投资方、使用者、建筑师及相关设计者能够在设计过程中，聆听到将要修建的厅堂的声音，并且比较其音质和其他世界级厅堂的不同，甚至可以在虚拟观众厅中选择不同的座位来聆听其声音效果。

当然，在计算机支持下的先进声学技术，不仅可用于创造新建厅堂的

---

①　Alan Licht.Sound Art : Beyond Music，Between Categories.Rizzoli，2007.

②　Fumihiko Maki，Sound and figure : Concert hall design// Conference proceedings form MCHA 1995.Academic Press，1997 : 1.

优良音质，也可用于历史建筑整修，成为"完善"甚至"复制"历史厅堂音质的有力手段。伦敦皇家节日大厅、纽约新全球剧院的莎士比亚大厅就是这类典型案例。

2.2.1 声学新技术让历史建筑起死回生

建于 1951 年的英国皇家节日大厅（Royal Festival Hall）位于伦敦河的南岸，是英国二战后最重要的建筑物之一。由于皇家节日大厅运用了当时很多先进的技术，在 1951 年正式开幕时，曾被当年的英国《建筑评论》杂志用整整一期的篇幅来作全面的介绍，并将其誉为"几乎是现有声学理论的一个完全的陈述"。当时的评论家认为，这个音乐厅的形式第一次直接体现了音乐的要求。它将各种有关音乐的定性要求——音色、清晰度、平衡感等变成为可以计算的定量要求，成为音乐厅声学设计的依据。该音乐厅设计的声学顾问豪普·白杰诺（Hope Bagenal），对其设计这样比喻："理想的情况应该是，观众坐在一座大山的山坡上，乐队则位于对面坡度较陡一些的小山坡上，中间是一池湖水。"他认为观众席的坡度保证了听音的清晰度与平衡感，而阶梯式的演奏台为乐队各部分的平衡创造了条件。另外，为了加强声音的清晰感，在演奏台的上空还悬吊有一个 50 毫米厚的梧桐木声罩，它可以将乐队的声音直接反射给听众。

不幸的是，英国皇家节日大厅的建筑设计非常成功，可是声学却失败了。经过实际的检测，这个音乐厅中频满场混响时间仅 1.5 秒，远远低于理想的 2.2 秒。那时的声学顾问，虽然掌握了基本的声学原理和优秀音乐厅空间的特点，但是他们缺少大量的数据来分析和把这些原理应用到一个特别的设计之中。其中一个致命的错误是，当时的声学顾问知道观众会吸收掉音乐的声音，但是把每个观众吸收的中频声比例估计为 33%（1 为完全反射或完全吸收），可是现在的声学证实 57% 才是准确的。

中频混响时间 1.5 秒，这个标准对于演奏莫扎特的管弦乐以及室内乐来说还尚可，但是对于 19 世纪浪漫主义作曲家的大型交响乐来说，其音色就欠丰满了。皇家节日大厅在随后的几十年中经过几次改善，但是都没有显著的效果。后来运用受援共振（Assisted Resonance）的电声系统来弥补，通过麦克风拾取乐队演奏的声音，在实际的乐队乐声停止后，用喇叭继续鸣响，每一个频率都有一个固定的声道对应，产生出惟妙惟肖的混响感。虽然这样的补救措施可以调整声音的空间感觉，但是这种方法在心理上还不为大多数崇尚音乐厅"自然声"的人们所接受。

直到 1987 年，美国柯克加德（Kirkegaard）声学公司承担了完善音乐厅音质的任务。他们开始收集综合的表演数据，一些数据通过测量得到，而另一些通过和乐队一起工作得到。1993 年，柯克加德声学公司提出调整和改变大厅尺寸的初步设想，这些设想又根据计算机模型检测的数据不断调整，1/16 实体模型不断深化。与此同时，柯克加德声学公司认为仅仅从声学的角度对大厅进行完善是不够的，所以他们和建筑师 Allies 和 Morrison 一起紧密合作，进行了大量的调整工作。如把舞台变窄和变深，来完善乐队成员的视线要求，增加表演者之间的声学支持。管风琴向后移了 1.2 米，对大厅和这个乐器的表演都有很好的效果。舞台上那个木质的反射板被一个轻质的、由织物构成的反射板所替换，音乐厅的木质顶棚也被替换了。这个反射板和新顶棚能够为表演者和观众提供很好的反射声。织物反射板能够提供比较温和的反射声来支持乐队的演出，并且允许中频和低频音穿透，形成声音的温暖感和丰富感。织物背后的灯光，提供了柔和的照明。通过声学顾问和建筑师的紧密合作，在保证大厅建筑空间完整性的同时，实现了它的声学、技术和功能的目标。2007 年，改造后的英国皇家节日大厅正式使用，先进的声学技术让皇家节日大厅焕发出新的活力（图 2.43，图 2.44）。

声学技术的进步，不仅可以完善演艺建筑厅堂的音质，还可以把优秀

图 2.43　英国皇家节日大厅改造的室内效果图
（图片来源：Performing Architecture：Opera house. Theaters and Concert Halls for the Twenty-First Century：170）

图 2.44　英国皇家节日大厅改造后的观众厅照片
（图片来源：美国柯克加德声学顾问公司）

厅堂的音质复制到另一个观众厅之中。由福斯特事务所设计的纽约新全球剧院，就是和英国奥雅纳（Arup）声学公司一起把伦敦全球剧院的音质完美复制，成为伦敦全球剧院的双胞胎。

纽约新全球剧院位于纽约曼哈顿南部总督岛的西北角上，是由历史建筑威廉斯城堡改造而来的。威廉斯城堡修建于1811年，是当时美国海岸防御工事的典范，被军队占用了近200年，1996年开始向公众开放。新全球剧院的创始人芭芭拉·罗默对这个城堡提出了一个大胆的设想，要把它变为一个世界等级的表演中心。她设想更新损毁的结构，在这个城堡里复制英国伦敦的全球剧院。然而，现在的威廉斯城堡归美国国家公园服务局（NPS：National Park Service）所有。对于这个改造计划，NPS提出一套非常严格的指导方针，要求威廉斯城堡的历史建筑必须被保护而且不能再有任何损坏，同时NPS为了保护历史遗产，要求所有工作必须可逆，也就是说，任何新增加物在将来要能移出城堡，并且对城堡没有一点损坏（图2.45）。

图2.45 美国纽约新全球剧院的效果图
（图片来源：http：www.foster.com）

面对如此严格的限制，福斯特事务所和 Arup 声学公司一起工作，提出了一个新设想：建造一个保护城堡庭院的新顶棚，把观众厅安排在这个顶棚之下。观众将顺着城堡厚重的城头防护工事和通道进入到一个5 层高的玻璃大厅。内部的流线被容纳在这个透明区域里，让观众厅与城堡分离。1200 座的新剧场将被分为 800 人的座位区和 400 人的站席，是一个极具亲密感的表演空间，并有足够的灵活性，能够满足各种不同演出的需要。为了实现伦敦全球剧院的音质，Arup 声学公司的声音实验室系统捕捉了伦敦全球剧院所有的音质特点，再把这些数据用于形成新剧场的数字化模型，从而决定声学概念和观众厅的形态。其结果是在这个表演空间里进行音乐表演，将会达到和伦敦全球剧院一模一样的声场和音质。

伦敦莎士比亚全球剧院的执行主任彼得·凯尔对这个大洋彼岸的"双胞胎"这样评价道："一丝不苟的研究，小心翼翼的规划，巨大的热情和充满责任感的奉献，找到一个非常好的解决方式。它有和伦敦莎士比亚剧场同样的品质，因此我和芭芭拉·罗默看待新全球剧院的观点一样，我们和她一起来实现这个世界级的梦想。"①

2.2.2　数字化仿真声学技术解除了音乐对建筑空间的依赖

丹麦学者 S·E·拉斯姆森在《建筑体验》一书中提出了"聆听建筑"（Hearing Architecture）的观点。他认为，通过聆听建筑空间中反射回来的声音，可使我们得到对建筑的空间形状和室内材料的印象。② 17~19世纪，许多教堂因其独特的内部空间形态和材料，而具备了特有的成音性能，这也就是一座教堂的音质条件本质上必然导致一种特定的音乐产生的原因。著名音乐家巴赫早期的赋格曲音乐和德国莱比锡圣托马斯教堂声场之间的密切关系，就是这样一个典型的例子。莱比锡的圣托马斯教堂是一座有着三个廊道，覆以平拱的大型哥特式建筑。裸露的石墙面上加上了大面积的木制声反射板，侧墙上的多层木廊和包厢，会显著缩短混响时间。相对中世纪教堂的 6~8 秒的混响时间，此教堂的中频混响时间只有 1.6 秒。巴赫曾在莱比锡的圣托马斯教堂做管风琴手多年，正是这座教堂独特的音质，才让他谱写出了那些多种多样的主调的曲子，其赋格曲中丰富的对位法还有和声，在空旷的巴西利卡式建筑中就会消失掉（图 2.46）。

① Michael Hammond.Performing Architecture：Opera house，Theaters and Concert Halls for the Twenty-First Century，London．New York：Merrell Publishers Limited，2006：224.

② （丹麦）S·E·拉斯姆森．建筑体验．刘亚芬译．知识产权出版社，2003：199-210.

图 2.46　德国莱比锡的圣托马斯教堂及教堂前音乐家巴赫的雕像
（图片来源：笔者自摄）

　　建筑界和声学界的学者普遍认为，在 17~19 世纪之间的每一种音乐风格，如巴洛克、古典风格、浪漫风格等都和当时音乐演出的建筑空间声学环境相适应。这就是为什么格力高利圣歌[①] 在中世纪混响时间长达 5~10 秒的教堂里演唱，听起来会很好听，而德国拜罗特节日剧院就是演出瓦格纳作品[②] 最佳场所的原因。20 世纪以后，虽然作曲家不再像巴赫那样根据声场的特质来进行音乐创作，音乐作品也不再和某个特定的建筑厅堂发生联系，但是音乐演出的效果还是和厅堂声场的特质密切相关。著名指挥家斯托科夫斯基[③] 曾这样指出："世界上的每个音乐厅都有不同的音质，音乐厅实际上就像一件乐器。"[④]

　　这种音乐对建筑空间的依赖，让音乐演出对表演空间的形态和声场特质有着非常高的要求。中世纪的格力高利圣歌是很难在中频混响时间只有 1.6 秒的莱比锡圣托马斯教堂里演出的。1996 年，美国的声学家白瑞纳克在《音乐厅和歌剧院》一书中，就此曾作过这样的设想：在数字化信号处理技术的支持下，总有一天，甚至可能在顶棚很低的房间里模拟出任何大小的著名厅堂或大教堂中的音质。他还引用数字化电声产品的介绍，具体描述道："……能在不作建筑改造的前提下实质上改善任何房间的音质。数字化电声产品产生的侧向声，使听众感觉像是来自侧墙和其他反射面的反射声。这些声音对音的丰满感和密集的混响衰变有贡献，听起来就像在

①　格力高利圣歌：中世纪的教会音乐，无伴奏合唱，用于日课和弥撒中。

②　德国拜罗特节日剧院：详见本书 2.1。

③　斯托科夫斯基：美国指挥家（1882–1977），曾在辛辛那提交响乐团、费城交响乐团、纽约市交响乐团、纽约爱乐乐团、休斯敦交响乐团及美国交响乐团任音乐指导和指挥。他的指挥富于激情，以音响丰满、色彩鲜艳而引人入胜。

④　（美）白瑞纳克 . 音乐厅和歌剧院 . 王季卿，戴根华，项端祈等译 . 上海：同济大学出版社，2002，5：10.

声场良好的音乐厅里一样……"①

21世纪的今天，在数字化仿真技术的支持下，白瑞纳克的设想的确实现了。人们不仅可在厅堂空间不大、混响声不到2秒的厅堂中，仍然能感受长混响的音乐效果，还可以在室外享受室内音乐厅的音质，让音乐演出的场所拥有了更多的可能。

英国伦敦布鲁克林穹顶音乐厅（Brighton Dome Concert Hall），最早修建于1804年，当年是摄政王子的领地。直到1867年，这个建筑才被用作音乐厅，很快成为英国南部最受欢迎和进行重要文化活动的场所。20世纪30年代对建筑进行过复原工作，重现了室内Art Deco的装饰风格。现在的布鲁克林穹顶音乐厅是一类音乐厅，每年有600场演出，是伦敦城内最激动人心的演出场所，也成为全球知名的文化娱乐地点。可是由于建筑结构已经严重破损，音乐厅面临被关闭的境地。虽然这是一个世界级的音乐厅，但是有关部门认为，如果只作为纯粹的古典音乐厅，将来很难有足够的资金或观众来支持它的运营，所以必须通过整修来改善观众厅的空间太小和顶棚太薄所带来的声音缺乏活力的问题，让音乐厅能适应更多音乐作品的演出。

目前，音乐厅的混响时间是1.8秒，伦敦艺术工作组的建筑师们和Arup的声学顾问们一起，分两步来实现乐队表演时，混响时间为2秒的目标。首先是增加音乐厅的容积，30年代修复的顶棚被多层中密度板替换掉，巨大的反射板改放在周边的墙上，不仅增加空间的高度，也加强早期侧向反射声。然后安装电声的增强系统（Electronic enhancement system）②，用电声来弥补混响声的不足。Arup的声学顾问在尝试了多种电声设备以后，选择了一个新型的名叫卡门（Carmen）的法国产品，虽然是首次在英国使用这个产品，不过相对风险来说，它的优点不言而喻。卡门系统和那种常规的系统是完全不同的。传统系统的方法是把麦克风放在舞台上，得到声音的样声，然后经过加强，由喇叭传向观众厅的所有位置，每一个喇叭都播放着同样的声音，听起来很不自然；而卡门系统的运行采取的是细胞原理（Cell principle），即从观众厅的不同地点采取样声，这个声音被采取点的设备加强后，通过各自的喇叭传向观众厅，其声音透明而且非常自然，就和具备2秒混响时间的

① （美）白瑞纳克．音乐厅和歌剧院．王季卿，戴根华，项端祈等译．上海：同济大学出版社，2002，5：13.

② 电声增强系统（Electronic enhancement system）：有时也被称为声学增强系统（Acoustic Enhancement System）。电声增强系统和传统的扩声系统（Sound Reinforcement System）是不同的，前者比后者更为复杂，可以用电声的手段来调整厅堂声音的混响感或明晰度。目前，国际上常用的几种增强系统是受援共振（AR：Assisted Resonance），声学控制系统（ACS：Acoustial Control System，www.acs-bv.nl），完善声学表演（SIAP：Systems for Improved Acoustic Performance，www.siap.nl），LARES（www.lares-lexicon.com）等，在前文2.2.2中所提及的美国汤戈伍德音乐大棚（Tanglewood Music Shed）中所用的就是SIAP系统，国内目前还没有这方面的应用实例。这种电声增强系统的设计须结合室内声学的条件和期望达到的设计改进预期，进行专门的设计，而不是购置一套系统设备而已。

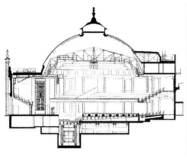

图 2.47　英国布鲁克林穹顶音乐厅的剖面和整修后的照片

（图片来源：Michael Hammond. Performing Architecture：60，63）

厅堂一模一样（图 2.47）。

为了满足其他的如摇滚乐这样的音乐演出，需要混响时间接近 1 秒的目标，观众厅的墙面板是可逆的，正面是反射材料，背面为吸声材料，它们可由一个简单的铰链控制，可以快速而轻松地转动。在整修过程中，空调和机械设施也被改善，而且艺术工作组的建筑师还把几个附属用房改建成为演出场所：帐篷剧院[①]　和谷物交换大厅（Corn Exchange[②]：一个灵活的表演场所，用于多种用途）以及一个博物馆，让伦敦布鲁克林穹顶音乐厅成为一个综合性的演艺设施。

2004 年建成的美国芝加哥千禧公园内的杰·普利茨克音乐大棚（Jay Pritzker Pavilion）包括 4000 个固定坐席和可容纳 7000 名观众的大草坪，它是芝加哥大公园交响乐队的新家，这个乐队已经连续 70 年为芝加哥的市中心提供夏季音乐会了。建筑师盖里和声学顾问一起创造了一个世界级的室外音乐大棚，用声学创新在室外塑造出了音乐厅里的音响效果。这个著名的室外音乐场所为 11000 名观众提供了高等级的音乐体验，通过由计算机控制的声学增强系统（Acoustic Enhancement System）来支持各种不同的音乐演出，为音乐在室外的表演空间设立了一个新的基点。

众所周知，音乐家的表演需要环境提供支持。如果在舞台上能够听得好，他们就能自由地表达自己的天分和才华。在音乐厅里，室内的混响时间、空间的环绕感、明晰度和温暖感让声音可以精致地表达出音乐的力量。对乐队演奏来说，乐队音乐会被音乐厅的墙面、顶棚和地面多次反射，这种空间的界定对声音的品质是非常重要的，然而，在一般的室外音乐大棚中，声音的环绕感和声音在歌手处的回旋都完全消失掉了。面对这个挑战，TALASKE 的声学顾问和建筑师盖里密切合作，用建筑的手段和电声设施天衣无缝地满足了演员和观众的需要。

---

① 帐篷剧院：修建于 1935 年。

② 谷物大厅（Corn Exchange）：最早作为摄政王子的马房，和穹顶音乐厅于 1804 年同时修建。直到 19 世纪末，谷物大厅一直被用作考古和地理博物馆。

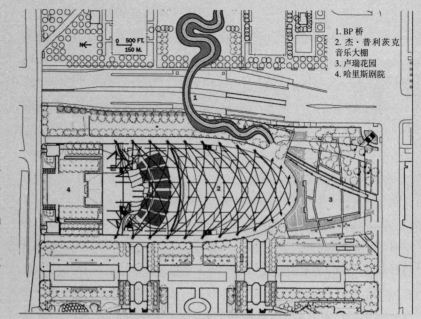

图 2.48 美国芝加哥杰·普利茨克音乐大棚平面图

（图片来源：Architectural Record 2005-01，中文注释：笔者）

图 2.49 杰·普利茨克音乐大棚剖面图

（图片来源：同上，中文注释：笔者）

1. BP 桥
2. 杰·普利茨克音乐大棚
3. 卢瑞花园
4. 哈里斯剧院

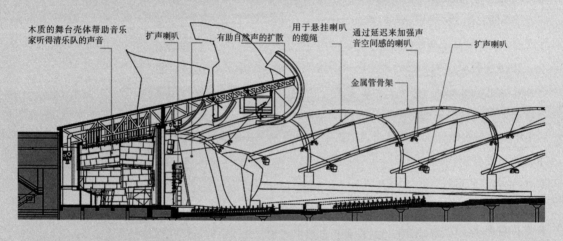

木质的舞台壳体帮助音乐家听得清乐队的声音　　扩声喇叭　　有助自然声的扩散　　用于悬挂喇叭的缆绳　　通过延迟来加强声音空间感的喇叭　　扩声喇叭

金属管骨架

整个音乐大棚长 600 英尺，宽 320 英尺，建筑师盖里用一个巨浪式的雕塑造型和令人震撼的金属管的结构，来界定这个巨大的空间。音乐大棚的前端就是那个巨浪式的造型，覆盖了整个舞台，并给舞台和舞台前部的坐席提供反射声，支持舞台的声学需求，让坐席前区的观众听到的声音真实而有存在感。音乐大棚后部那些金属管结构看起来很像是一个帐篷的骨架，从演奏台散发开来，覆盖了整个座位区，其功能是支撑分配声音的喇叭。从建筑设计的角度来看，建筑师盖里用这个开敞的、像脚手架一样的结构支撑了前端巨浪式的建筑造型，分散了人们对音乐大棚舞台后面的整个芝加哥市中心的坚硬天际线的注意力。这种细腻而合乎情理的造型，表达了盖里对芝加哥传统建筑风格的敬意。另外，盖里还设计了一个长达 925 英尺的 BP 桥，像蛇一样穿越哥伦布大街，不仅让音乐大棚与芝加哥的滨水区建立联系，同时还挡住来自街道的汽车噪声，是音乐大棚的声学屏障。BP桥设有5%的坡度，成为千禧公园通往滨水区的无障碍通道（图2.48，图2.49）。

整个音乐大棚的设计是一次声音环境的创新，是全球第一个用高过头顶的骨架结构悬挂电声设备，来分配声音的。喇叭沿着精心设计的弧线，以精确的高度和角度悬挂着。一个声学增强系统（Acoustic Enhancement System）提供直达声和正面的声音，满足观众对音乐的明晰度和响度的需要，场内1.1万名观众都能听到所有的音乐细节，通过数字手段的声音延迟，制造出声音来自舞台的效果，哪怕声音是由离观众最近的喇叭所发出的。另一个声学增强系统用辅助的喇叭来制造出声音的延迟和环绕感，这些喇叭面朝地面，由专门的LARES电子设备来加强声音，模拟世界上最好的室内音乐厅的声反射效果。观众沉浸在来自各个方向的声音之中，享受三维的声音环绕体验。同时，从侧面喇叭传出的声音也用于覆盖城市噪声，让观众能够专注于音乐体验。双重的声学增强系统一起工作，把高品质的声音传给每一位观众。

TALASKE公司的声学顾问用简图详细解释了这个双重声学增强系统（Acoustic Enhancement System）的工作原理。他们这样介绍：最早的声音持续0到0.1秒，乐队传出的声音（绿色声线），由建筑构成的反射体形成反射音（蓝色声线），由音乐扩声系统（Musical Reinforcement System，橘色声线）加强通过麦克风和喇叭，声音到达观众席前区，有很好的明晰度和响度。由于声音的传播速度不快，大概每秒1000英尺，在乐队声音发出后的0.1~0.2秒，直达声到达远处固定坐席的观众，对他们来说，音乐刚刚开始。扩声喇叭（Musical Reinforcement Loudspeaker）增加音乐的响度（橘色声线），而且电子延时设备和自然声同步，让耳朵觉得所有的声音都是从舞台穿过来的，此时，靠近舞台的观众开始听到0.1~0.2秒时间内从声学的增强系统中（红色声线）传出的声音。电子声多次重复自然声形成听起来很自然的极佳的音乐厅里的声音，好像音乐从各个方向包围观众，创造出一种非常活跃的、三维的声音感受。在0.2~0.3秒以后，草地上的观众开始听到声音，有自然声（蓝色线和绿色线），还有喇叭同时发出的声音（橘色线）。整整1秒以后，草地上最远的观众才开始听到音乐，而靠近舞台的观众体验到的声音是由上百个自然的、模拟的、反射的声音混合在一起的（图2.50~图2.53）。

通过声学环境和电声设备的共同作用，每一个音节后面都有延时，声音能持续到2秒以上，人们复杂的听觉系统融合所有听到的声音，形成完整的声音印象。虽然大公园音乐节日交响乐团和合唱团是普利茨克音乐大棚的主要使用者，不过为了能够适应蓝调、爵士、摇滚和其他音乐作品的

图 2.50　杰·普利茨克音乐大棚照片
（图片来源：笔者自摄）

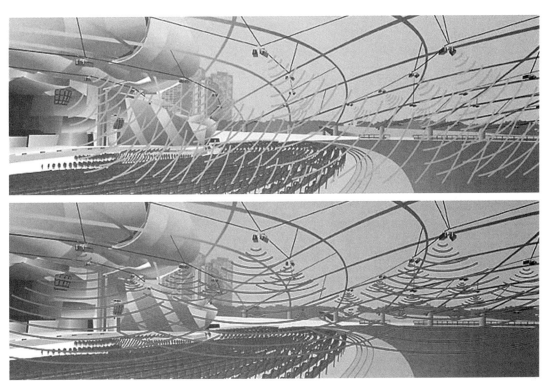

图2.51　提供直达声和正面声音的声学增强系统，喇叭朝向观众（上）

（图片来源：http：//www.talaske.com/projects/）

图2.52　提供声音延迟和环绕感的声学增强系统——LARES电子设备，喇叭朝下（下）

（图片来源：同上）

演出要求，Talaske公司设定的这个双重的电声系统，能把声音延迟控制在1.5秒到2.25秒，希望满足各种表演者和技术人员的要求。在舞台上还设有可收缩的声学吸声帘，可根据不同的需要进行调整。[①]

　　普利茨克音乐大棚在数字化技术的支持下，创造出了优美而持久的音乐盛会。在音乐大棚的使用期间，观众、音乐家和挑剔的评论家都对声音的品质感到满意。

---

① 普利茨克音乐大棚声学设计的资料来源于http：//www.talaske.com/projects/

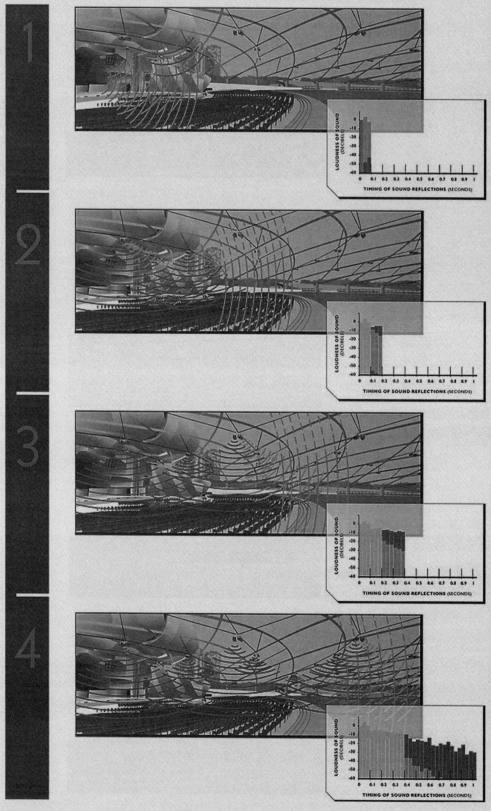

图2.53 不同观众区域听到的各种声音声线示意图

（图片来源：同上）

2.2.3　可调声学技术塑造真正的万能剧院

　　早在 1927 年,建筑大师格罗皮乌斯就为导演埃尔温·皮斯卡托(Erwin Piscator)设计了一个"万能剧院"(Total Theater),满足他希望剧院像一个机器的要求。在一个观众厅内通过改变舞台和观众席的相对位置,实现空间布局从镜框式舞台到插入式、中心式、尽端式舞台的转化,满足各种演出的要求。虽然由于种种原因,这个设想没能实现,不过希望观众厅空间拥有更多的适应性和灵活性一直是剧院建筑师、戏剧导演和舞台指导的追求（图 2.54 ）。

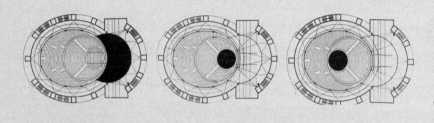

图 2.54　格罗皮乌斯设计的万能剧院空间布局的变化（ 左 : 尽端式舞台 ; 中 : 镜框式和插入式舞台 ; 右 : 中心式舞台 ）

（ 图片来源 : Christos G. Athanasopulos.Contemporary Theater–Evolution and Design : 141 ）

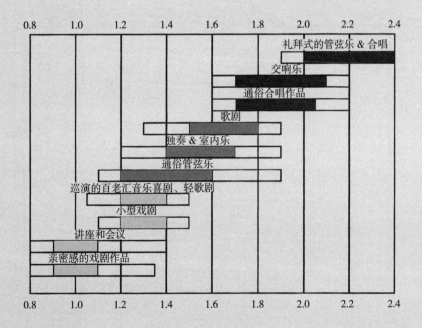

图 2.55　混响时间和演出的内容

（ 图片来源 : Hugh Hardy, Stephen A.Kliment.Building Type Basics For–Performing Building Facility. Hoboken, New Jersey : John Wiley & Sons, Inc., 2006 : 93. 中文注释 : 笔者 ）

可是，有很长一段时间，"多功能剧场"一直被认为是"无功能"的，因为虽然可以依靠各种机械设施来改变观众厅的空间布局，以满足演出的需要，然而不同演出内容对建筑声学的要求是不同的，以混响时间来看，歌剧厅推荐的中频混响时间是 1.3~1.6 秒，而演奏古典音乐的音乐厅，其推荐混响时间是 1.8~2.0 秒[①]，所以可变的空间布局必须有可变的声学措施来支持（图 2.55）。美国声学协会（Acoustical Society of America）自 1982 年起每隔 20 年就会出一本对过去 20 年全球优秀音乐厅（Halls for Music Performance）项目的回顾，以此来总结声学技术的发展。最近的一期是 2000 年出版的，在该期的卷首语上，编辑们这样写道："在近期的厅堂项目中，建筑声学设计在很多方面都取得了进步，特别是可调声学技术（Acoustic Adjustability）有了显著的发展。"[②] 2007 年 9 月建成、位于美国首都华盛顿市中心的薛尼·哈曼大厅，就是一个从空间可变到声学可变的很好案例。

薛尼·哈曼大厅是莎士比亚剧院公司在华盛顿的新剧场，由加拿大的戴尔蒙德和施密特（Diamond & Schmitt）建筑师事务所[③] 设计，占据了一个 11 层办公楼的 5 层半的空间，为了保证剧院的声学效果，剧院的观众厅和上部的办公楼完全分开，甚至连剧院的公共区域也和观众厅脱离开来。800 座的观众厅是一个彻底灵活的空间，舞台可以变化为镜框式、插入式、半中心式或全暴露式。从一种到另一种舞台的变化，只需要很短的时间，

图 2.56 薛尼·哈曼观众厅平面图
（图片来源：由加拿大戴尔蒙德和施密特建筑师事务所提供）

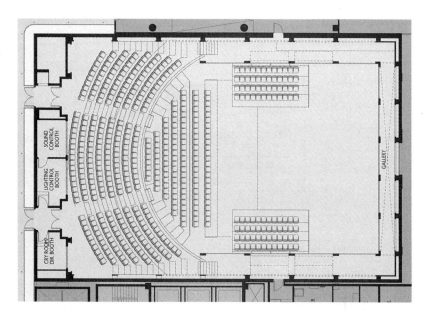

① （美）白瑞纳克.音乐厅和歌剧院.王季卿，戴根华，项端祈等译.上海：同济大学出版社，2002：418.

② Acoustical Society of America.Halls for Music Performance 1982–2002：xiii.

③ 戴尔蒙德和施密特建筑师事务所：Diamond and Schmitt Architects，来自加拿大的多伦多。最知名的剧院项目是加拿大多伦多市的四季中心（Four Seasons Centre），也是加拿大歌剧团的驻团剧场。

图 2.57　薛尼·哈曼观众厅尽端式舞台布局

（图片来源：同上）

图 2.58　插入式舞台和镜框式舞台的空间布局

（图片来源：同上）

这和其他的可变剧场是非常不同的。一般剧场的可变空间要耗费大量的时间和巨大的努力来实现剧院布局的转换，而在薛尼·哈曼大厅，镜框式舞台的台口被设计成像软百叶窗一样，它由一系列面板构成，可以折叠，一旦收起来，这个单元可以移到塔式舞台开口的下方，然后放下布景，成为一个开敞、暴露式的尽端舞台。前面5排的座位分别放在两组轮子上，可以灵活地重新组合空间，让座位区成为三面围合或是包围式的状态。舞台的地面可以延伸，覆盖小乐池，成为一个伸出式的舞台；一个液压的管弦乐队乐池可以升起，成为一个插入式舞台。虽然格罗皮乌斯当年未能实现自己设计的"万能剧院"，不过他坚持认为："在适当的时候，万能剧院将会是一个非常好的想法。"① 在某种程度上，薛尼·哈曼大厅就是这样一个"万能剧院"。然而，仅仅有空间布局的无所不能还是不够的，如果在声学上没有相应的可变措施，演出也会无法进行。这种空间的可变对声学设计提出了更高的要求（图2.56~ 图2.59）。

为了保证这些复杂演出功能的实现，TALASKE 的声学顾问设计了一系列可变的声学措施。将一组可移动的声学板安排在镜框式舞台前部的半圆中，可以让大厅满足室内乐和独奏音乐会的需求。在外墙结构和表演区及观众席之间，设有声学吸声帘，它们由计算机控制，来支持不同的演出需求，而不用调整观众厅的空间形状。在观众厅上方的灯光桥内，也有类似声学帘一样的声学板，可以进行调整。在舞台两侧的楼座栏板，当设置成插入式舞台时，可以调整到倾斜的角度，这种修整将改善在不用电声时，演讲的清晰度。

建筑师戴尔蒙德认为，制造一个没有明显特点、能满足艺术导演的目的和曲目要求的空间，将有助于观众和演员的互动体验，让人们产生深深

图2.59 薛尼·哈曼大厅统一而简洁的空间效果
（图片来源：同上）

---

① Christos G. Athanasopulos.*Contemporary Theater–Evolution and Design*.Booksurge Publishing，2006：143.

的满足感。在这个建筑空间里，表演风格不该由建筑师来指定，而是允许导演们运用他们的想象，玩出有趣的戏剧。他认为，统一而简单的观众厅才能体现空间的力量。[1] 为了保证空间的一致性，在侧墙面的声学吸声帘前均设有木格栅，木格栅在宽度和深度上都不相同，能起到声学扩散体的作用。每一个格栅后的吸声帘或遮挡帘都可以独立调整，组成复杂的可变的声学措施系统，能用于讲座、现场音乐和录音音乐。这些声学帘在根据不同声学需求收起或放下时，又能不被观众所察觉。建筑师设计的木格栅把声学帘隐藏了起来，既保证观众空间的一致性，又能满足丰富的声学要求。

格罗皮乌斯设想的"万能剧院"和华盛顿的薛尼·哈曼大厅都能通过改变舞台和观众席的空间布局，来让观众厅空间拥有更多灵活性。也有不少剧院舞台只能从镜框式舞台转换到适用于音乐会的尽端式舞台（在舞台上增加音乐罩）。虽然舞台的变化形式并不像"万能剧院"和哈曼大厅那么多样，可是也要用于各种演出活动，因此声学上的可调是支持这个厅堂空间功能可变的必要手段。

2007 年建成的中国苏州科技文化艺术中心，设有一个 1200 座剧院，550 座观演剧场以及由一座 IMAX 影院和 7 个影厅组成的电影城。其中，1200 座的剧院要能够满足多种演出活动的要求，不仅要实现世界级的歌剧院和音乐厅之间的转换，还要适用于从传统古典音乐到中国戏曲以及现代电子音乐的各种演出。比利时卡尔声学公司（Kahle Acoustics）的声学顾问艾克哈德·卡尔（Eckhard Kahle）和布赖恩·卡兹（Brian F.G.Katz）博士参加了 1200 座歌剧厅的声学设计工作，他们认为不同类型的演出对于声场的要求是非常不同的，所需的声学空间和混响时间都会有所变化。相对歌剧和需要电声手段的演出，音乐会特别需要更长的混响，而电子音乐需要短混响和大空间来控制音量（表 2.2）。

卡尔声学公司列出的各种演出活动所需的理想混响时间（RT） 表 2.2

演出类别	低频 RT	中频 RT	高频 RT
需要电声支持的音乐会及活动	1.2	1.2	0.9–1.1
中国戏曲	1.3	1.3	0.9–1.2
西方歌剧（自然声）	1.7	1.4	0.9–1.2
戏剧	1.4	1.4	0.9–1.2
室内乐（自然声）	2.0	1.5–1.8	
交响音乐会（自然声）	2.0	1.8–2.0	

（表格来源：Brian FG Katz & Eckhard Kahle. Post-Opening Acoustic Measurement Report Suzhou Science & Arts Cultural Center, 2009）

[1] Architects Vision.A conversation with Jack Diamomd, http://www.shakespearetheatre.org

为了满足这个厅堂的多种使用要求，声学顾问艾克哈德·卡尔和布赖恩·卡兹决定在主观众厅的侧面加入一个附加的声学容积，配合声学吸声帘，来调整厅堂的混响时间。位于池座观众席两侧的可调混响室，由一组可以开启或关闭的门与主观众厅分隔。每一扇可调混响门都由计算机控制，可以根据演出的需要，调整开启的角度，获得理想的声音明晰度和充分的混响时间。在古典音乐会演出时，混响门全部打开，两侧混响室就和主观众厅一起成为有效的声学容积，把厅堂的混响时间延长至2秒，而在需要声音明晰度或以电声为主的演出时，混响门关闭，声音只使用到观众厅内部的空间，混响时间缩短。

艾克哈德和布赖恩认为最有效的声音围合感是"一个人浸入在声音之中，成为演出的一部分，而不是只远远地望着表演者。"[①] 因此，在剧场厅堂的后部还设有一个上下连通的声学烟囱，提供了一个让到达观众厅后排区域（包括池座和楼座）的声音上下连通的渠道。声音通过在声学烟囱内的多次反射，从各个方向到达后排的观众，给他们一种位于声音中心的感受，获得理想的声音浸入感（图2.60，图2.61）。

这个声学烟囱还用一个闸门与可调混响室相连。在交响乐演出时，打开闸门，让可调混响室声音进入声学烟囱，从观众席的后部反射回来，形成更多层次的声音反射。虽然这个声学烟囱属于主观众厅声学容积的一部分，不能被关闭或和主观众厅分隔，不过声学烟囱内设有吸声卷帘，可以根据需要，改变观众厅的吸声面积。另外，在两侧的混响室的内部以及观众厅二层楼座上方也设有吸声卷帘，都由计算机控制，可以快速地卷起或放下，便于调节混响时间，以满足不同性质的演出和曲目的要求。最后，艾克哈德和布赖恩用声学软件CATT来调整和检测他们的设想（图2.62）。

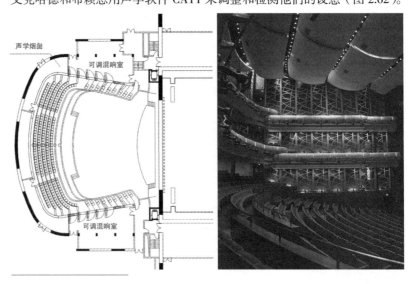

图2.60 苏州科技文化艺术中心大剧院平面图（左）
（图片来源：漆宏提供，注释：笔者）
图2.61 苏州科技文化艺术中心大剧院的可调混响门（右）
（图片来源：笔者自摄）

① Brain FG Katz，Eckhard Kahle.Design of the new Opera House of the Suzhou Science & Arts Cultural Center.The 9th Western Pacific Acoustics Conference Seoul，Korea，2006.

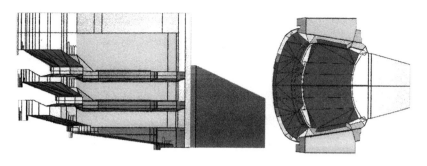

图 2.62　卡尔声学公司用 CATT 建立的计算机声学模型分析（黄色部分为可调混响空间）

（图片来源：Brain FG Katz, Eckhard Kahle.Design of the new Opera House of the Suzhou Science & Arts Cultural Center.The 9th Western Pacific Acoustics Conference.2006）

2.2.4　声学新材料的运用

在传统的音乐厅和剧场中，木材由于极好的密实度、声学反射性能以及带给人们视觉上的温暖感而被广泛使用。大概在 20 世纪 70 年代，由英国吉莱斯皮（Gillespie）公司研发成功的 GRG（Glass Fiber Reinforced Gypsum）[①] 材料，由于具有很好的塑形能力和声学性能，也颇受不少建筑师的喜爱。最近，扎哈·哈迪德为广州歌剧院设计的充满动感的观众厅以及 2002 年建筑师皮亚诺设计的罗马音乐厅的室内采用的都是这种材料（图 2.63）。不过，这些材料都会给人一种厚重感。声学技术的进步，让建筑师在声学顾问的帮助下，开始尝试那些从未使用过的新材料，给观众厅的室内带来前所未有的视觉效果。

作为一个声学常识，硬的、平滑的表面对声音扩散是很不理想的。不过，奥地利建筑师汉斯·霍莱因（Hans Hollein）改变了这几十年以来人们的惯例。在他的第一个演艺建筑作品——罗茨切尔德家族城堡的改造中，这位普利茨克奖的得主坚持用玻璃来建造表演空间，霍莱因说："我一直

图 2.63　广州歌剧院观众厅的计算机模型和放样好的 GRG 板

（图片来源：由曹呈祥提供）

① GRG：Glass（Fiber）Reinforced Gypsum 的英文缩写，中文全称：预铸式玻璃纤维加强石膏板。具有强度高、质量轻、不易损伤变形的特点。预铸式的加工工艺，可根据设计做出任何造型，适用于室内有特殊声学要求场所的声学反射板。

想证明，能创造一种特别的声学，在一个完全由玻璃而不是石头制成的空间里。"①

罗茨切尔德（Rothscild）家族城堡建于中世纪，位于奥地利风景如画的淮德侯芬（Waidhofen）小镇，目前主要用作博物馆。为了给每年的音乐节以及为常年的古典和爵士音乐会提供表演空间，霍莱因在这个城堡中加入了几个新元素，最引人注目的就是城堡高塔上的那个玻璃盒子。在城堡的顶部，玻璃盒子界定了一个两层楼高的空间，完全由半透明的玻璃所包裹，给表演空间提供了难以想象的光线和环境。霍莱因用不同大小和形状的玻璃片组成一个手风琴一样的空间，覆盖了整个房间。这个想法得到了 Muller-BBM 公司声学顾问的支持。声学顾问建议在顶棚的玻璃板之间留有缝隙，上面设多孔铝板来吸收声音，而墙面的玻璃板不留缝，满足建筑师对美观的要求。墙面上的玻璃板很多是不完全垂直的，把窗户隐藏了起来，不过光线仍然可以透过这些玻璃材料进入室内。玻璃板的后面设有氖气管灯，在演出时打开，给房间一种很酷的蓝色光芒。所有的玻璃板都被切成薄片，来满足防火的要求以及调整它声学反射的品质。这个厅总共可提供 200 个座位，围绕舞台排列的座位也可以调整为用于讲座和电影（图 2.64~ 图 2.66）。

图 2.64 Rothscild 家族的城堡
（图片来源：Atelier Hollein/ Sina Baniahmad）

---

① Josephine Minutillo.Crystal Room.Architecture Record，2009（02）：94.

这个极具亲密感和透明如云状的音乐厅空间，深受当地人们的喜爱。一个本地的小提琴演奏家用这里来做他演奏音乐的录音棚。

来自美国芝加哥的柯克加德（Kirkegaard）声学公司，近年来曾参与了全球多个新建演艺建筑和旧建筑改造的项目，如英国伦敦皇家节日大厅

图 2.65　水晶房室内
（图片来源：Atelier Hollein/ Sina Baniahmad）

图 2.66　水晶房平面图
（图片来源：Atelier Hollein，中文注释：笔者）

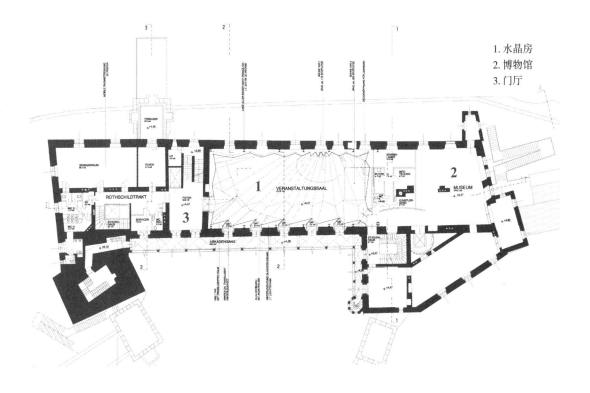

1. 水晶房
2. 博物馆
3. 门厅

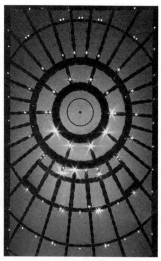

094

图 2.67 EMPAC 音乐厅的室内（左）
（图片来源：由美国伦斯勒理工学院 EMPAC 中心提供）
图 2.68 诺梅克斯织物顶棚的细部（右）
（图片来源：同上）

改造、美国马里兰州的斯特拉思莫尔音乐中心项目以及美国伦斯勒理工大学的实验媒体艺术中心项目等。他们一直在尝试把一种诺梅克斯（Nomex）织物用于音乐厅的顶棚。这种织物本来是用于制作宇航服或消防服的轻质耐高温芳香族聚酰胺，具有独特的声学性能，在反射中高频音的同时，让部分低频音穿透，使用于顶棚上部的空间，从而延长其混响时间，加强声音的温暖感。

在 EMPAC 项目中，他们和英国高技派的建筑大师尼古拉斯·格雷姆肖合作，用这种特别的织物打造了一个世界级的音乐殿堂。整个音乐厅的顶棚都由这个不到 1 毫米厚的诺梅克斯织物片组成，对音乐厅的声学设计来说，是一个极大的创新，在全球都是首例。这个织物构成的顶棚由一个精致的不锈钢金属管支撑着，遮挡住了大厅上部的电子和机械设备以及固定的灯具，形成了一个非常简洁、干净的表面。这样的织物顶棚让舞台上的音乐家能及时得到反射回来的中、高频音，使他们能清晰地辨别每个乐器的声音，便于相互协作，同时又让低频音穿透，加强声音的温暖感。在某种程度上，对于部分中低频声，诺梅克斯织物天面上部的空间，还能起到耦合空间的作用。由于使用了这种织物顶棚，舞台上空通常需要悬挂的声音反射罩就不再需要了，这让音乐厅的室内空间看起来更有整体感。先进的声学技术让音乐厅成为一个完美的演奏大厅（图 2.67，图 2.68）。

不过还是有不少建筑师偏爱在观众厅内使用传统的木材。产于非洲赤道的毒仔山榄木（Moabi）[①] 具有美丽的花纹和良好的声学性能，非常适合用作音乐厅的声学反射板。DS+R（Diller Scofidio+Renfro）的建筑师在

① 毒籽山榄木：产于非洲赤道。木材重、硬、强度高，适宜制作木雕、乐器、护墙板、高档机具、柜橱、细木工制品、地板等（详细出处参考：http://www.chinatimber.org/news/27356.html）。

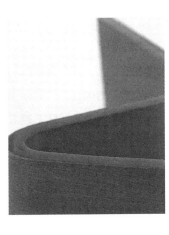
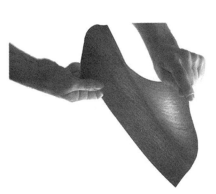

图 2.69 爱丽丝·塔利大厅观众厅内半透明的发光木材

（图片来源：http∶//3-form.com/）

095

美国林肯表演艺术中心爱丽丝·塔利大厅改造项目中，却想让这种木材超越它们的自然材质，像海洋生物那样发出光芒。

DS+R 建筑师事务所的创始人之一伊丽莎白·迪勒说："最初我们设想用特殊的生物工程技术来处理它，最后是用具有很好声学性能的树脂板和山榄木皮进行叠加，让这些美丽的木头保持了自然的品质。"[1]

美国的 3form 公司承担了这种材料的深化和设计工作。他们认为这是一个把经典的实体木材质感和现代时尚的半透明材质相结合的挑战，要创造出一个具有良好声学性能的半透明木材。经过 3 个月的研究和发展，3form 设计出了一种材料，满足所需的各种性能，在检测板的构造和弯曲度以及其他各种指标后，开始制造和施工。3form 建筑师协助于建造的全过程，以几何尺寸的合理化来满足结构的受热形态、硬件和灯光的设计到复杂曲面体的安装。最后的效果是自由弯曲的山榄木板覆盖了观众厅的所有墙面和部分天面。有一些是不透明的，是用山榄木皮覆盖了再生木；不过侧墙和大多数舞台后面的木板是半透明的，透明树脂板无缝叠加在木材的内侧，结合计算机控制的 LED 灯光，让这些木材发出温暖的玫瑰色光芒，给观众一种奇特的感受。建筑师迪勒希望这个效果能用于演出开始之前，不过也可以在整个演出过程中使用，塑造出戏剧化的演出效果（图 2.69）。

2.3 协作的艺术

数字化技术的发展，不仅推动了建筑界和声学界的技术进步，也让建筑师和声学顾问的互动和高度协作成为可能，演艺建筑的设计过

① Tim McKeough.Performing Architecture，http∶//new.lincolncenter.org/live/index.php/erforming-architecture

程越来越成为协作的艺术，其核心空间——观众厅的设计方式也发生了改变。

众所周知，演艺建筑设计是所有建筑类型中最复杂、难度最高的建筑类型。因为观众厅内所有的元素都要有利于表演。的确，相对其他普通项目中建筑、结构、水、电和暖通五个工种的相互配合，在演艺建筑中，建筑师不仅要增加和声学顾问的密切合作，还要和剧院顾问公司① 、舞台设备、灯光设计工程师、艺术顾问共 10 个团队同时进行配合。特别是观众厅的设计，在某种程度上，就相当于设计一个精密的机器。有时候，建筑师为修改一个很小的细节，需要同时询问各个工种，探讨其可能性。

不过，从另一方面来说，与其他类型建筑设计中以建筑师为主导、其他工程顾问为辅助的情况不同，在演艺建筑项目中，工程顾问的角色已经从处于从属地位的合格技术人员提高为合作的设计师，他们往往既具有专业知识，又对设计全局充分了解，并且常常会超越纯粹的技术问题，来关注工程技术对建筑整体的作用。1946 年在英国创立的奥雅纳（Arup）公司，目前已经成为全球化的、专业最齐全的工程顾问机构之一，其声学技术和结构工程技术全球领先，所以参与了不少演艺设施的设计和建设。如在库哈斯设计的波尔图音乐厅项目中，其结构顾问是奥雅纳公司的副总裁——著名的结构大师赛西尔·巴尔蒙德（Cecil Balmond）② ，他在此之前已经和库哈斯合作了 18 年之久。波尔图音乐厅那个扭曲和奇诡的音乐盒子，一个看似不可能的结构设想，正是在巴尔蒙德的指导下进行发展，才最终得以建成。正如奥雅纳公司所提倡的那样：工程学不应该仅仅被视为一门有局限的艺术，而应被视为对优秀设计成果的一种支持、解放和催化。③

声学顾问在演艺建筑厅堂设计中的作用更是如此。似乎没有哪一种文化建筑与声学技术的联系存在着如此直接、紧密的依赖关系。1906 年建成的波士顿交响音乐厅，其声学顾问塞宾的声望似乎比承担建筑设计的麦金米德怀特公司要响亮，而 1963 年建成的柏林爱乐交响音乐厅的声学顾

---

① 在国外，演艺建筑设计团队中还有专门的剧院工程顾问公司，如英国的剧院工程顾问公司（TPC：Thearer Project Consultant）①会对整个项目的策划、安排进行指导以及在项目建设过程中进行协调，甚至在项目建成后，还要再做 2~3 年该项目运营管理的顾问。

② 赛西尔·巴尔蒙德（Cecil Balmond）：著名的结构设计师，在奥雅纳创立了 AGU（Advanced Geometry Unit，尖端几何学单位），从事崭新研究与实验性计划。巴尔蒙德认为，深层的构造如同组织化内部敲击的鼓声，是演算生存定律的原始记忆。喜爱音乐的他，从远古时代大自然不断演化的节奏与宇宙运行的韵律当中，得到了建构结构秩序上的重要启发，在格子、数学、延生的线条、2 次元、3 次元、多次元等概念里捕捉"不稳定中的稳定状态"，创作出许多新颖而具有不可思议动态感的结构形式。

③ （美）詹姆斯·斯蒂尔·帕垂克·莫尤，奥维·阿勒普联合公司剧场建筑设计史.剧院建筑.大连理工出版社，2003.

问克雷默与建筑师汉斯·夏隆同样载入了史册。如今知名声学顾问和明星建筑师一样，承担了来自全球的演艺建筑项目的声学设计。他们对某种形态的偏爱以及自己的特有风格，也会对观众厅的空间形态产生不小的影响。

从表2.3中，我们可以发现，日本永田声学顾问公司的丰田泰久，在20世纪90年代因为日本三得利（Suntory）大厅[①]的成功设计而一举成名。他后来在美国迪士尼音乐厅（2004年）、中国深圳文化音乐厅（2007年）、丹麦哥本哈根音乐厅（2009年）、法国巴黎爱乐音乐厅（2012年）和德国汉堡易北音乐厅（2013年）项目中做声学顾问，这几个项目都采用了与三得利大厅相似的葡萄园台地布局。

知名的美国阿泰克（Artec）声学公司，一直偏爱具有自然声学特性的、利用耦合空间可调的音乐厅，于是他们承担的瑞士卢塞恩文化会议中心（2000年）、芬兰西贝柳丝大厅（2000年）、美国费城基梅尔表演艺术中心（2001年）、新加坡滨海广场国家表演艺术中心的音乐厅（2002年）等项目中，观众厅的周边都考虑了可调混响室以及在侧墙上设置了大量的混响声控门，让这些厅堂的室内看起来有异曲同工之处。

还有美国Talke声学公司对诺梅克斯（Numox）织物的喜爱、澳大利亚马歇尔·戴声学公司（Marshall Day Acoustics）的著名声学顾问哈罗德·马歇尔（Harold Marshall）[②]对侧向反射声的重视以及日本声学顾问安藤四一在IACC（双耳信号的不相似性）[③]声学理论上的研究等，这些都在演艺建筑厅堂的空间形态中叠加上了声学顾问的痕迹（表2.3）。

特别是在计算机技术的支持下，让实景模拟、文件交互与复合更加容易，声学顾问已经不再是设计团队的从属者，而是建筑师的联合设计者，他们和建筑师一起创造了21世纪演艺建筑厅堂的新形态（表2.4）。

---

① 日本三得利大厅：三得利音乐厅是在已故著名音乐大师赫伯特·冯·卡拉扬的协助下，以"世界最美的乐声"为基本理念建设而成的东京第一家音乐会专用音乐厅，并已确立了其"日本音乐圣殿"的稳固地位。拥有大音乐厅、BlueRose（小音乐厅）以及2006个观众席和屈指可数的管风琴。

② 哈罗德·马歇尔（Harold Marshall）：哈罗德·马歇尔是Auckland大学的名誉教授，他对音乐厅的开创性的研究是在20世纪60年代晚期，他提出的厅堂侧向反射声，对当代的声学设计有重要影响。1981年，他作为合伙人之一成立了马歇尔·戴声学公司。1995年，被美国声学协会授予塞宾奖章（Wallace Clement Sabine Medal），表彰其对建筑声学领域的贡献，特别是对音乐厅的理解。

③ IACC：双耳信号的不相似性。通过控制IACC的双耳时延，可以有效地避免声像移位或控制声场平衡。安藤四一认为，在主观优选判断中最广为接受的因子是IACC。音乐厅的形状可以通过使IACC的值成为最小来达到最佳设计。具体的措施是通过调整房间的宽度、侧墙布置和改变顶棚平面的倾角等。

声学顾问设计的不同特点 表 2.3

声学顾问 / 公司	手法和声学概念	项目
丰田泰久	葡萄园台地（改良后）	美国迪士尼音乐厅（2004 年），中国深圳文化音乐厅（2007 年），丹麦哥本哈根音乐厅（2009 年），法国巴黎爱乐音乐厅（2012 年），德国汉堡易北音乐厅（2013 年）
罗素·约翰逊	耦合空间	瑞士卢塞恩文化会议中心（2000 年），芬兰西贝柳斯大厅（2000 年），美国费城基梅尔表演艺术中心（2001 年），新加坡滨海广场国家表演艺术中心的音乐厅（2002 年）
柯克加德事务所	诺梅克斯织物	英国伦敦皇家节日大厅（2007 年），美国伦斯勒学院 EMPAC 中心（2008 年）
哈罗德·马歇尔	侧向反射声	中国广州歌剧院（2010 年），法国巴黎爱乐大厅（2012 年）

全球著名声学公司演艺建筑项目统计：1998~2012 年建成或在建中 表 2.4

声学设计	建成时间	名称	地点
日本永田声学公司 / 丰田泰久（Nagata Acoustic / Yasuhisa Toyota）	1999	奈良千禧大厅	日本奈良
	1999	琥珀大厅	日本久慈市
	2003	费希尔中心—巴德学院表演艺术中心	美国纽约州安南代尔
	2004	松本表演艺术中心	日本 MATSUMOTO
	2004	Walt 迪士尼音乐厅	美国加州 – 洛杉矶
	2007	深圳文化音乐厅	中国深圳
	2008	新马林斯基剧院	俄罗斯圣彼得堡
	2008	大都会堪萨斯城表演艺术中心	美国密苏里州堪萨斯城
	2009	哥本哈根交响乐大厅	丹麦哥本哈根
	2012	巴黎爱乐大厅（la Philharmonie de Paris）/ 与 Marshall & Day 声学公司合作	法国巴黎拉维拉特公园
	2013	易北河爱乐音乐厅	德国汉堡
美国 Artec 公司 / 罗素·约翰逊（Russell Johnson）	2000	卢塞恩文化会议中心	瑞士卢塞恩
	2000	西贝柳丝大厅	芬兰拉迪
	2001	基梅尔表演艺术中心	美国宾夕法尼亚州 – 费城
	2002	滨海广场国家表演艺术中心的音乐厅	新加坡
	2006	桔县表演艺术中心的音乐厅	美国加州 – 桔县
	2007	林肯中心爵士乐厅 / 与 Walters Storyk+SLA 声学公司合作	美国纽约

声学设计	建成时间	名称	地点
奥雅纳声学顾问公司（Arup Acoustics）	2002	布莱顿穹顶音乐厅	英国伦敦
	2004	伦敦大剧院	英国伦敦
	2004	Sage 音乐厅	英国盖茨黑德
	2005	波尔图音乐厅（Casa Da Musica）	葡萄牙波尔图
	2007	坦佩艺术中心	美国亚利桑那州坦佩
	2008	挪威国家歌剧院 / 与 Brekke Strand Akusikk 声学公司合作	挪威
	待定	BBC 音乐盒（Music Box）	英国伦敦
美国柯克加德事务所（Kirkegaard Associates）	2005	霍兰德表演艺术中心	美国内布拉斯加州奥马哈市
	2005	斯特拉思莫尔音乐中心	美国马里兰州北贝塞斯达
	2007	英国伦敦皇家节日大厅	英国伦敦
	2007	实验媒体艺术中心	美国纽约州特洛伊市
	待定	亚特兰大交响音乐厅	美国亚特兰大
The Talaske Group	2004	薛尼·哈曼大厅 / 与 Wilson, Ihrig & Associates 合作	美国华盛顿特区
	2004	千禧公园的杰. 普利茨克音乐大棚	美国伊利诺伊州芝加哥
	2006	格思里剧院（Guthrie Theater） / 与 Kahle Acoustics 声学公司合作	明尼苏达州明尼阿波利斯
	2009	ZA-KOENJI 公共剧场 / 与 Tokoha Utsumi 声学公司合作	日本
	2010	中心舞台剧院 / 老剧院建于 1961 年	美国华盛顿特区
美国杰菲·霍顿声学事务所（Jaffe Holden Acoustics）	2002	本杰明和玛丽安. 舒斯特表演艺术中心	美国俄亥俄州代顿
	2003	Kreielsheimer Promenade at Marion Oliver McCaw Hall/ 老剧院建于 1963 年	美国华盛顿州西雅图
	2009	林肯表演艺术中心（爱丽丝杜莉厅 / 和室外设施改造）	美国纽约
法国徐亚英声学公司（Xu Acoustique）	2004	宁波大剧院	中国宁波
	2005	卢森堡爱乐大厅	卢森堡
	2009	巴西里约热内卢音乐厅	巴西里约热内卢
澳大利亚马歇尔·戴声学公司（Marshall & Day）	2009	西安大唐文化交流广场	中国西安
	2010	广州歌剧院	中国广州
	2012	巴黎爱乐大厅 / 与日本永田声学公司合作	法国巴黎拉维拉特公园

声学设计	建成时间	名称	地点
法国 CSTB	2004	上海东方艺术中心	中国上海
	2009	中国国家大剧院	中国北京
德国 Muller-BBM 声学公司	2002	罗马音乐厅	意大利罗马
	2004	杭州大剧院（与上海现代集团章奎生声学设计研究所合作）	中国杭州
	2008	湖州大剧院	中国湖州
	2009	罗茨切尔德家族城堡的水晶房	澳大利亚德霍芬镇
	2009	重庆大剧院	中国重庆
比利时卡尔声学公司（Kahle Acoustics）	2006	格思里剧院（Guthrie Theater）/ 与美国 The Talaske Group 声学公司合作	美国明尼苏达州明尼阿波利斯
	2007	苏州科技文化艺术中心	中国苏州
	2010	青岛大剧院	中国青岛
	2011	无锡大剧院（与上海现代集团章奎生声学设计研究所合作）	中国无锡

（表格来源：笔者整理）

然而建筑师和声学顾问的合作并不是一件轻而易举的事。对完美建筑空间的追求常和优质声场的要求发生冲突，其原因在于建筑和声学原本就是两个完全不同的范畴，建筑师所关注的是空间、造型、色彩等和视觉有关的美学品质，而声学顾问关注的是声音的频率、反射、扩散等和听觉有关的物理性能，要让两个领域能够相互理解本来就是非常困难的。正如在建筑师眼里非常成功的悉尼歌剧院，声学顾问却因为其音乐厅的声学缺陷，而不认为这是一个优秀的演艺建筑。长期与弗兰克·盖里、矶崎新、让·努韦尔、赫尔佐格 & 德梅隆等国际知名建筑师合作的日本声学顾问丰田泰久在接受电台采访时，也曾这样指出："由于每件作品都有要突破的困境，所以和建筑师吵架，让他的工作因挑战而更有趣。"

耶鲁大学机械工程学院的教授罗伯特·阿普费尔（Robert E. Apfel）在《聋的建筑师和盲的声学顾问——声音设计的挑战》一书中这样描述建筑师和声学顾问之间的交流，他说："就像一个聋子和一个盲人单独待在一个房间里，必须要沟通，他们会怎么办呢？显然如果两个都是聋子，是没有问题的，他们可以把要说的话写下来；而两个盲人也没问题，他们可以聊天。可是对一个聋子和一个盲人来说，就必须非常努力地来寻找到一个都能使用的方法，才可能彼此明白。"① 因此，在观众厅的空间设计中，如果只以建筑师的工作为主，声学顾问只是对其空间设想的声学缺陷去进行弥补，可能就会如同 1962 年建成的纽约林肯中心的交响乐大厅，因为反声学的空间而导致声场的严重缺陷，后来虽又请了五位国际著名的声学顾问来修改，但都失败了，最后只有拆掉重建。不过，从另一方面来说，如果建筑师因为害怕会影响到声学效果，而盲从于声学顾问的意见，空间的艺术性又会有所欠缺。中国国家大剧院的建筑师，保罗·安德鲁（Paul Andreu）这样看待声音和建筑空间的关系："虽然有些声音会阻碍视觉，但是有时图像会让你完全听不见，气味，味道或接触都会转移人们对声音的感受。最终的情况是各种连续的感觉会融合起来，互相加强……很难想象，观众在一个难看的音乐厅里，会仅因音乐美而兴奋。音乐厅的形状，灯光，颜色和入口的样子，在音乐会中都构成了听觉的条件。"②

因此，设计一个现代演艺建筑的观众厅是复杂的，除了演出曲目的类型和范围远远超过以往年代人们在教堂或传统观众厅中所演奏的，而且使用者——观众和表演艺术家们也不再仅满足于享有一个聆听或表演音乐的空间，还希望它的环境舒适并且视觉愉快。

2.3.1 以声学设计为起点

美国著名剧院设计公司 H3 Hardy 联合建筑事务所③ 的首席建筑师休·哈迪（Hugh Hardy）认为，在剧院设计中，建筑师的工作就是推动整个团队创造一个能给观众和演员带来愉悦的"无缝设计"（Seamless design）。他认为，团队中每个工种都同等重要，必须能够随意交换想法，理解彼此工种中重要的原则，为一个整体做出贡献。④ 因此，在观众厅的设计过程中，建筑师应该努力去理解团队中每位成员的意见，特别是"设计合作者"——声学顾问的意见。如果建筑师能尝试以既定的声学来发展建筑空间，那么每一次声学新概念的提出，就如同结构技术的发展会带来建筑形式的创新一样，也会给观众厅的空间创新带来契机。在 1994 年建成的日本雾岛国际音乐厅（Kirishima International Concert Hall）项目中，建筑师槙文彦就以声学顾问安藤四一（Y. Ando）的声学概念为建筑设计灵感的源泉。

① Robert E. Apfel.Deaf Architect & Blind Acousticians-Challenges to Sound Design，Yale University，1992：2.

② Paul Andreu. 国家大剧院 . 大连：大连理工出版社，2008：108.

③ H3 Hardy 联合设计事务所：一个有着几十年剧院规划、设计及建筑经验的剧院设计公司，设计和建成了 100 多个音乐厅、舞厅、剧院、歌剧院和电影院。

④ Hugh Hardy.Building Type Basics For Performing Arts Facilities.Wiley；illustrated edition，2006：161.

日本著名的声学专家安藤四一在 IACC（双耳听觉互相关函数）[①] 声学理论上颇有建树。在和槙文彦合作雾岛国际音乐厅的时候，他就运用了自己对 IACC 声学理论的最新研究成果，为了实现 770 座音乐厅内 IACC 的最小值，他建议采用一种类似树叶的平面形状，并且改变顶棚平面的倾角。[②] 另外，由于音乐厅以表演古典音乐为主，重点在于小乐队的演出和室内乐，安藤四一还要求把有利于吸声的措施简化，更多考虑如何得到好的声音反射。用来自各方向的反射声，给观众和演出者提供一种很好的空间围绕感。采取的声学措施是把完整的天面切割成不同尺度、比例和倾斜角度的三角形平面（图 2.70）。

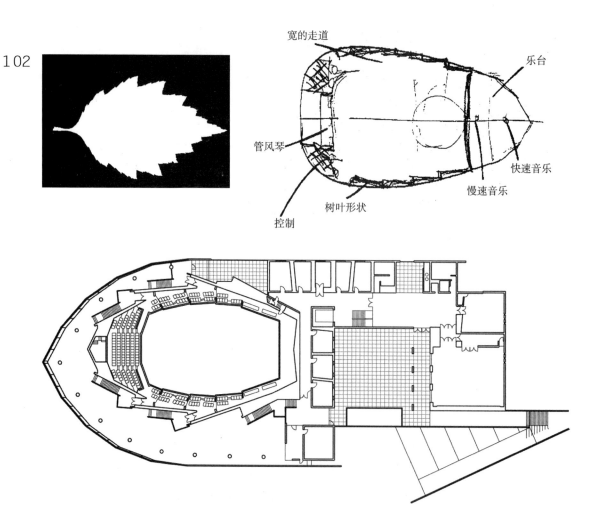

宽的走道
乐台
管风琴
快速音乐
慢速音乐
树叶形状
控制

---

① IACC：双耳听觉互相关函数与双耳信号的不相似性有关。通过控制 IACC 的双耳时延，可以有效地避免声像移位或控制声场平衡。安藤四一认为，在主观优选判断中最广为接受的因子是 IACC。音乐厅的形状可以通过使 IACC 的值成为最小来达到最佳设计。具体的措施是通过调整房间的宽度、侧墙布置和改变顶棚平面的倾角等。

② （日本）安藤四一. 建筑声学：声源、声场与听众的融合. 吴硕贤，赵越译，天津：天津大学出版社，2002：142–143.

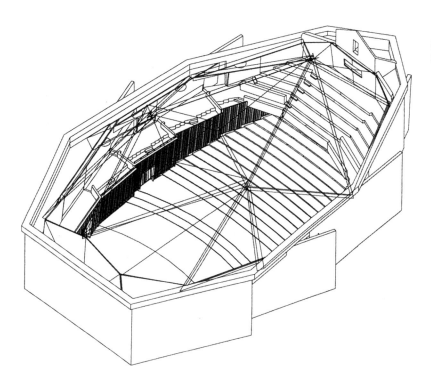

　　面对这样一个声学概念，建筑师槙文彦（Fumihiko Maki）没有像以往常规做法那样调整声学概念到建筑的空间形态中，而是以安藤四一的声学概念为起点来进行建筑设计。在平面形状上，观众厅依照古典鞋盒式的比例，设计成了叶形的平面。在其空间造型上，让"三角形"成为一个重要的空间元素。通过由大胆的三角形板组合而成的顶棚，而不是其他装饰设置的手段，来创造出一个适合古典音乐演出的具有美感和欢乐节日氛围的空间。叶子状的平面被分割为池座和左、右楼座。连续的、高低起伏的楼座区围合住池座和舞台，在演员和观众之间创造出一个亲密而统一的空间感受。经过安藤四一的计算，其结果表明，槙文彦设计的这个音乐厅空间具有十分优良的声场。声学顾问不用再对它的平、剖面作任何的改变（图 2.71~ 图 2.73）。

　　另外，在音乐厅建筑屋顶的设计上，槙文彦也继续发展了同样的想法，他把这个干净而连续的、由三角形构成的多维体所构成的音乐厅顶棚如实展露出来，让"三角形"也成为建筑轮廓的基本点。这个屋顶给予音乐厅很强的识别性，轻盈而流畅，与远处的雾岛火山山脉的轮廓遥相呼应，很好地实现了建筑与场地的对话。槙文彦事务所的建筑师YasushiIkeda 认为，虽然建筑的设计手法并不是声学概念的简单再现，而是结合其他各种因素的综合考虑，不过"三角形"的声学概念的确是其创造建筑空间主题的重要依据。他在这个项目中这样评价建筑设计和

图 2.73 以"三角形"为主题的音乐厅室内空间
（图片来源：日本槇文彦事务所提供，TOSHIHARU KITAJIMA 摄）

图 2.74　雾岛国际音乐厅
（图片来源：日本 MEISEI 出版
公司编 . 现代建筑集成——观
演建筑 . 辽宁科学技术出版社，
2000）

第2章　数字化技术、声学技术的发展对演艺建筑的影响

105

声学设计的关系：一方面，建筑师通过声学顾问的研究来得到新的声学概念，来保证观众厅能具有很好的音质；另一方面，建筑师要把声学顾问的研究发现，从全局的角度来进行平衡，并把这些概念浓缩到新的建筑设计之中（图 2.74）。[①]

　　已经有不少建筑师开始注重演艺建筑的声音。英国高技派的建筑师格雷姆肖在接受英国 BBC 电台采访时，曾这样描述自己对这类项目的认识："如果让我来做一个音乐厅的项目，我将试图从声学的角度来理解室内表演空间的形态以及用什么有效声学的手段，让观众厅与外部相隔绝……音乐厅不应只是建在一个雕塑状的外形之下，而是应该成长于对声学手段及声学设计全部过程的理解中。"[②] 正是基于这一点，他在设计前文已经提及的美国伦斯勒理工学院实验媒体艺术中心的时候，其建筑设计从一开始就是以声学设计为起点的。在 EMPAC 共设有四个表演空间，为了保证主要厅堂可以同时使用，互不干扰，音乐厅、剧场和两个工作室均被按照一类声学标准修建，也就是说，要求静得连掉根针都能听见。在全球的其他演艺建筑中，一般只有 1~2 个厅堂要求达到这种世界级的声学标准（RC15）[③]，而在这个建筑中却要求有 4 个。为了实现这个目标，格雷姆肖和声学顾问一起，把整个建筑设计成一组在结构上完全分开的房子，每一个厅堂

---

① Yasushi Ikeda. Design a contemporary classic concert hall using computer graphics // Conference proceedings form MCHA 1995.Academic Press，1997：13.

② John Tusa.Transcript of the John Yusa Interview with Nicolas Grimshaw，http：//www.bbc.co.uk/radio3. johntusainterview/grismshaw

③ RC：Room Criteria，是对房间背景噪声的要求。一般对图书馆要求其 RC 值在 30~40 之间。国内用的是 NR 标准，来测量空间的背景噪声。RC 是美国通用的噪声评价曲线 noise criteria curve，是对不同频率下声压级的限值。在欧洲，也订立了类似 RC 的一套限值标准，称 noise rating curve（NR），两者只有细微差异，但后者纳入了国际 ISO 标准，亦为我国沿用，在一般声学设计手册中均可查得。RC 曲线簇是 1957 年提出的，NR 约在 1962 年提出，基本参考 RC。

图 2.75　实验媒体艺术中心的北侧剖面（上）
（图片来源：由 EMPAC 中心提供，中文注释：笔者）

图 2.76　实验媒体艺术中心的南侧剖面（下）
（图片来源：由 EMPAC 中心提供，中文注释：笔者）

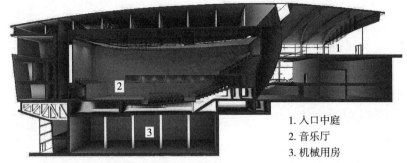

1. 入口中庭
2. 音乐厅
3. 机械用房

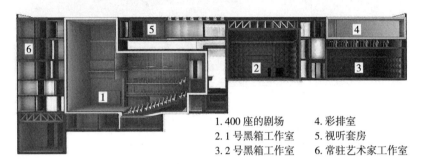

1. 400 座的剧场
2. 1 号黑箱工作室
3. 2 号黑箱工作室
4. 彩排室
5. 视听套房
6. 常驻艺术家工作室

都是一个独立的结构单元，从基础到复杂的上部结构乃至屋顶完全分开，最大限度地满足声学隔绝的要求，不仅让每个表演空间完全隔绝室外的环境噪声，也让各个厅堂之间不会因为建筑结构的固体传声而影响正在同时进行的表演（图 2.75，图 2.76）。

　　为了保证最佳声学，还需要控制音乐厅室内的空调（HVAC）噪声，因此空调采用的是地面送风的方式。气流通过地面的圆形隔栅，缓慢而安静地从舞台和观众厅下部的空气增压室出来，这种的通风布置不仅保证观众的舒适度（无气流感），而且噪声水平低，可持续性强（节约能源）。然而，把空气增压室直接放到音乐厅的下面是有风险的，这有可能导致传播噪声，所以机械用房和音乐厅一样，也采用了盒中盒方式。由金属骨架支撑的几层厚的石膏板包裹了整个机械用房，而其骨架不会和机械用房的板、柱发生一点接触，用这些方式进一步隔绝了音乐厅和机械用房。同时，建筑师给机械用房的空间非常大，管道和通风管的尺寸可以做到常规建筑中管道的 3~4 倍，这样可以让管道内气流的速度变缓。如果暖通的工程师们采用相对大型的离心送风扇作为空气处理单元，是可以节约空间的。不过他们在 EMPAC 中，首次采用了一种新技术——风墙系统（Fanwall System）。这是一系列小型的，直接驱动的风扇，虽然占用了更多的空间，但是这个系统降低了 20%~30% 的噪声，特别是很难消除的低频噪声。

　　2004 年建成的美国洛杉矶的迪士尼音乐厅，被建筑界认为是盖里在西班牙毕尔巴鄂古根海姆博物馆之后的又一次建筑学的胜利，他在洛杉矶的市中心树立了一个新的城市地标。实际上，这个外观上看似自由、随意、不受约束的建筑是以建筑声学设计为起点的。

迪士尼音乐厅设有一个 2265 座的音乐厅，一个 250 座的多功能剧院，还有两个 300 座和 120 座的室外剧场。因为这个新建筑必须要满足所有的技术要求，盖里在该设计中承受了从未有过的压力，由于这个新建设施要作为洛杉矶爱乐交响乐团的驻团剧场，主要投资方迪士尼家族坚持这个厅堂的声学品质要等同甚至超越全球最好的音乐厅。为此，迪士尼音乐厅委员会和洛杉矶爱乐交响乐团的成员，用两年的时间进行全球巡演，考察了所有知名的音乐厅堂。他们认为，柏林、阿姆斯特丹和波士顿交响音乐厅的声学效果是他们想追求的。另外，洛杉矶爱乐交响乐团曾在东京三得利音乐厅（Suntory Hall）演出过几次（该项目的声学顾问是丰田泰久），他们喜欢那里两侧观众席的安排所带来的声学效果和亲密感。

为此，盖里花了大量的时间和乐团的音乐家、作曲家、指挥和独唱歌手见面，了解他们的要求，最后决定邀请日本东京永田声学公司的丰田泰久来做这个项目的声学顾问，和他一起构思这个音乐厅的概念。丰田泰久认为房间的形状非常重要，他通过比较历史上著名大厅的研究模型，发现这些大厅具有狭窄的鞋盒形平面，其两侧笔直的侧墙加强了直达声和"早期反射声"的体验，可让观众体验到活泼而自然的音乐。盖里的想法是听音乐是一个全身心的体验而不只是听声音，他要考虑每一个不同区域的座位感受以及视觉效果和观众席的氛围，认为这对能否享受到一个极佳的表演来说是非常重要的。

盖里和丰田泰久一起发展大厅的平面布局，来平衡视觉体验和声音品质的要求。整个过程中，盖里做了 30 个小比例的模型，永田声学公司用计算机分析和评价每一个模型的声学特征，然后盖里从建筑的角度，根据丰田泰久选定的模型进行细部的设计和调整，再交给他进行评估。盖里希望这个厅堂能作为一条仪式之船，带领乐队和观众一起开始音乐的旅行，因此他把在观众厅座位区的弧线、顶棚的曲线和室内墙面设计得像船和风帆一样。当然，这些特点也有助于声音传播，制造出更多的反射，增加温暖感和共鸣。另外，迪士尼音乐厅比较宽，各个方向都在向外扩张，所以丰田泰久调整了这些表面的吸声性能来实现他的目标：一个结合了明晰度（Clarity）和温暖感（Warmth）的厅堂（很多大厅只能提供其中一种特质），在提供听觉上的空间感（Aural Spaciousness）的同时，又让听众可以分辨出乐队不同乐器发出的声音。为了能够更好地理解在房间的尺度、形状和声学之间的关系，在厅堂形态确定后，永田公司又做了 1/10 的实体模型进行测试，帮助他们考虑一些计算机模型总体上不能模拟的情况，比如声音的衍射和扩散，然后再进行轻微的调整。永田公司认为需要用 1/10 的

图 2.77 迪士尼音乐厅平面（上）

（图片来源：EL Croquis 117：Frank Gehry 1996–2003, Madrid El Croquis editorial, 2004）

图 2.78 迪士尼音乐厅平面轴测图（中）

（图片来源：James S. Russell. The Story of how Frank Gehry's design and Lillian Disney's dream were ultimately rescued to create the masterful Walt Disney Concert Hall. Architectural Record, 2003：149. 中文注释：笔者）

图 2.79 迪士尼音乐厅室内照片（下）

（图片来源：同上）

图 2.80 盖里做的 30 个模型（下页上）

（图片来源：EL Croquis 117：Frank Gehry 1996–2003, Madrid El Croquis editorial, 2004）

图 2.81 迪士尼音乐厅室外照片（下页下）

（图片来源：笔者自摄）

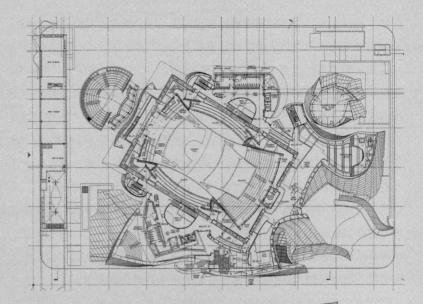

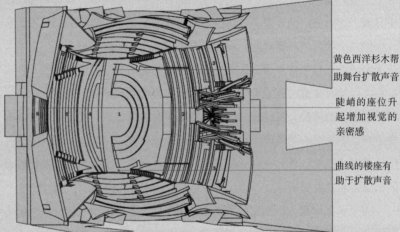

黄色西洋杉木帮助舞台扩散声音

陡峭的座位升起增加视觉的亲密感

曲线的楼座有助于扩散声音

1. 舞台　2. 合唱席　3. 合唱席楼座　4. 池座前区　5. 池座　6. 楼座　7. 侧楼座

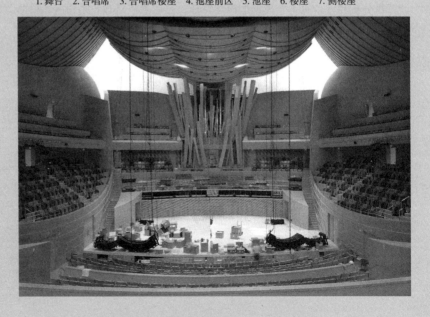

实体模型来检测迪士尼大厅不同寻常的设计，因为测试出来的声音的扩散更加丰富，比计算机模型更加准确（图 2.77~ 图 2.81）。

最终的厅堂形态直接体现了声学的参量，座位围绕着舞台布置。像船帆一样的木墙和弧形的顶棚，给人一种身处在大船上的感受。管风琴在观众厅的中心位置，位于舞台后面座位区的中间，和薯条一样的装饰物融合在一起，有一种非常特别的效果。大厅两侧设有大面积的窗户，白天的时候，光线洒落下来，加强人们白天听音乐会的感受。音乐指导埃萨 – 佩卡 · 萨洛宁（Esa-Pekka Salonen）[1] 对迪士尼音乐厅这样评价道："这是一个现代的声音，透明而且温暖，不同凡响。声音非常非常好，特别是低音的回应，在传统的音乐厅里很难实现。这让整个乐队的声音更有共鸣和更加热情。"[2]

由此可见，建造一个演艺厅堂，在某种程度上，更像是打造一把乐器，实现观众厅空间的完美音质，不仅是声学顾问的任务，也是每一个承担演艺建筑设计的建筑师的责任，建筑师应成为实现声学战略功能的一部分。正如费希尔 · 达克斯（Fisher Dachs）剧院顾问公司的首席咨询顾问乔希 · 达克斯（Josh Dachs）所说："我们处在一个被明星建筑师所主宰的环境中，当建筑师们致力于解决如何塑造一个伟大的表演空间时，他们就成功了。如果他们忽视了这个核心问题，陷如某个风格或形式中，他们通常会败得很惨。"[3]

更需要指出的是，在 17~19 世纪，一个优秀的音乐厅或歌剧院就是那些能适应当时音乐作品的厅堂。今天，演艺建筑的厅堂要满足和适应跨越几个世纪的各种作品的演出，如何创造一个声色俱佳的厅堂对每一个建筑师和声学顾问都是挑战。声学家与建筑师的交流是永恒的。

2.3.2 从空间概念到声学概念

声学设计有一点像设计船只，大脑分裂为一个复合体：数学，直觉和艺术。——劳伦 · 巴莱特

Acousitc design is abit like sailboat design-a brain splitting mix of mathematics, intuition and art.——Lauren Barlett [4]

在前文所讨论的数字化技术的发展让演艺建筑拥有了一种新语汇，其美学特征不仅影响了建筑的外观形象，也延续到室内的厅堂，在先锋建筑师扎哈 · 哈迪德、让 · 努韦尔等建筑师的设计中，出现了一种未来主义风

---

[1] 埃萨 – 佩卡 · 萨洛宁（Esa-Pekka Salonen）：著名指挥家，曾就职于德累斯顿歌剧院管弦乐团。

[2] How acoustical science augmented art in the Disney concert Hall Design，Architectural Record，2003：148-149.

[3] Jane F. Kolleeny，Poetry of performance：Performing arts architecture is life storytelling-A text with a dramatic effect that contributes to the goal of heighten the imagination of theatergoers，Architectural Record，2003：125.

[4] Lauren Barlett.Behind the brain cells creating Paris' new opera House.http：//idealog.co.nz/magazine/july-august-2007/now/sound-business

格的厅堂新形态：流动、自由和反传统。这在给声学顾问带来更多压力的同时，也提供了超越传统声学概念的机会。

广州歌剧院的建筑造型被称为"珠江边的两块石头"，圆润，光滑。建筑师扎哈·哈迪德在歌剧院的观众厅里也延续了她喜爱的"流动"风格，整个厅堂设计成一个不规则的多边形，内部没有一处尖角，全是曲面，自由而舒展。最初的设计中，在厅堂顶棚设有反射板，可是哈迪德认为悬挂的反射板会影响美观，破坏剧院的完美曲线。澳大利亚马歇尔·戴声学公司的创始人之一哈罗德·马歇尔是该项目的声学顾问，他认为观众无法在一个丑陋的空间里去聆听伟大的音乐，所以，在声学设计上，声学顾问不能被某种成功的公式拴住手脚，而是必须和建筑师一起工作，由建筑师最终决定空间的物理特征。他说自己的建筑学背景让他有信心和建筑师一起来构思新的空间设想。

经过反复的考虑和尝试，哈罗德·马歇尔根据自己著名的"侧向反射声"的理论，提出了"双手怀抱"的设计，也就是说，利用观众厅二层和三层楼座的相互交叉，用从侧墙伸出的楼座挑台面来代替顶棚的反射板，同时避免回声的干扰。澳大利亚马歇尔·戴声学公司的代表杜晓军说："双手环抱式看台可以有更多的反射面，这是马歇尔梦想了二十多年的一个创想，广州歌剧院不规则的形状正好让它有了用武之地。"[1] 根据这个声学概念，建筑师进一步调整空间造型，声学顾问们再用计算机模型模拟和用 1∶20 实体模型来进行分析，结果发现在两层看台较深处，靠近后墙的位置，声学效果不够理想，因此就增设了扩散体，不过仍然与墙面连为一体。这样，整个侧墙面和天面成为了一个整体，不设专门的反射板，实现了建筑师哈迪德所追求的未来派的奇幻曲线，产生了独特的"行云流水"般的艺术效果。顶棚和墙体的关系被重新定义，池座两侧的升起部分和楼座挑台交错重叠，让整个观众厅充满动感。杜晓军进一步指出，一般来说厅堂的混响时间长，音色优美，混响时间短，声音清晰度高，这是一对矛盾，但是，在广州歌剧院中，要实现优美又清晰的双重声效（图 2.82~ 图 2.85）。

2008 年马歇尔·戴声学公司和普利茨克奖得主——法国建筑师让·努韦尔一起参加法国巴黎爱乐大厅（la Philharmonie de Paris）的国际竞赛，通过两轮竞赛，超过了其他 97 个国际设计团队，一举中标。巴黎爱乐大厅的选址在巴黎东北部 50 公顷的拉维莱特文化公园内，建成后，将和埃菲尔铁塔（Eiffel Tower）、凯旋门（Arc de Triumph）一起分享巴黎的城市天际线。在 2 万平方米的演艺设施中，包括一个 2400 座的主音乐厅，两个中等的彩排室和几个小型实践室，一个门厅，咖啡厅以及图书馆等配套设施（图 2.86，图 2.87）。

111

① http://www.cncscs.com/news.asp?%7Bid：13112%7D

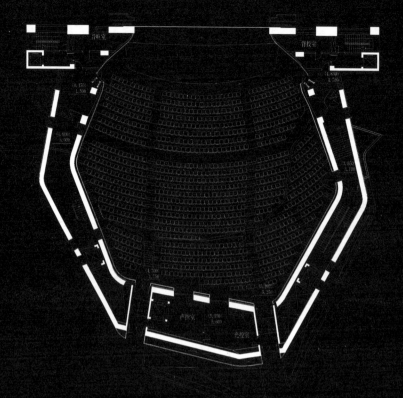

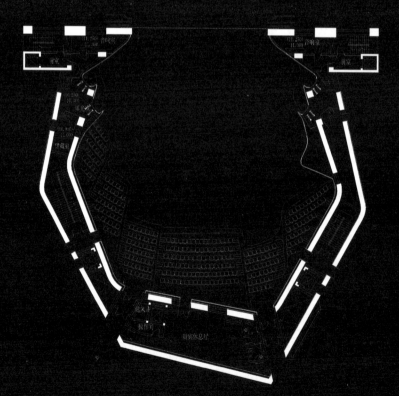

图 2.82　广州歌剧院观众厅池座平面图（上）
（图片来源：由曹呈祥提供）

图 2.83　广州歌剧院观众厅楼座平面图（下）
（图片来源：由曹呈祥提供）

图2.84 广州歌剧院观众厅室内照片（上）

（图片来源：广州歌剧院提供）

图2.85 广州歌剧院观众厅室内效果图（中）

（图片来源：由曹呈祥提供）

图2.86 位于拉维莱特文化公园内的巴黎爱乐大厅（下）

（图片来源：Ateliers Jean Nouvel）

图 2.87 从拉维莱特文化公园看巴黎爱乐大厅
（图片来源：同上）

让·努韦尔的建筑概念设计展示出一个"鸟巢"似的空间位于另一个空间之中。这个概念不是一个静态的空间，而是一个模棱两可、不对称的空间形态。没有追随常规的鞋盒或葡萄园式的音乐厅，被赋予了全新的概念。日本永田声学公司的丰田泰久说："当我看到巴黎爱乐大厅的设计图时差点吓死。努韦尔的构想很疯狂，希望部分观众席能够漂浮在空中，对声学来说，漂浮就等于没有墙壁支撑，少了墙壁，得想其他法子来解决声音反射的问题。"[1] 不仅如此，业主对音乐厅的声学要求也非常严格，要求其声学效果超过柏林的爱乐大厅，而且还要满足"很好的明晰度和丰富的混响声"这两个常规声学环境中不能同时存在的元素。

马歇尔·戴声学公司的声学顾问哈罗德·马歇尔和克里斯·戴（Chris Day）直接负责项目的设计概念和建造的全过程。他们对建筑概念非常理解，在声学设计中也没有条条框框。克里斯·戴认为，声学顾问和建筑师的关系是设计的关键，他说："二者不能分离，他们需要在设计概念阶段就一起工作，来保证厅堂的形态、发展方向，声学才能够和建筑需求相

① 中时电子报（http：//news.chinatimes.com/Chinatimes/newscontent/）。

匹配。"[1] 哈罗德·马歇尔认为，这个项目中建筑师和声学顾问的工作方式本身就是很有吸引力的。由于让·努韦尔的设计团队分成两组针对"创造空间"和"具体细节"协同工作，两个小组的工作同等重要，于是声学顾问就从这个协调点介入，为建筑概念发展了一个"双壳体"（Bi-cameral）的解决方案。这个高度创新的设计为观众体验特别的建筑和特别的声学铺平了道路。在一个巨大体量下的 2400 座的观众席围绕着舞台布置，楼座区具有悬浮的特点，用桥来和建筑相连，这样，声音可以从各个方向完全环绕观众（图 2.88~ 图 2.92）。

马歇尔说："有些声学顾问会先和另外一个建筑设计公司一起先设计好厅堂的形态，然后交给建筑师，希望他能围绕着这个想法设计和发展。我们虽然也希望给厅堂留下它自己的声音，但不是说让建筑师必须如何去做，而是试图实现这样一种可能性，厅堂有自己的声音，又能丰富建筑空间的体验。"[2]

①　Lauren Barlett.Behind the brain cells creating Paris' new opera House.http ://idealog.co.nz/magazine/july-august-2007/now/sound-business.

②　同上。

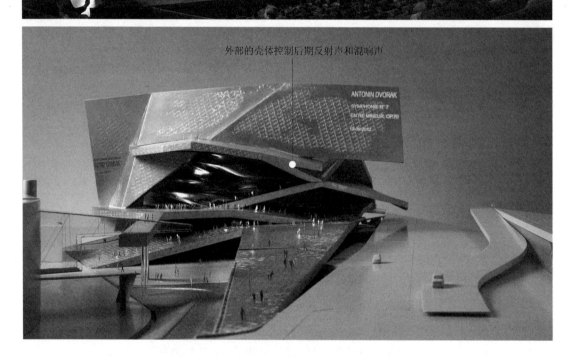

内部的壳体控制早期声的明晰度。

舞台能够根据演奏音乐的类型移动，来寻求最适合的声学效果。

管风琴

包围住的座位区延伸了池座的后部

根据舞台的位置，可移动的反射板。

为座位区提供早期反射声

每个座位都被核实过，直达声和早期反射声完美融合。

外部的壳体控制后期反射声和混响声

ANTONIN DVORAK

SYMPHONIE N°7
EN'RE MINEUR, OP.70

图 2.88　主音乐厅的声学概念 1（上）

（图片来源：Ateliers Jean Nouvel /Artefactory，图中文字根据 Lauren Barlett, Behind the brain cells creating Paris' new opera House, http：//idealog.co.nz/magazine/july-august-2007/now/sound-business，笔者翻译）

图 2.89　主音乐厅的声学概念 2（下）

（图片来源：Ateliers Jean Nouvel / Gaston & Septet，图中文字根据 Lauren Barlett, Behind the brain cells creating Paris' new opera House, http：//idealog.co.nz/magazine/july-august-2007/now/sound-business，笔者翻译）

图 2.90　巴黎爱乐大厅的室内（下页图）

（图片来源：Ateliers Jean Nouvel /Artefactory）

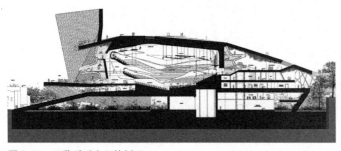

图 2.91　巴黎爱乐大厅的剖面
（图片来源：Ateliers Jean Nouvel）

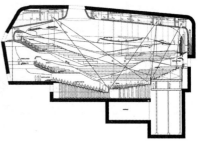

图 2.92　主音乐厅剖面：鸟巢似的空间
（图片来源：同上）

　　从本章的讨论中我们可以发现：就在十几年前，人们还觉得那种带有数字化的、未来主义色彩的建筑设计，其建造将会是无比艰难的工作，可在 10 年后的今天，好像已经变得不那么困难了。数字化设计和建造展示出来的巨大力量，让演艺建筑不仅可以实现前所未有的形态，甚至连界定它的柱、水平楼板之类的建筑基本元素的形式都可以消解。在某种程度上，数字化的设计工具也影响了建筑师的思维方式，演艺建筑已经不再执着于原来功能至上的方整体量，而是开始倾向于体现充满动感、流动而自由的演艺建筑新语汇。与此同时，数字化媒体技术不仅把演艺建筑的外立面变身为电子表皮，还走进了观众厅，参与到表演之中，让观众获得更多愉悦。数字化媒体技术提供的"浸没式"（immersion）环境，让演艺建筑的厅堂有了更多的用途，除了用于演出，还可用于实验表演和科研教学的可视化展示与研究。

　　在计算机技术的支持下，声学技术也快速发展，不仅可以创造新建厅堂的一流音质，古老的厅堂也能通过计算机声学模拟和修正，起死回生，焕发新的生机；人们可以在室外宽阔的大草坪上，依靠电子混响系统，享受到室内音乐厅的那种绝佳的音质，小房间里一样能得到长混响；可调声学技术的进步，可以塑造出真正的万能剧场，而计算机编程又让原本复杂的可调声学操作变得简单而快捷；声学新材料的运用：玻璃、诺梅克斯、"发光木材"让原本密实的表演空间变得通透和轻盈，形成演出新氛围。

　　更重要的是，在计算机的支持下，原本被誉为"聋的建筑师和瞎的声学顾问"两个完全不同领域的设计师，开始了高度的互动和密切协作，厅堂的设计方式正在改变，不是建筑师的空间创意以声学设计作为起点，就是声学顾问的声学概念来自建筑师的空间概念。声学顾问成为了厅堂设计的合作者。正如学者巴里·布莱塞尔（Barry Blesser）所说，演艺建筑正在成为听觉建筑，声学顾问成为了声学建筑师。[①] 也正是在这种新技术的支持下，建筑师萌发了更大胆的设想，他和声学顾问一起探索观众厅空间的新形态。

　　在计算机的推动下，建筑技术和声学技术似乎展示出了一种无所不能的面貌，让人兴奋和憧憬。可是数字化技术也在悄悄改变着人们的生活。在网络下载、MP3 和 IPOD 大行其道的今天，个人的视听体验变得更加个人化和随时随地。那么，观众们将不会再仅仅满足于看到演出，他们会有更多的要求。演艺建筑将面临更多的挑战。

―――――――――――――――

① Barry Blesser，Linda Ruthsaler. Space speak，are you listening-Experiencing aural architecture.

第 3 章

可持续的理念对演艺建筑的影响

在本书所研究的时间段中，除了数字化技术、声学技术推动演艺建筑发展又让其面对新的挑战以外，笔者认为还有一个重要的因素也在对演艺建筑产生影响，那就是"可持续"的理念。20 世纪 70 年代以来，可持续发展的观念已被全世界各国基本认同。90 年代末，历史建筑的保护和可持续发展以及运用生态技术手段的绿色可持续热潮逐渐兴起，其原则也被融入到演艺建筑设计和实践之中。

3.1 历史建筑可持续：
历史建筑成为戏剧体验的一部分

历史建筑本身的历史价值、艺术价值和经济价值等具有"不可替代性"和"可再利用性"特点，对历史建筑的保护是城市可持续发展的一个重要组成部分。在演艺建筑的历史建筑可持续方面，分为两种方式：

一种是其他类型的旧建筑改造为演艺建筑。这种方式古已有之，如伊丽莎白时期的许多公共剧场都是由动物表演场地或旅馆剧院改建而来的，还有 1888 年的老柏林爱乐音乐厅由原来的溜冰场改建而成，1919 年建成的柏林大话剧院由马戏场改建而成等。不过，最近的改造项目不仅侧重于通过旧建筑改建来加强旧城区域的吸引力，让文化功能成为变革的推动者，还注重让历史建筑本身成为观众戏剧体验的一部分。那些具有历史意义的厂房、仓库，保留着昔日生活的痕迹，它们通常建筑结构品质良好，而且空间开阔。如果把这些历史建筑改建成表演空间，构成一种独特的新旧共构物，不仅让建筑原有结构得以保存，获得新生，也让观众欣赏表演艺术的同时，还能品味一座建筑甚至一个城市的历史。建筑师库哈斯也这样认为："为什么最激动人心的展览总是不在博物馆里，而是在废弃的厂房中？为什么最好的表演是在被人们遗弃的大厅中演出，跨越了传统镜框式舞台的界定？"[①]

另一种方式是对历史剧院进行改造或加建。那些老剧场虽然饱经风霜，却凝聚了很多人年轻时的美好回忆，是一个社区集体记忆的载体，其价值并不是仅从内部的舞台设备或声学效果就可以判断的。这些老剧院往往是某个社区的地标，虽然它们的设施已经陈旧，并不能满足目前演出的需要，不过老剧场的存在对于这个社区的居民仍然非常重要，如果消失了，会让他们迷失。因此，最好的方式可能不是去推倒它，重建一个新剧院，而是应该对其完善或扩建（表 3.1）。

---

① 台北文化中心国际竞图 . 建筑 Dialogue.No.133：62.

历史建筑改造项目列表：1998~2012 年改建或正在建设　　表 3.1

建成时间	演艺建筑名称	改建方式
2000	西贝柳丝大厅	老家具厂改造和扩建为音乐厅
2001	意大利帕尔马市的帕格尼尼观众厅	旧糖厂改造为音乐厅
2002	布莱顿穹顶音乐厅	旧剧场改造
2003	美国西雅图里恩·奥利弗·麦考大厅	旧剧场改造
2004	伦敦大剧院	旧剧场改造
2006	美国丹佛表演艺术中心	旧剧场改造
2007	英国伦敦皇家节日大厅	旧剧场改造
2009	奥地利淮德侯芬镇的水晶房	城堡改造为音乐表演空间
2009	林肯表演艺术中心爱丽丝杜莉厅	旧剧场改造
2010	美国华盛顿特区中心舞台剧院	旧剧场改造和扩建
2013	易北河爱乐音乐厅	工业厂房改造为音乐厅
待定	新全球剧院	旧城堡改造为剧院

（表格来源：据附录 A，B 笔者整理）

3.1.1　旧工业建筑改造为音乐厅

当商业社会发展的平衡从大规模生产转移到一个技术和服务业的新时代时，很多厂房或仓库虽然结构性能良好且空间开阔，仍然会被闲置，无人使用。在过去，这些被抛弃的建筑物常常因为不满足时代的需求，而被交给了推土机。今天，现代表演艺术让这些旧建筑获得了再生，比如建筑师皮亚诺(Renzo)在意大利的一个废弃的糖厂中创造出了一个表演空间，让旧厂房在交响音乐厅中焕发出了新的光芒；而曾成功设计过多个旧建筑改造的建筑师赫尔佐格和德梅隆，在德国汉堡易北河的滨水区，把深具历史意义的仓储库房与象征艺术殿堂的音乐厅相结合，让观众在欣赏音乐的同时，也得到一个用来回顾或展望整个汉堡市发展和其港口滨水区变迁的城市新空间。

1899 年建成的埃里达尼亚（Eridania）糖厂，位于意大利的帕尔马（Parme）市，包括一群不同结构和体积的工业建筑。埃里达尼亚糖厂曾是该地区重要的组成部分，是当地社区一个生机勃勃的制造机器。然而，当商业活动停止时，这个建筑也就死亡了。建筑师皮亚诺的改造设计给这个老建筑带来了新的生命，变身为帕格尼尼观众厅（Auditorium Niccolo Paganini），让它重新成为了帕尔马市的社区中心。

经过评估，发现主体结构能满足基本的声学要求，东侧的附属建筑可以作为服务和彩排的空间，其他结构物被拆除。建筑师皮亚诺称这个主要结构物为鞋盒，建筑外部要求被保留和完善，内部所有墙和地板都被拆除，建筑外部墙体通过铁质屋顶构件连在一起来固定，厂房两侧的山墙面被移走，换成玻璃墙。在厂房内部还设置了第三道玻璃墙，来划分室内空间，形成了一个开阔的前厅和一个90米长、三层高的大教堂空间。全玻璃墙面的山墙让人们的视线能穿越大厅直到远处的公园，形成一个类似望远镜的效果，帮助人们把眼睛聚焦到远处。观众厅的乐队舞台在北面，而公众出入口在南侧。这样的布局，能让观众在还没走近他们的座位之前，就体验到整个大厅（图 3.1~ 图 3.4）。

Fabbrica dello Zucchero

图 3.1 Eridania 糖厂的历史照片
（图片来源：http://www.teatroregioparma.org/auditorium/auditorium_immagini.htm）

图 3.2 帕格尼尼观众厅入口
（图片来源：同上）

图 3.3 帕格尼尼观众厅的室内

（图片来源：http://www.teatroregioparma.org/auditorium/auditorium_immagini.htm.）

图 3.4 改造后的 Eridania 糖厂——帕格尼尼观众厅
（图片来源：同上）

虽然观众厅的体形满足声学要求，但是还需调整现有的结构和构造。建筑师皮亚诺希望让新的和旧的和谐统一。在舞台上方增设了曲面状的声学板，侧墙和原来的楼板线都被保留，揭示原来的侧墙结构，并涂上声学石膏。室内照明结合了自然和人造的光线，那些高窗投下的一束束光线，给音乐厅增加了那种大教堂式的氛围，并设有百叶窗来调节，从而提供丰富的照明变化。

与伦佐·皮亚诺在意大利帕尔马把旧糖厂改造成一个精彩的音乐表演空间相似，赫尔佐格和德梅隆建筑师事务所（HOM：Herzog & de Meuron）把一个位于 Sandtorhafen 海角顶端的废弃可可豆仓库改造成了汉堡文化活动的中心——易北河爱乐音乐厅（Elbe Philharmonic Hall），让这个 20 世纪的巨大的工业建筑令人惊讶地转变为一个可持续的模式，希望这个大胆的建筑将给再开发中的港口城社区注入能量和活力。

那个废弃的可可豆仓库位于德国汉堡易北河畔衰败的滨水工业区，其建筑尺度巨大，平面呈梯形，于 20 世纪 60 年代建成，一直用于存储货物，直到 20 世纪 90 年代。目前汉堡市正在对这里进行再开发，大概将于 2020 年完成。在众多的新建项目里，最引人注目的就是这个音乐厅，它是一系列珍贵历史建筑改造工程的一部分。

图 3.5　仓库改造前

（图片来源：http：//www.archnewsnow.
com/features/Feature223.htm）

　　HOM 的设计策略是在这个废弃仓库上安置一个水晶般的帐篷结构，就像是在一个砖制的、盛满珠宝的柜子上面放上一个玻璃制成的皇冠。在改造后的建筑物内，不仅容纳了爱乐音乐厅（将是北德电台交响乐团的新家），还有一个优雅的 220 间客房的酒店、活跃的城市广场、35 间公寓、健身房、会议中心、儿童音乐博物馆（Klingendes 博物馆）、餐厅、夜总会和停车场。

　　由于仓库的结构完好，只需要对它的基础作很小的加强。出于对周围历史街区有意识地回应，这个仓库的砖砌结构、开窗布局及山墙面被建筑师完整保留，力图和那个年代建造的其他建筑风格保持一致。这个像堡垒一样的仓库，现在是易北爱乐厅的下半部，其中的 2/3 被掏空作为停车场，剩下的部分作为音乐厅后台和音乐教育的房间。仓库顶上那个晶莹剔透的玻璃体完全占满整个仓库平面，光是玻璃就有四层，主要是为了防风及隔绝轮船的汽笛声与噪声。其最大的高度为 100 米，向建筑的尾部东侧逐渐倾斜，最小的屋顶高度为 20 米。这个如波浪起伏般的玻璃"皇冠"如同一个闪光的巨大水晶，折射着天空、水面和城市的变化。建筑师用这个方法这个方法让加建部分消失了，融化在汉堡日新月异的天空中（图 3.5~ 图 3.7）。

图3.6 两个叠在一起的建筑：盛满珠宝的、砖制的柜子＋玻璃制成的皇冠
（图片来源：同上）

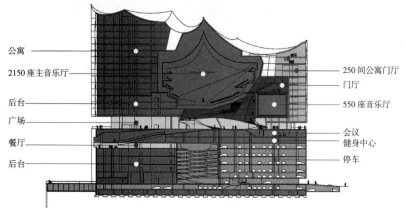

公寓

2150座主音乐厅

后台

广场

餐厅

后台

250间公寓门厅

门厅

550座音乐厅

会议

健身中心

停车

图3.7 易北河爱乐音乐厅剖面
（图片来源：同上，中文注释：笔者）

  在水晶体的两端设置了公寓和酒店，二者之间就是易北爱乐音乐厅，包括一个2150座的音乐厅和一个小型的550座的能满足亲密感的音乐表演空间。易北爱乐音乐厅的主入口位于东侧，被赫尔佐格称为"一个仪式化的空间"[①]：一个长度令人震惊的电梯使游客从码头斜向穿过整个仓库，到达介于老建筑顶部和新建筑底部之间的公共广场。公共广场是音乐厅的前厅，其他附属设施，如餐厅、酒吧和酒店大堂也从这里进入，并设有一个室外平台，让人们从120英尺的高度俯瞰汉堡市中心和易北河的全景。由于公共广场位于观众厅的下方，观众席逐渐升起的地板就是它的顶棚，因此整个顶棚如同向着不同方向盘旋、蔓延的阶梯，波动

① River Tunes：Elbe Philharmonic Hall by Herzog & de Meuron，http：//www.archnewsnow.com/features/Feature223.htm

图 3.8 正在改造中的仓库
（图片来源：同上）

起伏，如同漂浮缎带一样，构成了戏剧化景观。赫尔佐格在《纽约时报》
的采访中这样解释："这是一个为所有人提供的公共广场，不是只为音乐
厅的观众"（图 3.8~ 图 3.10）。[①]

　　梯形的旧仓库平面为给主音乐厅界定出一个七边形的形状，参照德
国柏林爱乐音乐厅的平面，设置为葡萄园台地的布局。观众厅室内，长
带一样的座位席，沿着斜向升起的高度，紧紧围绕着舞台，缠绕交织，
塑造出鸟巢的形态。不同层的平台错落有致，形成了有趣的空间感，改
善了观众和乐队的关系。舞台上方设有圆锥体一样的反射体，也能起到
照明的作用。由顶棚垂下来的无数枝形吊灯和来自屋顶天窗的光线将把
音乐厅照亮。

3.1.2　历史剧院的改造和扩建

　　在表 4.1 收录的历史剧院改造项目中，不少项目只是对室内的观
众厅和公共空间进行改造和完善，建筑外立面一直维持着原有建筑的

---

① River Tunes：Elbe Philharmonic Hall by Herzog & de Meuron，http：//www.archnewsnow.com/features/
Feature223.htm

图 3.9　易北河爱乐音乐厅公共广场（上）
（图片来源：http：//www.cubeme.com）
图 3.10　易北河爱乐音乐厅室内效果图（下）
（图片来源：http：//www.tate.org.uk）

形象。不过，在加拿大建筑师谭秉荣（Bing Thom）事务所[1] 承担的华盛顿中心舞台剧院（Arena Stage）[2] 的改造和扩建中，建筑师把新增的剧场和原有的两个剧场安置在一个大台基之上，再用一个漂浮的、造型夸张的大屋顶把它们覆盖起来，做成一种独特大屋顶下的透明结构，以此来体现美国戏剧精神并提升整个场所的公共性和艺术性。由于这里是华盛顿西南部滨水区域的边界，建筑师谭秉荣希望中心舞台这个复合体能像一个小石子扔进平静水面一样，打破西南部的沉闷，改变这几年逐渐呈现的城市发展滞后的趋势，恢复中心舞台以前作为著名华盛顿标示物的地位（图 3.11，图 3.12）。

原有的中心舞台剧院由 Fichandler 舞台和 Kreeger 剧场两部分构成，已被列入了美国的历史遗产，在美国戏剧界享有重要地位。改建后的剧院中心包括三个剧场、彩排大厅、教室和其他附属设施，将于 2010 年秋天开放（图 3.13）。

因为老剧场的存在对于该社区的居民是非常重要的，所以原有的两个剧场在改造中主要是改善其声学环境。其中，Fichandler 剧院作为中心舞台最早的剧院和首要的标示物在新的复合体中得以完整保留，只是清洁其外表面和刷新，不作任何改变。一个命名为摇篮剧院的实验性剧场安放在 Fichandler 和 Kreeger 剧院之间，标示出了这个新建复合体的主要入口。覆盖着三个剧场的大屋顶对已存在的两个剧场能起到加强声学隔声的作用。其平面设计成水母的形态，透明、柔软、光滑，像翅膀一样伸

129

图 3.11 1962 年的中心舞台剧院照片

（图片来源：Christos G. Athanasopulos.Contemporary Theater Evolution and Design. North Charleston，S.C：Booksurge publishing，2006：201）

① 谭秉荣（Bing Thom）建筑师事务所：由华裔建筑师谭秉荣先生于 1980 年创建，该事务所继承并发展了西海岸建筑风格，其设计作品连年获奖，在加拿大的建筑界颇富盛名。代表作包括陈氏演艺中心、国际村等。

② 华盛顿中心舞台剧院：1961 年建于华盛顿，由海瑞·魏斯（Harry Weese）设计，是现代剧场中较早采用观众席从四面围绕舞台的剧场，影响广泛。

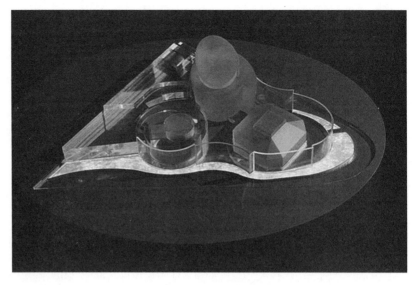

图 3.12 中心舞台剧院的改造方案概念模型

（图片来源：由加拿大谭秉荣建筑师事务所提供）

130

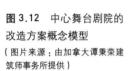

图 3.13 中心舞台剧院的改造和扩建后的平面

（图片来源：由加拿大谭秉荣建筑师事务所提供）

1 原有剧院：Fichandler 舞台
2 原有剧院：Kreeger 剧场
3 新建剧院：摇篮剧院

开，给人一种在风中波动的感觉。这种随意的屋顶形态和城市中僵硬的线状街道或多角的状态形成对比。同时，在屋顶上设有一个强有力的桁架，指向华盛顿纪念碑，是建筑师在城市文脉上对城市最初网格系统的尊重。为了保持三个观众厅的独立个性，又让它们和谐统一，在屋顶和台基之间，建筑师用自由的曲面玻璃幕墙包裹，形成了新的公共大厅。他认为，这个公共大厅是一个事件空间，无论参观者在室内向外张望还是从室外看剧院内，他们都在戏剧体验之中。这就是戏剧：人看人，演员看

图3.14 改造和扩建后的中心舞台剧场东立面图（上）
（图片来源：同上）
图3.15 改造后中心舞台剧院效果图（下）
（图片来源：同上）

着观众，观众看着演员。这种室内和室外的动态交流通过大厅的透明性
得以实现。[①]

3.2 绿色可持续：生态技术的运用

　　演艺建筑作为一个大型公建项目，在运营时，其能源消耗非常可观。
不仅是舞台设备、可变坐席这些机械设备的运行需要大量用电，仅空调和
照明的费用也让人咋舌。2009年，国外媒体曾报道过这样一则有趣的新
闻：伦敦市市长鲍里斯·约翰逊发起了"绿色剧院计划"（Green Theatre
Scheme），将迫使供应商签署合同，保证伦敦剧院的能耗降到最低。这个
计划是在职业灯光和音响协会（PLASA）年度会议上宣布的。每年伦敦的
剧院产生的碳排放是5万吨，相当于9000户家庭产生的碳排放。"绿色剧
院"是剧院行业的一个行动计划，制定了切实可行的措施，减少能源使用，
节省了能源开支。约翰逊表示，计划到2025年减少碳排放60%左右。

---

① Benjamin Forgey.A Theater That Wins Applause.http：//www.washingtonpost.com

他说：“伦敦的剧院对首都经济做出了重要贡献，其剧目和场馆都是世界闻名的。剧院将成为对抗气候变化的一个重要典范。”①

由此可见，通过采取相应措施来降低剧院的耗能，实现绿色可持续②，是 21 世纪演艺建筑应该发展的方向。回顾过去十年的全球新建演艺项目，包括旧建筑改造项目，我们发现已经有越来越多的演艺设施采用了生态技术，如使用可再生的能源、可持续的材料、减少能源消耗以及废水、废物的再循环等。在西雅图的剧院改造和 RPI 的 EMPAC 中心、美国达拉斯歌剧院、英国 Sage 音乐厅等演艺建筑项目中都有关于生态技术的考虑，而在新加坡滨海国家表演艺术中心和法国里摩日顶点音乐厅中，生态设计更多地是以气候、建筑环境和当地文化作为生态策略的出发点。

3.2.1　可再生的能源

作为绿色能源之一的太阳能能源，其能源装置相对其他的可再生能源，如水利或风电，装置简易，没有运动的部分。这让太阳能板更容易安装，可以长久地使用并且几乎适用于任何地方。因此，在不少新建或改造的演艺建筑项目中，都结合建筑立面安置了太阳能板，比如前文已经提及的美国西雅图市的马里恩·奥利弗·麦考大厅（本书 2.1.4），在 2001 年进行建筑改造时，为了减少能源消耗。除了已有建筑的 30% 被保留和再利用，90% 的建筑垃圾被回收，也考虑了这种可持续的绿色能源。在 McCaw 大厅的南墙上，安装了闪烁着蓝色光芒的太阳能板。这些由硅晶体制成的太

图 3.16　安装在麦考大厅的南墙上太阳能板
（图片来源：笔者自摄）

---

① 　http：//www.far2000.com

② 　绿色可持续设计：通过可持续的设计，让使用的资源更加有效，节约建筑运营成本和能源的消耗，包括：使用可再生的能源、减少能源消耗使用、使用可持续的材料和废水、废物的再循环。

阳板，当阳光穿透时，由于电子的运动，会产生电流，再通过一个功率变换器使产生的直流电成为常规的交流电。在太阳很好的日子，即使是多云的天气，奥利弗·麦考大厅的太阳板也能每天制造出 6.3 千瓦的电能，来满足门厅的大多数照明的需求（图 3.16）。

3.2.2　可持续的环保材料

天然木材具有很好的声学性能，常常用于演艺建筑的音乐厅室内。近年来，天然木材卓越的环保性能得到了广泛认可。澳大利亚著名建筑师、2002 年普利茨克奖得主格伦·马库特（Glenn Murcutt）认为："木材是少数的可持续材料之一，而钢和玻璃在制造时会消耗更多的能量，它们需要被谨慎地使用"（表 3.2）。[①]　在下文的两个案例中，建筑师们正是因为天然木材美丽的色泽和生态环保的特点，而用它来包裹观众厅的外壳，塑造出演艺建筑的生态新形象。

木、钢和混凝土材料环保性能的比较　　　　　　　　表 3.2

环境影响	木材	钢	混凝土
总能源的使用	最低	大于 140%	大于 70%
温室气体	最低	大于 45%	大于 81%
空气污染	最低	大于 42%	大于 67%
水污染	最低	大于 1900%	大于 90%
固体污染	最低	大于 36%	大于 96%
生态资源的使用	最低	大于 16%	大于 97%

（表格来源：Athena Institute，www.athenasmi.org；中文注释：笔者）

2007 年 8 月开放的法国里摩日顶点音乐厅，其演出空间可以调整为 600~8000 人的灵活布局，主要用于流行和摇滚音乐的演出，也可用于政治集会和其他文化活动。它的建筑外形与屈米的前一个顶点音乐厅的设计[②]——2001 年建成的鲁昂音乐展览中心非常相似，都是一个双层壳体的动态包裹物，像是一个发着微光的 UFO（不明飞行物）。不过，相对鲁昂音乐厅采用钢和混凝土材料，建筑师屈米在里摩日项目中更多地从整体环境景观开始，用可持续的生态材料和节约能源的理念来发展这个设计，使里摩日顶点音乐厅形成了一种非常自然的效果，制造出了一个生态建筑，并显出了一种创新的味道和对环境的关注。

[①]　Getting to Green：Life Cycle Analysis plus Forest Certification Give Western Redcedar High Marks in Sustainability.GreenSource–March+April.2010：84.

[②]　法国顶点音乐厅的概念开始于 20 世纪 80 年代初期，法国文化局认识到需要修建地方性的大型娱乐厅堂，来推动流行和摇滚文化的发展，至今建有 15 个，遍布法国。曾邀请了多位全球知名建筑师，如诺曼·福斯特，雷姆·库哈斯，意大利的马希米亚诺·福克萨斯（Massimiliano Fuksas），屈米等为这个系列音乐厅进行设计。其中，里摩日的顶点音乐厅和鲁昂音乐展览中心，都是由屈米设计的。

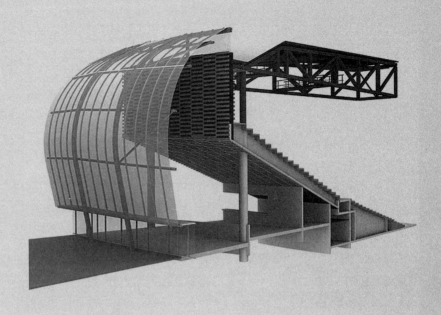

图 3.17 里摩日顶点音乐厅的两层壳体

（图片来源：http：// http：//www.tschumi.com/）

图 3.18 法国里摩日顶点音乐厅夜景

（图片来源：Philip Jodidio. Bernard Tschumi Architects comes up with a green solution to the series of auditioriums for pop music sponsored by the government.Architectural Record, 2008：122）

图 3.19 法国里摩日顶点音乐厅平面

（图片来源：Philip Jodidio. Bernard Tschumi Architects comes up with a green solution to the series of auditioriums for pop music sponsored by the government.Architectural Record, 2008：122. 中文注释：笔者）

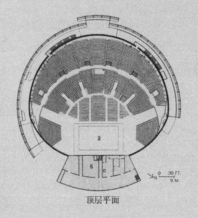

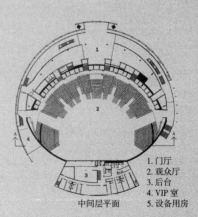

顶层平面　　　　　　　中间层平面

1. 门厅
2. 观众厅
3. 后台
4. VIP 室
5. 设备用房

图 3.20　里摩日顶点音乐
厅的门厅
（图片来源：http：// http：//www.
tschumi.com/ ）

图 3.21　里摩日顶点音乐
厅的观众厅
（图片来源：同上 ）

第
3
章

可
持
续
的
理
念
对
演
艺
建
筑
的
影
响

135

　　项目用地处于城市边缘区一个森林用地的斜坡上，被许多超过 200 年
的树木所围绕。业主特别想用木材来和森林环境相匹配，并且展示这个
地区的木材工业。另外，木材将会给大厅带来温暖感，所以建筑师屈米选
择了天然枞木来作为内部音乐厅的壳体，而建筑外立面的壳体则使用了胞
状 – 硬聚碳酸酯（Alveolar–Polycarbonate）表皮，界定了建筑弧形的空间
轮廓。内部的木制壳体为音乐会和各种活动提供了具有亲密感的座位席，
界定出一个直径 295 英尺的圆，容纳了 4500 个木质座椅。外部选择聚碳
酸酯是因为其很好的热绝缘品质，可以减少太阳辐射，而且看以来如丝一
般，非常抽象。白天，这种材料能反射日光，并滤进光线。到了晚上，室
内灯光会洒落出来，创造一种从未有过的识别性。在外部的聚碳酸酯壳体

和内部的天然枞木壳体之间，是 1.9 万平方英尺（1765 平方米）的门厅，设有楼梯和坡道，把人们引向三层高的音乐厅。门厅内采用自然通风，让门厅空间保持在自然的温度，有时需要有一点辅助加热（图 3.17~ 图 3.21）。

在前文已经提及的美国伦斯勒理工大学的实验媒体艺术中心（EMPAC）也是一个生态建筑（本书 2.2.4）。英国建筑师尼古拉斯·格雷姆肖用生态环保的西洋红杉木把室内的音乐厅打造成了一个巨大的飞船。

该建筑被锚固在伦斯勒理工大学校园边缘一个颇具挑战性的 45° 的山坡上，俯瞰着整个特洛伊小镇（Troy）和波光粼粼的哈德逊河（图 3.22）。在这个项目中，采取了多项生态措施，并获得了美国 USGBC[①] 的 LEED 银质奖章。除了把建筑的音乐厅和公共空间放在用地的北侧，其南侧布置相对附属的房间来防止其暴晒于夏日的阳光下，有助于节约夏天大厅的空调费用以外，还在北侧 100 英尺（30.48 米）高玻璃幕墙的金属支撑框架内设循环热水来保证寒冷冬天大厅的室内温度。最引人注目的是包裹音乐厅外壳的环保材料。

正对主入口的巨大音乐厅包裹着木质的外壳，像一个大船一样悬挂着，成为整个大厅的视觉焦点。其木质的外壳材料是来自英国大不列颠可持续管理森林的西洋红杉木。建筑师选用这个材料是因为它漂亮的美学本质和生态环保的材料特点：防潮、防虫、不褪色并且满足防火 B 级的要求。木质的大船在玻璃和钢结构界定的门厅中，给人们带来一种温暖和亲切的氛围。到了夜晚，音乐厅的木质外壳被打亮，透过北侧的玻璃幕墙，从外部清晰可见，增加了建筑的识别性。整个音乐厅就像一个悬浮在大厅中的飞船，其尾部穿透了建筑的西立面，给观众提供了一个从高点俯瞰小镇和观赏哈德逊河的平台（图 3.23~ 图 3.25）。

图 3.22　实验媒体艺术中心夜景

（图片来源：由 EMPAC 中心提供）

① USGBC：美国绿色建筑协会（USGBC：Green Building Council）是一个非营利性组织，旨在推动建筑物能具有永续性的设计与建造。美国绿建筑协会以推动"领先能源与环境设计"（LEED：Leadership in Energy & Environmental Design）而著称。LEED 是美国绿色建筑协会在 2000 年设立的一项绿色建筑评分认证系统，用以评估建筑绩效是否能符合永续性。这套标准逐步修正，目前已适用于新建筑、既有建筑物、商业建筑内部设计、学校、租屋与住家等。另外，LEED 绿色建筑评价系统是一个自愿标准。在美国，有许多州政府会将 LEED 作为自己所在联邦的强制标准予以推动。目前，LEED 认证已经成为一个国际性的认证体系。

图 3.23　音乐厅外墙为生态环保的西洋红杉木

（图片来源：由 EMPAC 中心提供）

图 3.24　北侧玻璃幕墙的金属支撑框架内设循环热水

（图片来源：由 EMPAC 中心提供）

137

图 3.25　EMPAC 注重节能的平面布局

（图片来源：由 EMPAC 中心提供，中文注释：笔者）

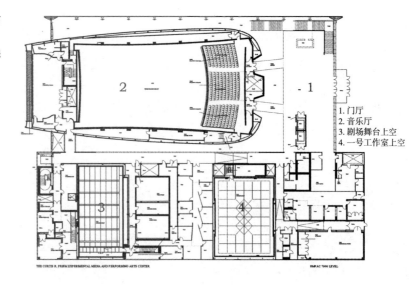

1. 门厅
2. 音乐厅
3. 剧场舞台上空
4. 一号工作室上空

138

3.2.3　应对气候的节能措施

　　演艺建筑的能耗有相当大的一部分来自于使用空调的费用，特别是在集中多厅的演艺设施中，其巨大的公共空间耗能惊人。因此，有越来越多的建筑师和环境工程师主张在公共空间中采用"消极环境技术"，通过合理地安排平面布局，巧妙设置遮阳系统，利用地源新风技术等设计手段，制造出一个仿生的生态环境，实现公共空间不使用或少使用空调设施。

　　建筑师迈克尔·威尔福（Michael Wilford）设计的新加坡滨海国家艺术中心（Esplanade National Performing Arts Center，2002 年）就是一个把生态技术和建筑细部、当地气候和文化完美结合的优秀案例。该艺术中心中包含了五个表演空间：一个音乐厅及四个剧场以及封闭式的大厅广场和其他附属设施。

　　因为新加坡距赤道大概只有 83 英里，所以这里为热带雨林气候，常年高温并且全年降雨。所以，建筑师迈克尔·威尔福想让表演中心和热带气候相适应，他认为："很多最近新建建筑的失败在于没能体现从其场地和历史中所生长出来的多样性的文化以及表达对技术和气候的尊重。"[1] 可是，建筑师又希望演艺中心的门厅是透明和开放的，即使在白天也能从外部可视，成为一个社会交流的场所。到了夜晚，室内的灯光映射出来，将给这个城市的人们带来一道美丽的风景。然而，如果建筑使

---

① Michael Hammond.Performing Architecture：Opera house，Theaters and Concert Halls for the Twenty-First Century，London . New York：Merrell Publishers Limited，2006：65.

用大面积的玻璃，这就意味着无法和本地的热带气候相适应。那么，如何设计一个闪闪发光的玻璃建筑，并让它远离太阳和热的影响就成为了整个设计的难点。

建筑师威尔福和建筑立面设计咨询公司"工作室一"（Atelier One）及"工作室十"（Atelier Ten）一起合作，在他的平面设想的基础上来发展立面。他们的创新在于从分析土著建筑和当地动植物的特点入手，研究演艺中心表皮的基本的功能。这个方法让他们认识到表皮的首要功能是作为一种温度规则，其原则是利用"消极环境技术"（Passive Environmental Techniques）来制造一个缓冲区或仿生的温度环境，能够在室外与全空调的剧场的密封环境之间调节温度，甚至改变外部环境的温度。

图 3.26　新加坡滨海艺术中心鸟瞰图

（图片来源：http://www.atelierten.com/）

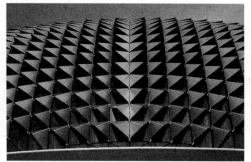

图 3.27　屋顶的水平面上，玻璃幕墙被遮阳罩完全遮挡

（图片来源：http://www.archnewsnow.com）

图 3.28　不同位置的遮阳罩开敞的程度不同

（图片来源：同上）

图 3.29　充满戏剧感的门厅空间

（图片来源：http://www.archnewsnow.com）

因为太阳每年的运动是固定的，建筑师设计了一个双曲索撑网壳（Doubly-Curved Grid Shell）的屋顶系统，内侧为玻璃幕墙，外侧是三角形的铝制遮阳罩。那些引人注目的三角形铝制遮阳罩，可以根据太阳入射的角度和不同的位置，决定大厅开启或封闭的情况。在水平面上，为了防止直射光进入室内，玻璃幕墙被遮阳罩完全遮挡，而在垂直面上，三角形铝制遮阳罩呈鸟嘴状，在减小来自低处的漫反射光的同时，让人能在室内大厅里欣赏到远处滨海的景观。这种创新的遮阳系统，通过减少太阳能的辐射，让演艺中心实现了降低能源消耗的目标，它在过滤光线的同时又允许一定的阳光进入大厅，给室内空间带来生机和活力。这种表皮的模式结合了鱼鳞片的特点，呼应了港口的特征，被业主接受。幕墙系统上的遮光板，让这个建筑外形奇特、突出，宛若两颗大"榴莲"，很多人都称它为榴莲艺术中心（图 3.26~ 图 3.28）。

在新加坡滨海国家艺术中心中，位于剧场和"榴莲"① 外壳之间的公共空间其实是考虑气候和结构的外壳与考虑声学和后台设施而形成的表演区域，是两个独立设计中的副产品。对很多人来说，这个建筑中真正的魔力正在于公共空间所具有的那种独特的戏剧感（图 3.29）。

与新加坡滨海国家表演艺术中心相似，2009 年刚刚建成福斯特的新作玛戈特和比尔·温斯皮尔歌剧院（Margot and Bill Winspear Opera House），位于美国得克萨斯州的达拉斯市，那里也是终年阳光明媚，气候炎热。为了应对这种极端的气候，福斯特建筑师事务所和巴特尔·麦卡锡（Battle McCarthy）工程及景观工程公司密切合作，进行了生态设计的考虑。

考虑到达拉斯的气候，建筑师福斯特设计了一个从建筑形体向室外延伸的巨大的太阳能顶棚，形成了一个荫凉的行人广场。顶棚的百叶朝向各个不同的方向，让室外的人们免受得克萨斯州的强烈阳光。除了这个巨大

---

① "榴莲"（Durian）：一种甜味的水果，表皮多刺，气味特殊。

的遮阳格栅系统，可以为建筑前厅大面积玻璃幕墙遮阳以外，在温斯皮尔歌剧院设计中还采取了其他节能措施（图 3.30）。

　　建筑的机械通风系统将门厅和观众厅的空调系统加以串联，可以在减小能量消耗的同时，保持室内的高舒适度。给建筑送风管道降温不是用位于建筑内部的空调机房，而是采用地源新风技术，通过场地南侧室外广场的树木、水池和地下管道（Underground Labyrinths）来冷却空气。另外，达拉斯的夏天非常潮湿，而且多有暴风雨，对于这些，在决定立

图 3.30　达拉斯的温斯皮尔歌剧院

（图片来源：© Nigel Young/ Foster + Partners）

图 3.31　温斯皮尔歌剧院的生态设计分析图

（图片来源：http：//www. battlemccarthy.com）

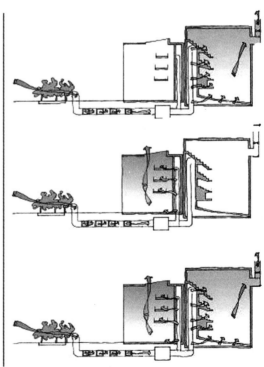

面的细部时都有充分的考虑。在公共门厅，是沿着门厅的周边设置地板送风口，而在观众厅则采取的是椅下送风。观众厅的通风系统，不仅其气流和噪声被控制在最小，而且特殊的出风口设置保证了让封闭的观众厅远离光线和噪声的渗透（图 3.31）。

2004 年建成的英国塞奇（Sage）音乐厅位于盖茨黑德市（Gateshead），属于高纬度的寒冷地区，是福斯特建筑师事务所的另一个演艺建筑作品。建筑师和环境工程师莫特·麦克唐纳（Mott MacDonald）密切合作，采用了不同的生态策略来减少建筑对环境的影响。其综合环境策略是福斯特建筑师事务所致力于生态设计的代表作。

为了降低建筑耗能，莫特·麦克唐纳的设计顾问使用了混用模式的通风系统：风道模式 + 计算流体动力学（Computational Fluid Dynamics）[1]，而不是用空调设备来满足所有房间的需要。首先，建筑的布局顺应了当地西南方的主导风向，给教育中心和室内广场提供了自然通风。另外，把室内广场放置在建筑的北侧，这样不会有显著的太阳能积累，因此不需要给大厅提供人工制冷。公共空间的制热由一个复合模式的制热和通风系统组成，使用地板辐射热来制热并在建筑内采用大量的砖砌体，这些砖砌体也能充当蓄热器：在白天被蓄热，而在晚上慢慢释放热能，给广场空间提供辐射供暖（Radiant Heating）。观众厅是惟一使用人工通风的地方，冷风通过大型管道进入，管道内设有消声器，来减少空气流动的噪声。空气流动的速度非常慢，仅仅为 0.5 米 / 秒，通过烟囱效应上升到顶棚被排出，然后再

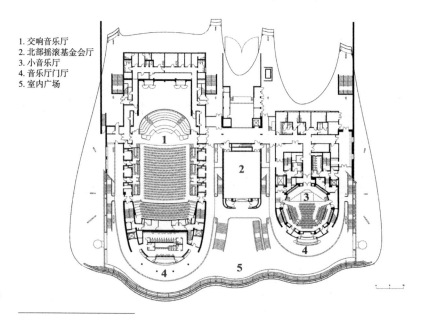

1. 交响音乐厅
2. 北部摇滚基金会厅
3. 小音乐厅
4. 音乐厅门厅
5. 室内广场

图 3.32 塞奇音乐厅平面

（图片来源：© Foster + Partners）

---

① 计算流体动力学（Computational Fluid Dynamics）是 21 世纪空气动力学领域最令人眩目的技术，使用数值方法在计算机中对流体力学的控制方程进行求解，从而可预测流场的流动、探究气流组织方式，具有成本低，速度快，资料完备的特征。

次被系统循环（图 3.32，图 3.33）。

其他的可持续设计包括所有主要空调机房的废热回收（Heat Recovery），使用热绝缘程度高的建筑材料和低耗能照明灯具。这样，估计相对当前最好的生态建筑实践，塞奇音乐厅每年的耗能可减少 40%。

通过本章的案例可以看出，随着人们对历史建筑价值的认识以及生态技术手段的提高，在越来越多的演艺项目中，体现了可持续的理念。通过历史建筑的改造或扩建，在实现其可持续的同时，也让历史建筑成为了观众的戏剧体验的一部分。对于生态技术在演艺建筑中的运用，涵盖了从"减少能源使用"、"废物和建筑材料的再循环"到使用"可再生的绿色能源"和"生态环保材料"等多方面。对建筑师而言，应该对生态技术和当地气候有充分的尊重，不仅在设计概念阶段就应和负责生态技术的工程师们密切合作，还应在建筑布局和建筑细部的节能策略上，多动脑筋，把生态设计整合到整个建筑设计之中，成为建筑设计概念或灵感源泉的一部分。

所以说，不仅数字化技术的发展会对演艺建筑的空间形态、建筑

图 3.33 塞奇音乐厅
（图片来源：© Nigel Young/ Foster + Partners）

造型产生影响，让其带有数字化美学的特征，而且随着绿色可持续观念的深入，那些结合建筑立面设计的遮阳板、木材的运用以及太阳能板的设置等，也让演艺建筑的形态发生了改变，塑造出演艺建筑的生态新形象。正如英国哈波尔德咨询公司区域部门主任 Neil Billett 先生所说："可持续不是一个解决措施而是一种手段。它是设计一个优秀的建筑或建立一个服务系统的方法论的一部分。"[①]（*Sustainability is an approach not a solution. It is part of the methodology to designing a good building or building services system.*"——*Neil Billett，Regional Discipline Director，Buro Happold*）

---

① http：//www.burohappold.com/

第 4 章

21世纪演艺建筑面临的挑战

4.1　观众在演艺建筑中的重要性

4.1.1　观众对戏剧表演的作用

　　18 世纪的剧场设计评论家阿尔加罗蒂曾这样指出："剧场有无活力和生气的关键在于观众。"他主张建筑师在塑造空间时，要把观众看作是剧场内最重要的要素，如同书籍在图书馆一样。观众厅的氛围不仅是由建筑装饰形成，观众本身就是一种装饰。[①]　其实，戏剧的实质就是演员与观众及两者的交流，再精彩的表演，如果没有了观众的注视，也将失去意义。正如彼得·布鲁克所说，表演的最后一个环节是由观众完成的。观众席的密度和观众的反馈，很大程度上决定了演出的成败。在中外不少著名演员的回忆录中，几乎都能找到他们演出时接受了来自观众的反馈——鼓掌、哭泣、喝倒彩等，使其内心所产生的不同反应。

　　俄国著名戏剧和表演理论家斯坦尼斯拉夫斯基（Stanislavski）从演员创作的角度高度地赞扬了这种反馈。他说，在观众满座的剧场里，有几千颗心和演员的心一起跳动，这对于演员的情感就是一种很好的共鸣和反响。为了舞台上的一个瞬间的真实体验，总是有反应和同情的潜流回到演员身上来，这种潜流来自那些活生生的、满怀激动的观众，观众跟演员一起创造了演出。他们不仅能使演员惶惑和害怕，也能把演员心里真正的创作力量激发起来。这种力量会赋予演员巨大的热情，使演员对自己，对自己的表演工作充满信心。[②]　斯坦尼斯拉夫斯基将观众奉为演员快乐的源泉，认为感觉到这种来自满座观众厅里几千颗人的心灵的反应，就会给演员带来人间无上的快乐。就像导演阿波波夫所说的那样，有了观众的参与，有了观众对戏的干预，它才能获得准确的味道，才能在思想艺术方面彻底完成。观众对演员的影响可以创造奇迹。[③]

　　观众在表演艺术中的重要性，不仅在于他们会参与到表演艺术之中，而且很多时候，一个地区的观众对本地区新建演艺设施的认可程度，决定了文化建筑的最终命运。比如在巴黎夏沃音乐厅（Gaveau）改造项目中，业主只有很少的资金，很担心会把音乐厅改造得比以前更差。拉穆勒声学公司的声学顾问让·保罗·拉穆勒（Jean Paul Lamoureux）也为此绞尽脑汁。最终是观众长期以来对这个厅堂的喜爱——他们的

---

① 李道增，傅英杰.西方戏剧.剧场史.北京：清华大学出版社，1999：224.

② （美）艾·威尔逊等.论观众.李醒等译.北京：文化艺术出版社，1986.

③ 同上。

图4.1 由加拿大建筑师事务所设计的俄罗斯新马林斯基剧院

（图片来源：http：//www.e-architect.co.uk/russia/mariinsky_theatre.htm）

图4.2 由法国建筑师多米尼克·佩罗设计的大胆的水晶体造型

（图片来源：http：//www.arch.com）

心理声学帮助声学顾问解决了所有的问题，改造后，人们很快就接受了它。

　　不过法国建筑师多米尼克·佩罗设计的俄罗斯圣彼得堡新马林斯基剧院就不那么幸运了。虽然2003年中标后得到设计委托，可是在2007年为此项目工作了四年后，被否决。其原因是高昂的造价和圣彼得堡市民一直不能接受在城市历史街区内出现这样一个大胆的"水晶体"（图4.1）。市政府不得不重新组织国际竞赛，最后选择了来自加拿大的戴尔蒙德和施密特建筑师事务所[①]（Diamond and Schmitt Architects）的方案。虽然这个设计从外形上显得略有点平庸，不过建筑师注重让新建筑与周围的历史建筑对话，圣彼得堡市民们喜欢它（图4.2）。

---

① 加拿大的戴尔蒙德和施密特建筑师事务所还设计了加拿大的四季歌剧院和美国华盛顿市的薛尼·哈曼大厅。

4.1.2 数字化技术的威胁

技术的进步从来都是一把双刃剑。数字化技术虽然给演艺建筑提供了更多的可能，但是也让激发观众的热情，不再像以前那么容易了。在没有电视和收音机的年代，人们可以接受像美国纽约百老汇那种几乎没有前厅的剧场，进场前的等候和购票排队都在街上，因为没有其他渠道可以看到表演，人们仍然愿意挤在狭窄的马路上，在瑟瑟寒风中等待。而在21世纪的今天，与现场表演相竞争的远远不止电视和收音机，还有DVD、MP3、IPOD、网络在线观看、手机视频等，个人的音乐和视频体验可以说无所不在。虽然还是有很多人选择去百老汇看剧，但那主要是因为其戏剧传统和位于纽约市核心位置的可达性，而且大多数是来自全球的观光客。那个只要修了剧院就一定会有人来看的年代，已经一去不复返了。今天的观众，似乎更有理由说出1974年《纽约时报》上的话：既然在家中就可以享受到一流的娱乐，为什么还要到拥挤不堪的剧院中去受罪呢？

虽然去亲临一场艺术家真实的现场演出是别的东西不可取代的，演员有时会发挥得更好，有时也会出错，这和观看依靠重录或剪接来制成的DVD是绝对不同的，可是如果厅堂很大，座位远离舞台，声学效果也不够理想，不能听清演员或乐队的声音，那么人们为什么还要走进剧场呢？正如知名的剧院咨询顾问理查德·皮尔布罗（Richard Pilbrow）所说："如果现场表演不能提供一种独特的体验，人们将更愿意待在家里。"[1] 也许修建小的厅堂能较容易地解决上述问题，因为小的厅堂能让观众的座位都紧挨着舞台，观众的存在与参与，甚至观众的呼吸声都构成了舞台上的演出不可缺少的一部分。不过小厅堂这种良好的亲密感，是以增加每座运营费用甚至更多的投资为代价的，所以，有时迫于商业运营的压力，大厅堂的修建也不可避免。

因此，21世纪演艺建筑的最大挑战恐怕在于如何吸引观众，让那些享受着数字化、高科技产品的人们也愿意走进剧院，感受不可替代的戏剧新体验。那么，如何让演艺建筑变得更有吸引力，如何加强观众对演出的期待，如何利用新技术来营造厅堂的亲密感，包括让那些迫于商业运营压力而修建的大厅堂也具有亲密感和良好的声学品质，将是新建演艺建筑的设计过程中需要思考的问题。

---

[1] Jane F. Kolleeny.Poetry of performance：Performing arts architecture is life storytelling–A text with a dramatic effect that contributes to the goal of heighten the imagination of theatergoers，Architectural Record，2003：125.

4.2 透明

传统剧院的设计喜欢给观众以神秘感。剧院的外墙多为厚重的石材，后台是封闭的，观众厅也会被厚厚的墙体围合，观众在演出开始之前不可能知道演员将会做什么，戏剧是如何产生的。美国演员乔尔·格雷这样认为："大幕的开启就像新的一天的开始，在一个神圣的时刻把演员和观众这两个世界联在一起。"[①] 直到 20 世纪 80 年代，法国著名的巴士底歌剧院[②] 仍然遵循传统剧院的模式，巨大的如同古城堡似的建筑体量从人行道的分界处突然升起，没有公共空间和内部活动的任何暗示，只有直接导向大厅检票处的入口。很多人白天或黑夜经过这个建筑，而对这里将要上演的壮观演出毫无印象。因此，在数字化音频和视频产品与现场表演竞争日益激烈的今天，越来越多的建筑师们认为剧院应该变得"透明"。正如建筑师库哈斯所说："大多数的剧院设施只服务于一部分人。大多数人只知道它们的外部空间形态，只有少部分人知道里面发生了什么。剧院应该更多地暴露给观众。"[③]

在前文已经谈到的林肯艺术中心爱丽丝·塔利大厅改造项目中（本书 2.1.3、2.2.4），美国建筑师迪勒把自己的改造设计戏称为"建筑的脱衣舞"（Architectural Striptease）。迪勒在接受采访时，这样讨论"透明"的重要性，她说："在我很小的时候，就常去林肯中心看演出，并且还在表演艺术图书馆工作，可是整个林肯中心看起来总是有点和城市分离。当你围着这个建筑走上一圈的时候，它像一个石头。所以，我们的想法就是脱掉它的建筑外墙并且暴露它，因为在这些墙之后，有很多的活动。由于林肯广场的社会环境已经改变了，应该为此重新思考。我们想让建筑返回到纽约人群之中，让爱丽丝·塔利大厅从视觉上和实质上更容易被观众接近。'透明性'会让建筑显得容易接近和开放，去和城市街道融合，城市也和林肯中心融合，二者之间的界面不再清晰。"[④]

所以，建筑师迪勒和福勒扩宽了原来狭窄的门厅，并设计了一个从百老汇大街就可以看见的位于门厅中的公共咖啡厅，背后是红色的亚马逊桑木。他们把门厅的玻璃幕墙设计得尽可能薄，几乎像没有一样，想用室内丰富的活动来装饰林肯广场（图 4.3）。

---

① 哈迪－霍尔兹曼－法依弗联合设计事务所（HHPA）. 剧场 [M]. 曲正, 曲瑞译. 沈阳:辽宁科学技术出版社, 中国建筑工业出版社, 2002：148-149.

② 法国巴士底歌剧院是 20 世纪 80 年代演艺建筑的代表作品，由建筑师卡洛斯·奥特（Carlos Ott）设计。

③ Michael Hammond.Performing architecture：Opera house, Theaters and Concert Halls for the twenty-first Century.London：Merrell Publshers Limited，2006：124.

④ http：//new.lincolncenter.org/live/index.php/erforming-architecture.

150

图 4.3 改造后的爱丽丝·塔利大厅
（门厅的玻璃幕墙设计得尽可能薄，几乎像没有一样。图片来源：© Iwan_Baan）
图 4.4 上海东方艺术中心
（图片来源：笔者自摄）

　　在过去的十年中，已有不少新建的演艺建筑在用"透明"的方式来模糊建筑与城市的边界，如法国建筑师安德鲁在中国的第一个演艺建筑项目——国内某艺术中心、2004 年建成的比利时国家剧院等演艺项目，建筑师们都把演艺建筑设计为一个纯粹的玻璃体，到了夜晚它将变成一座水晶灯来照亮城市的夜空（图 4.4，图 4.5）。

图4.5 比利时国家剧院
（图片来源：http：//www.
mimoa.eu/images/11358_l.jpg）

第
4
章

21
世
纪
演
艺
建
筑
面
临
的
挑
战

　　不仅如此，就连以往为了保证厅堂声学效果而常常用厚重墙体来绝对隔绝室外噪声的音乐演奏厅，甚至实验剧场，也可以变得透明，表演舞台向城市或自然景观开放。景观成为舞台的背景，演出的一部分，相互融合，给观众以别样的感受。

4.2.1　与景观融合的表演空间

　　相对歌剧院中上演的作品而言，音乐演奏厅的形态由于没有复杂的舞台设备的限制而相对自由。随着建造技术和声学手段的提高，原来设计要求封闭的音乐厅，开始变得透明，甚至向城市和自然开放。不仅让路过的行人有机会一睹音乐会的风采，也让观众在欣赏音乐的同时，还能享受到壮丽的景观。

　　英国建筑师扎哈·哈迪德于2007年设计的阿拉伯联合酋长国的萨迪亚特岛演艺中心项目，在一座62米高、逐渐倾斜的线形构筑物中容纳了5个剧场：交响音乐厅、室内乐厅、歌剧院、戏剧院和可变剧场，共有6300个座位。这5个剧场就如同从藤蔓植物上长出的果实一样，从线形的主体上伸出，让每个剧场的门厅都朝向大海，使每个观众都能和周边的环境保持着一种持续的视觉联系。哈迪德解释说："表演艺术中心沿着场地的中轴线展开。这种方式打破了场地周围矩阵式的街区布局方式，让观众能在演艺中心中欣赏到海天一线的开阔景观。"[1]

①　http：//www.dezeen.com

图 4.6　阿拉伯联合酋长国的萨迪亚特岛演艺中心
（图片来源：http://www.dezeen.com）

图 4.7　萨迪亚特岛演艺中心的交响音乐厅
（图片来源：http://www.dezeen.com）

交响音乐厅被安排在其他四个剧场的上方，舞台背后设有巨大的玻璃幕墙。阳光，大海和城市轮廓的奇妙景色被引入到观众厅室内，让观众能在欣赏海边美景的同时聆听音乐，得到复合的音乐体验（图 4.6，图 4.7）。

2005 年完工的葡萄牙波尔图音乐厅，是 OMA 事务所的第一个演艺建筑作品。音乐厅外观轮廓分明，宛如一枚切割完美的宝石（图 4.8）。该建筑位于波尔图市的老城区和工薪阶层社区的边界处，对面是一座 19 世纪晚期建造的公园。建筑师库哈斯的设计目标是打破传统的音乐厅封闭的状态，让它向周围活跃的城市环境开放，进化出一个向城市景观开放的表演舞台。

1300 座的主观众厅位于建筑的中部，设计为经典的鞋盒形。建筑师把前后两端的墙体设置为大面积的玻璃窗，挑战了音乐厅的旧有观念。为了满足声学要求，声学顾问伦茨·范·卢兹博克（Renz van Luxemburg）和建筑师库哈斯密切配合，把玻璃墙设计成褶皱状，这样有利于声音的扩散。巨大的褶皱玻璃，好像是折叠起来的窗帘，不仅避免了普通平板玻璃产生的声学问题，而且给观众提供了全新的空间体验：在演出时天空的景色可以融入室内，不断变换的城市景观透过扭曲的玻璃投射到室内，整个空间如梦幻般漂浮于城市之中（图 4.9~图 4.11）。

为了满足演出的不同需要，室内外设计公司的设计师佩特拉·布莱瑟（Petra Blaisse）还与 OMA 事务所合作，设计了一个复杂的卷帘系统，用于音乐厅褶皱玻璃的内侧。这个卷帘系统由三层帘子组成：一层多节帘，过滤光线，减少眩光；一层细密的白色帘，有黑色的衬底，能创造室外天黑的效果；一层铝帘用于增加声音的反射。

美国纽约林肯中心的爵士剧院是一个商业合建项目，位于哥伦比亚转盘（Columbus Circle）的由美国 SOM 建筑师事务所设计的时代华纳中心的 5~7 层，包括 4 个表演空间：主音乐厅——玫瑰剧院；550 座的

图 4.8 波尔图音乐厅外观
（图片来源：朱金良提供）

图 4.9 透过褶皱玻璃看城市景观
（图片来源：朱金良提供）

图 4.10 主音乐厅内景
（图片来源：朱金良提供）
图 4.11 从主音乐厅外侧的褶皱玻璃看音乐厅室内
（图片来源：同上）

阿伦（Allen）厅；一个爵士乐酒廊；一个能用于表演彩排或录音的工作室。在美国，许多传统的爵士表演空间通常都是破旧而狭小的，这个剧院是第一个专门为爵士音乐设计的演艺建筑复合体，第一次试图在大型的表演空间中维持爵士音乐表演中的亲密感，焕发出观众的热情（图 4.12~图 4.14）。

建筑师拉斐尔·维诺里幸运地得到了这个少见的机会，来创造一种新的演艺建筑类型。在 128 百万美元投资的控制下，维诺里需要

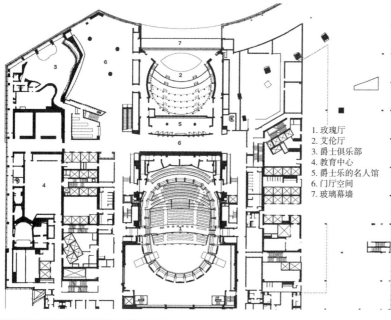

1. 玫瑰厅
2. 艾伦厅
3. 爵士俱乐部
4. 教育中心
5. 爵士乐的名人馆
6. 门厅空间
7. 玻璃幕墙

图 4.12 爵士乐剧院平面图

（图片来源：Sam Lubell.Rafael Vinoly Develops Several Intimate and Often Unique Spaces in a New Headquarters for Jazz, Architectural Record, 2005：148. 中文注释：笔者）

图 4.13 左：纽约时代华纳中心剖面

（图片来源：http://www.artecconsultants.com/05_news）；

右：纽约时代华纳中心外观

（图片来源：http://www.rvapc.com/）

图 4.14 从哥伦比亚转盘看艾伦厅

（图片来源：http://www.rvapc.com/）

把这四个表演空间挤进一个大约 150000 平方英尺的壳子里，同时还要能满足爵士乐中所特有的优雅、高贵和喜悦的美学要求，避免老套的"爵士乐的美学"——简单甚至笨拙地使用卡通图像和音乐来让观众愉悦。

最成功的表演空间是面临公园的艾伦厅，维诺里采用了极具亲密感的露天剧场模式。金色的枫木平台从舞台处延伸开来，给空间一种明快而优雅的感受。像百叶板一样的枫木声学吸声线条围绕着阶梯，强调了房间感性的曲线和观众席的围合感。座位分层的设置，在观众不满席时，可以起到视觉上收缩的作用，让观众席显得小，而满席时，能增加歌舞表演的氛围。整个阿伦厅的核心是舞台后面那个50英尺×90英尺的双层玻璃幕墙。幕墙的设计非常复杂，其内层是向外倾斜的，避免直达声和光线的反射。不过更重要的是，它提供了俯瞰整个哥伦比亚转盘和中央公园的精彩视角，正如维诺里所说："把城市带入室内。"[①] 在观众和表演者分享音乐的同时，舞台背后的城市景观让观众感觉到他们已经进入一个电影中的爵士乐世界。阿伦厅就像是爵士剧院的一颗宝石，禅室一样的室内氛围与具有着魔力的玻璃幕墙无缝融合。在这个音质极佳，舒适、优雅而令人兴奋的独特空间里，爵士乐听起来显得更加精致（图4.15~图4.17）。

图4.15 如同宝石一般的艾伦厅
（图片来源：Sam Lubell. Rafael Vinoly Develops Several Intimate and Often Unique Spaces in a New Headquarters for Jazz. Architectural Record，2005：147）
图4.16 舞台后倾斜玻璃幕墙
（图片来源：笔者自摄）
图4.17 艾伦厅室内
（图片来源：笔者自摄）

① Sam Lubell.Rafael Vinoly Develops Several Intimate and Often Unique Spaces in a New Headquarters for Jazz, Architectural Record，2005：151.

其实，早在 2004 年，盖里就通过在迪士尼音乐厅内两侧的墙面上设置高窗，把阳光引进了室内，让每天中午的音乐会看起来有点不同（图 2.78）。不过，在本节所讨论的案例中，建筑师库哈斯、拉斐尔·维诺里和扎哈·哈迪德的手法则更加大胆，一改传统音乐厅中封闭和厚实的状态，用"透明"的方式，使景观成为舞台的布景，演出的一部分。由此，笔者相信，在将来的音乐厅设计中，不仅演艺建筑的公共空间要考虑对城市景观或自然景观的呼应，观众厅的安排上，可能也要考虑景观朝向的问题。相对而言，镜框式剧场因为需要箱形舞台上复杂的设备和舞台的布景效果，一时还难有改变，不太可能变得"透明"，不过在一些实验剧场中，已经有了让观众厅"透明"的大胆尝试。建筑师库哈斯和乔舒亚·普林斯－雷慕斯（Joshua Prince-Ramus）合作的美国达拉斯的迪伊和查尔斯·威利剧院（Dee and Charles Wyly Theater）就是一个为达拉斯剧团中心（DTC）所设计的垂直透明剧院。

在传统的剧院空间中，剧院的前厅和后台围绕着表演空间，在某种程度上，也把表演空间囚禁其中。在威利剧院中，建筑师通过把后台的附属设施放在表演空间的上面，让前厅位于其下，而把观众厅从囚禁中解放了出来，来拥抱它周围的城市（图 4.18）。整个建筑是一个高层塔楼，共有 12 层，用管状铝材覆盖。因为一楼的观众厅墙面全部是用玻璃幕墙制成，从远处看去，整个建筑好像是浮在半空中，使这个垂直剧院在达拉斯的表演艺术区脱颖而出。

这种设计策略是把建筑转化为一个巨大的"剧院机器"，满足了 DTC 剧团实验性戏剧作品演出的要求。在计算机程序的控制下，只要按个键，观众厅就能转换为各种布局，包括镜框式舞台、插入式舞台和平层布置等。由于观众厅的周边完全向室外开敞，让舞台虚幻的场景和城市真实场景的复合成为可能。艺术导演可以凭意愿，把达拉斯的城市天际线和街道景观结合到表演之中。同时，观众厅的玻璃墙板可以被封闭，内部配有

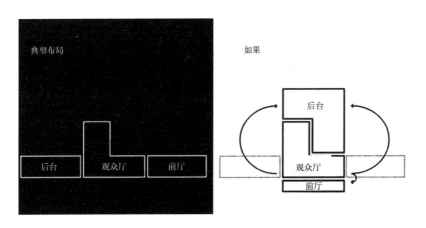

图 4.18 威利剧院的设计概念
（图片来源：http://www.architypereview.com/，中文注释：笔者）

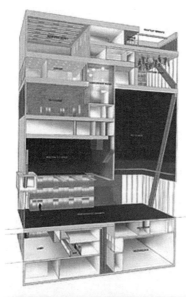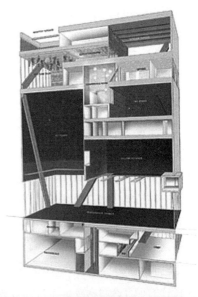

图 4.19 威利剧院的剖视图 1
（图片来源：http：//www.architypereview.com/）
图 4.20 威利剧院的剖视图 2
（图片来源：http：//www.architypereview.com/）
图 4.21 透明观众厅的室内
（图片来源：© Iwan_Baan）

声学反射罩和涂成黑色的百叶帘，能够成组或个别地移动，来调节观众厅关闭或开启的程度。观众厅的玻璃幕墙也可以完全开启，让观众和演员从室外直接进入到观众厅或舞台上，而不用通过位于地下的门厅。这种充分的灵活性，给艺术导演们足够的自由来决定观众艺术体验的全过程，包括观众如何进场，表演时观众厅的布局以及观众离开时的方式。最终，威利剧院成为了全美最灵活的剧院之一，既可以在镜框式舞台上表演莎士比亚剧，也可在达拉斯城市景观的衬托下，在平层的观众厅里上演贝凯特（Beckett）[1] 的戏剧（图 4.19~ 图 4.23）。

图 4.22 威利剧院的外观
（图片来源：© Iwan_Baan）

图 4.23 从室外看威利剧院底层的透明观众厅
（图片来源：© Iwan_Baan）

---

[1] Beckett：法国的小说家和荒诞剧作家（1906–1989）。

图 4.22

图 4.23

4.2.2 "反转"设计的透明剧院实验室

随着现代戏剧的发展，不少剧院公司为了能够培养更多热爱戏剧的人，希望让观众了解甚至参与到现代戏剧创作的全过程中，消除剧院的神秘性。在英国的曲线剧院和美国华盛顿特区新长毛象剧院的设计中，演艺建筑的透明性，已经从向街道展示内部活动、模糊建筑与城市的边界，延伸为室内空间的"反转"设计，把以前需要封闭起来的彩排室、后台、工作人员的办公室甚至舞台，都向门厅和街道开放，观众来到这里，能够了解表演作品从排练到演出的全过程，得到一种新的戏剧体验。美国华盛顿特区的新长毛象剧院和英国莱斯特的曲线剧院就是这方面的典型案例。

美国麦金塔夫（Mark McInturff）建筑师事务所设计的新长毛象剧院（Woolly Mammoth Theater，2005 年）就是这样一个"透明剧院实验室"，已经为该事务所赢得了一系列美国的建筑设计大奖。[①] 该剧院位于华盛顿城市中心一个名叫 Jefferson 的新建建筑的地下室里，剧院上面是 421 个居住单元的住宅公寓（图 4.24）。这种布局的原因是开发商一方面要满足当地政府对艺术类使用空间的规划要求，另一方面，又不愿意牺牲地面上建筑空间的商业价值。由于上部的公寓单元有大量的柱子落下来，而观众厅需要的是高而少柱的空间，所以剧场被安排在 Jefferson 大楼公寓所围合出的室外庭院下方，远离了街道层的入口，形成了一个长长的门厅。在这个三层高、3.5 万平方英尺的空间内提供了全方位的剧院活动：一个 265 座的三侧包厢的庭院式剧场、一个 100 座的彩排大厅以及纪念品商店、教室空间和办公室等附属设施。

图 4.24 Jefferson 大楼外观
（图片来源：笔者自摄）
图 4.25 低调的长毛象剧院入口
（图片来源：同上）

---

① 由建筑师麦金塔夫（McInturff）设计的长毛象剧院已经在美国获得了一系列建筑设计奖，如 2006 年美国建筑协会的荣誉建筑奖、2006 年美国剧院技术协会荣誉奖等。

图 4.26 新长毛象剧院的剖面

（图片来源：由美国麦金塔夫建筑师事务所提供，© Christopher Boyd）

图 4.27 由彩排大厅看门厅

（图片来源：由美国麦金塔夫建筑师事务所提供，© Taylor Borchert）

从街道上看，这个剧院显得非常低调，它隐藏在历史街区的店面之中。正面的大门总是关闭的，要进入大厅需要绕到侧面入口（图 4.25）。然而，这又是一个非常特别的剧院。它想制造一个世界级的"透明实验剧场"，把那些通常隐藏起来的、不被观众所看到的空间，如彩排室、教室、办公室和其他服务空间都展示在观众面前，让他们能够理解现场表演背后的创造过程。这样的设计不仅是剧院建筑的新形态，也是一种文化的使命。让一个基层的文化机构和其所处的多样性社区产生更深入的联系。

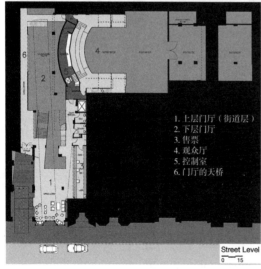

1. 上层门厅（街道层）
2. 下层门厅
3. 售票
4. 观众厅
5. 控制室
6. 门厅的天桥

Street Level
0 ___ 15

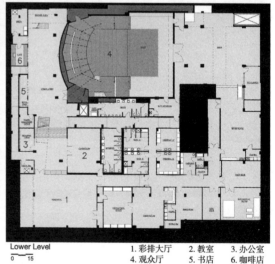

Lower Level
0 ___ 15

1. 彩排大厅　　2. 教室　　3. 办公室
4. 观众厅　　5. 书店　　6. 咖啡店

图 4.28 从门厅看透明的彩排大厅

（图片来源：由美国麦金塔夫建筑师事务所提供，© Julia Heine）

图 4.29 长毛象剧院二层（街道层）平面图

（图片来源：由美国麦金塔夫建筑师事务所提供，© Christopher Boyd，中文注释：笔者）

图 4.30 长毛象剧院一层平面图

（图片来源：同上）

　　建筑师麦金塔夫面对这一非常规的条件，有着自己独特的应对方式。他利用门厅的长度，把它处理成一个步行街，在天面上设计了一个从前到后的连续白色石膏板，把观众的视线引向大厅空间的深处，引导他们从入口向下走向剧院的观众厅。在步行街内，设置了各种停留点：咖啡店、壁龛式的售票点、销售 T 恤和戏剧原稿的商店，用这些元素来活跃空间。他还精心布置了的楼梯、桥和一个长长的二楼平台，让门厅空间更加丰富。为了实现剧院的透明性，彩排大厅、教室和办公室全都围绕着这个步行街式的门厅布置，仅用透明玻璃墙体分隔，演员的幕后活动都展示在观众面前。就连观众厅朝向门厅的墙体也使用了半透明的材料，让在传统意识中非常神秘的剧场空间，变得轻盈而通透。为了强化剧院实验室的特点，麦金塔夫尽量运用清水混凝土墙柱和最低限度地遮盖混凝土楼板以及粗野的结构连接件来构成门厅前卫而粗犷的风格（图 4.26~ 图 4.32）。

　　由乌拉圭籍建筑师拉斐尔·维诺里（Rafael Vinoly）[①] 设计的曲线剧院（the Curve Theatre，2009 年）位于英国莱斯特（Leicester）市中心的圣乔治（St. George）保护区。在圣乔治保护区，80% 的老建筑是空置的，不过建筑的品质很高。莱斯特城市委员会希望把这个曾经破败的、充斥着俱乐部和酒吧的区域改造成一个文化区。曲线剧院则作为这个区域再生的催化剂和锚杆。城市委员会希望这个剧院能打破传统剧院中演员和观众之间常见的屏障，实现一种"反转"式的设计来吸引观众。

　　拉斐尔·维诺里被这个设想强烈吸引，把它看成一个创造前卫剧院的机会。他发展自己的设想，基于这样一个问题——质疑剧院的传统角色。

图 4.31　步行街式的门厅
（图片来源：同上）
图 4.32　朝向门厅的观众厅墙体使用了半透明的材料
（图片来源：美国长毛象剧院公司提供）

---

① 拉斐尔·维诺里，美国著名乌拉圭籍建筑师，近十年设计了多个出色的演艺建筑，如美国费城的基梅尔表演艺术中心，美国纽约林肯中心爵士厅等。

在设计过程中，维诺里挑战一些剧院设计的最基本的原则："为什么要把舞台界定成这样？为什么不把前厅和舞台结合为一个区域？为什么不能让舞台上的表演，跨出舞台的边界，流向大厅甚至街道，来让表演区域的边界不再限制戏剧本身？"[1] 他以一种非常规的方式，彻底改变了传统剧院的布局，希望后台和前厅这两个世界能够真正开始互动和互利，让剧院空间进入到一个新领域。他想让剧院变得透明，舞台布景、结构、工艺和技术组件全都暴露给观众，而且将街道空间也考虑进来，让表演和城市生活自身相结合。人们能够自由地穿梭在剧院里，如同这里是一个公共广场。

这座建筑正如其名，有着大型的弯曲玻璃立面，外部覆盖着金属百叶，以减少太阳直射，并构成剧院和街道之间的透明度，这个两层皮的玻璃幕墙构造中结合了声学性能的要求，以隔绝街道噪声。维诺里总体设计的概念是创造一个里外通透的剧院，让剧院内部的活动呈现在公众视野中。两个主要的表演厅堂——750座的主剧场和350座的黑箱剧场位于建筑的两端，共用一个舞台，周边被一层的公共大厅所环绕。剧场的舞台可以被分割为几部分，这样可以在一侧剧场举办摇滚乐时，另一侧上演莎士比亚戏剧。另外，舞台的边界均由满足防火和声学要求的金属百叶帘所界定，可以让舞台向任意一个剧场或同时向两个剧场甚至面对大厅开启，实现多样化的表演布局。由于舞台、公共大厅以及建筑侧面的步行街道都位于同一平面上，当舞台两侧的墙面提升时，即使是建筑室外的人们也有机会一瞥内部的演出，让戏剧表演延伸到城市街道之上。

图 4.33 曲线剧院的外观
（图片来源：http://www.
architypereview.com/
ar_v04_n02_vinoly_curve.html）

① Michael Hammond.Performing Architecture : Opera house, Theaters and Concert Halls for the Twenty-First Century, London. New York : Merrell Publishers Limited, 2006 : 178.

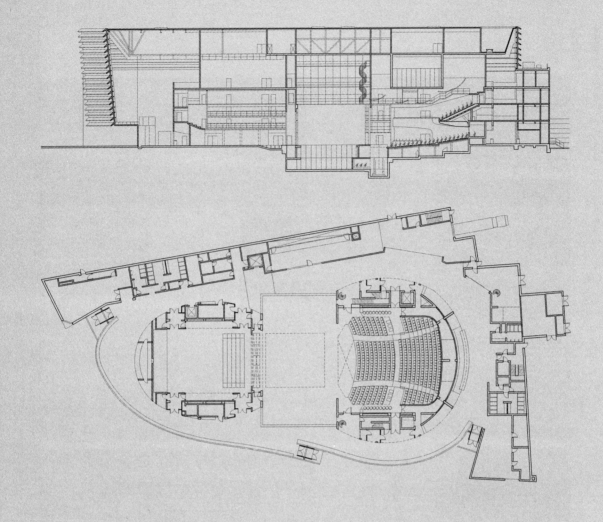

公共大厅也被构思为另一个表演场所，一个可以联系或分割主舞台的空间。一个覆盖整个建筑的网格系统，给予建筑师维诺里所需要的灵活性。这个系统支持了灯光、音响设备，在这个建筑里的任何地方都能进行表演，使剧院不同元素之间的边界变得模糊。另外，还设有滑动帘幕，可以根据表演的需要和自然光的情况来调整表演空间。在二层的平台上可以俯瞰大厅，让表演者和观众之间能建立亲密的视觉联系，激发公共空间的戏剧性。同时，二层平台还提供了一个从高处看盒子外面的表演以及观赏城市的视角。

主要的公共活动都集中在底层，除了公共大厅和剧场、舞台，还设有售票处和餐厅等。办公室、化妆室、道具室和工作室这些辅助的功能房间通常位于建筑的其他位置，很少能和剧院前区发生互动，不过在维诺里的设计中，它们围绕着二楼平台布置，可以俯瞰整个表演空间，而且大都用玻璃墙围合，不仅向观众展示戏剧创作的活动，也让它们成为表演可视化的一部分（图 4.33~ 图 4.38）。

图 4.34　曲线剧院的剖面图
（图片来源：笔者描绘）
图 4.35　曲线剧院的平面图
（图片来源：笔者描绘）

图 4.36　曲线剧院的主剧场
（上页上）
（图片来源：同上）

图 4.37　曲线剧院的黑箱剧场
（上页下）
（图片来源：同上）

图 4.38　曲线剧院的公共大厅
（图片来源：同上）

拉斐尔·维诺里建筑师事务所（RVA）伦敦办公室的主任约翰·德鲁（John Drew）解释道："所有这些后台的秘密都会向人们打开，让人们了解到剧院业务的情况。"① 这样，建筑内的任何活动，包括在舞台上的吊装，都能够被处在门厅、餐厅或化妆室的人们看见，这种视觉的联系，能够让曲线剧院在一天24小时内给人们传送一种现场感（a Sense of Being Alive）。维诺里甚至希望那些只是路过的人们在室外看到剧院内有趣的舞台准备工作后，也会走进剧院，来探寻更多。剧院生活将超越建筑的外墙边界。英国著名演员肯尼斯·布拉纳（Kenneth Branagh）对于这座剧院给予高度评价，称其"令人振奋并具有创新性"。美国作曲家斯蒂芬·桑德海姆（Stephen Sondheim）则称其为"具有鼓舞力的空间"，他说："新剧院内外都非常好，将成为莱斯特剧院基金会最好的家。如果其他城市也以莱斯特为榜样，那么戏剧艺术将欣欣向荣。"②

如果说长毛象剧院是用反转来营造了一个透明剧院实验室，把戏剧作品创造的全过程都暴露给公众，那么，曲线剧院还注重让内部的表演与城市街道的体验结合。通过溶解作品和表演的差异，演艺建筑把戏剧艺术延伸到城市公共的领域，让市民对戏剧艺术触手可及。

通过对本节案例的分析，可以发现，内向而封闭的传统剧场模式已经被打破，为了吸引观众走进剧场，演艺建筑中"透明"的区域在逐渐扩大。从为了模糊建筑和城市的界限，像门厅之类的公共空间变得透明，到表演空间要向城市街道和自然景观开放，封闭的观众厅也要透明，再到一贯保持神秘的后台区域，如彩排室、化妆间以及舞台上的吊装都展示给观众的全透明状态，不仅让演艺建筑内部的各种活动拥抱了街道上的城市生活，也让来到剧场的人们除了可以观看表演，还能了解到戏剧作品产生的全过程，得到数字化视频和音频产品无法给予的现场感受。不过，对"透明"的应用，不是简单地把实墙面变成玻璃墙面就可以了。比如剧院建筑师休·哈迪先生就认为透明的大厅在晚上很吸引人，但是，在白天，由于没有演出，就是一面空白的墙，而且让人从内部可以一览无余地看到停车场和周围的城市，对观众的美好体验没有帮助。③ 因此，在大厅使用玻璃时，一定要充分理解透明和反射的品质，确保人们能够看和被看得愉快。再如，把玻璃用于观众厅的墙面时，建筑师一定要和声学顾问密切合作，以确保其声学性能等。

---

① http://www.far2000.com/plus/view.php?aid=24261&tid=10

② 同上。

③ Hugh Hardy.Planning The Theater// Building Type Basics For-Performing Building Facility. Hoboken, New Jersey: John Wiley & Sons, Inc., 2006: 2.

4.3 城市客厅

从演艺建筑的发展史中可以了解到，演艺建筑的第一次复合化是二战后演艺中心的出现，那些原本单独修建的歌剧院、音乐厅和多功能厅合在一起修建，形成集中式多厅模式或组成一组建筑群，如当年著名的美国肯尼迪表演艺术中心和林肯艺术中心等。在最近十年中，演艺建筑又出现了一种新的复合化，不是厅堂数目的叠加而是其内部的功能或承载的内容发生了改变。今天的演艺建筑已经不再只是单纯的演出场所：门厅＋观众厅＋后台的模式，而是成为了教育中心、博物馆、餐厅、酒吧、书店、商场、办公楼、研究机构＋演艺设施的复合体。演艺建筑因为承担更多的城市功能，而成为一个公众集会的戏剧性空间，一个吸引人们来到这里，享受城市生活的"城市客厅"。

169

这种复合化的突出优点是让一般只有晚上才被使用的演艺设施，在白天也充满活力，不再是只有看演出的观众才能走进演艺建筑，这里将对所有人敞开大门。除了观众厅是需要持票进入的以外，其他所有公共区域，人们都可以到达，无论你是否来看演出。与此同时，这种复合化也可以降低演艺建筑高昂的运营费用。美国贾菲·霍顿（Jaffe Holden）声学公司的首席顾问拉塞尔·库珀（Russell Cooper）在强调使用声学技术手段来实现演艺建筑功能复合化时这样指出，除了华盛顿，纽约和洛杉矶的剧院，其他众多城市的剧院，如果只用于单一的演出功能，那维持它运营的费用将会是天文数字。库珀认为，就像运动场可以转化为零售和娱乐场所一样，演艺建筑复合体的趋势将会继续。[①]

4.3.1 公共空间向城市开放

演艺建筑的功能复合化，为它更好地融入城市结构创造了条件，其公共空间开始向城市开放，成为了城市街道空间的延伸，一个有顶的城市广场，或是让室内的活动延伸至室外，公共空间与室外广场融为一体。演艺建筑公共空间内的各种活动，成为了繁忙都市生活的一部分。

2001年12月建成的金梅尔表演艺术中心（Kimmel Center for the Performing Arts）是举世闻名的费城交响乐团的新家，被称为美国21世纪的第一个大型音乐厅。建筑师拉斐尔·维诺里的设计，不仅为费城提供了一个世界级的演出场所，同时也为这个城市增加了一处颇具特色的城市空间。

---

① Sara Hart.Performing Arts Complexes are Evolving Form Shoebox Venues into Multipurpose Arenas Architecture has become part of the acoustic strategy where functions compete，Architecture Record，2003-10：143-148.

维诺里把自己的设计描述为"一个装着两颗宝石的玻璃珠宝盒"。珠宝盒是用一个 90 米长、50 米宽的玻璃拱顶界定下的空间，里面的两颗宝石是演艺中心重要的两个组合部分——2500 座的威瑞森音乐厅（Verizon Hall）和 650 座的拉尔曼剧场（Perelman Theatre）。两个剧场不但没有轴线和对位关系，而且形式、色彩与肌理都相去甚远。威瑞森音乐厅的外墙是多边形的木质外墙，位于场地后部的中心。拉尔曼剧场有着黑色花岗石曲面，主要的体量被金属包裹，偏离主轴线，位于场地的前端。其屋顶上，是极好的屋顶花园，可以看到金梅尔表演艺术中心内部和城市天际线的美丽景色，让人对城市景观留下深刻的印象。在表演厅堂和建筑外墙之间是巨大的室内空间——联合广场（Commonwealth Plaza）。巨大的圆拱形屋顶由一段段波浪形的折面构成，非常透明的玻璃加上白色的钢骨使它看上去有令人愉快的韵律感。夜幕降临时，室内的照明在玻璃折面上产生更多的反射，使整个建筑变成一个城市的发光体，创造了一个令人惊叹的室内和室外的戏剧体验（图 4.39）。

由于建筑所处区域的原因，维诺里必须避免让这个新建演艺中心显得高高在上。他试图让建筑显得更容易让人接近，这一点很受人欢迎。在考虑到建筑对街道边界的界定时，维诺里这样解释他的概念："城市的结构流入了这个复合体的核心——联合广场，有效地创造了一种有顶的室外路边空间的延伸，模糊了城市和建筑的区别。这里咖啡厅，免费的表演，包括木偶表演，广场空间的景观和来此的人们欣赏并分享它，

图 4.39 像"玻璃珠宝盒"的金梅尔表演艺术中心
（图片来源：http://www.mrsonnyjames.com/）

图 4.40 金梅尔表演艺术
中心的联合广场
（图片来源：Michael Hammond.
Performing Architecture：
Opera house, Theaters and
Concert Halls for the Twenty-
First Century, London . New
York：Merrell Publishers
Limited, 2006：45）

第
4
章

21
世
纪
演
艺
建
筑
面
临
的
挑
战

171

共同为音乐会的观众、游客创造一种激动人心的、音乐家们所喜欢的
民主体验。"[1]

那个高耸的桶形穹顶式的屋顶是一种优雅的解决方式，来连接城市的
高层和低层区域。建筑的轮廓对街景的影响被弱化，这是维诺里热衷解决
的问题，他用这个项目说明了如何成功地把演艺建筑融入已有的城市景观。
联邦广场是一座带顶的人行道延伸部分，使得城市脉络进入到建筑内部。
它容纳了咖啡馆、自由表演区和漂亮的建筑，人们可在此体验富有动感的
市民生活。

早晨，游客较少，阳光透过玻璃拱顶洒在广场上，宁静的广场显示出
艺术殿堂的力量；到了中午，广场上开放的舞台常常有音乐学院的学生或
流动艺术家的表演，侍者在长长的吧台后忙碌，不仅游客，附近办公楼群

---

① Michael Hammond.Performing Architecture：Opera house, Theaters and Concert Halls for the Twenty-First
Century, London. New York：Merrell Publishers Limited, 2006：44.

的职员也会来此享受午后的阳光和小憩；傍晚，这里又是另一番景象，广场上灯火辉煌，穿戴整齐的人们三五成群地交谈或品酒，等待费城交响乐团演出开始的铃声。一日之中，金梅尔表演艺术中心不停地转换自己的角色，空间的特质和都市生活相互推动，如同一个城市的缩影。建筑师维诺里用巨拱创造出一个"空间中的空间"，让这里成为了真正的"城市客厅"（图4.40~图4.42）。

在前文已经提到的由福斯特建筑师事务所设计的英国塞奇（Sage）音乐厅（本书3.2.3）的如同波浪翻滚的金属结构，位于泰恩河畔的盖茨黑德市（Gateshead），与纽卡斯尔市（Newcastle）一河之隔。音乐厅自建成后，每年可以吸引600000人来此。塞奇音乐厅比邻由威尔金森·艾尔（Wilkinson Eyre）设计的动感而优美的千禧桥，从千禧桥可前往泰恩河对面的纽卡斯

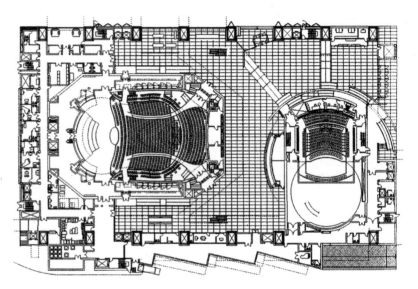

图 4.41　金梅尔表演艺术中心平面图

（图片来源：Michael Hammond. Performing Architecture：Opera hous.Theaters and Concert Halls for the Twenty-First Century，London．New York：Merrell Publishers Limited，2006：42）

图 4.42　位于拉尔曼剧场上面的屋顶花园

（图片来源：www.philadelphia-reflections.com/.）

尔市的咖啡厅和酒店。这个巨大的、闪闪放光的、圆滚滚的表演中心让曾以煤炭和航运闻名的区域转型为艺术的殿堂。耗资七百万英镑的演艺中心，完成了三个既定的目标：盖茨黑德码头区域再生的催化剂；创造一个音乐表演和教育的国际中心；一个内部活动多样，具有包容性和全面可达（Accessible for All）的公共建筑。

图 4.43　介于千禧桥与泰恩桥之间的塞奇音乐厅
（图片来源：© Nigel Young/Foster + Partners）

图 4.44　塞奇音乐厅屋顶造型的灵感来自于泰恩桥中的拱结构
（图片来源：© Nigel Young/Foster + Partners）

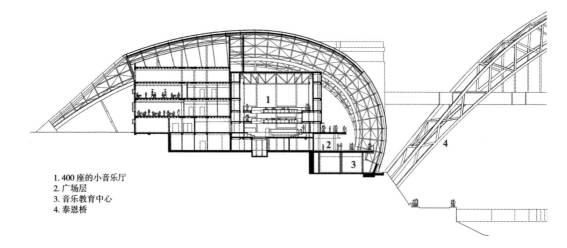

1. 400 座的小音乐厅
2. 广场层
3. 音乐教育中心
4. 泰恩桥

图 4.45　塞奇音乐厅剖面
（图片来源：Foster+Parnters）

174

随意的、曲线的屋顶造型，其灵感来自于泰恩桥中人们所熟悉的拱结构。在完整而流动的屋顶下，覆盖了三个独立的表演空间、舞台的后台部分、音乐教育中心、娱乐室、办公室和室内广场。屋顶下的室内广场给观众提供了欣赏纽卡斯尔壮丽的城市景观和充满活力的纽卡斯尔码头的场所（图 4.43~ 图 4.45）。

塞奇音乐厅的室内广场是一个每天开放 16 个小时的"城市空间"（Urban Room），提供咖啡、酒吧、商店、售票、音乐信息中心和非正式表演空间。后台内部的接待区被减小，而广场的咖啡厅做得小巧和紧凑，建筑师有意识地让表演者尽可能地和他们的观众、学生以及喜爱音乐的孩子混在一起，增加他们之间的对话和交流的可能性。不仅如此，室内广场也是介于建筑西侧的泰恩桥（Swing Bridge）和东侧的千禧桥之间的步行通道，不看表演的人们也会穿过这个大厅。和美国金梅尔演艺中心的设计类似，这里也成为了"有顶的室外路边空间的延伸"。负责这个项目的艺术家凯特斯德里设计了彩带玻璃栏板来进一步强化这个路线。彩带玻璃栏板从建筑室外延伸进来，穿过室内广场，在另一侧室外再次出现。

动态的屋顶下的三个独立大厅，每一个都有自己独特的形状，很容易辨认。四个大型的楼梯从广场升起，把人们引导向观众厅的门厅。可达性是建筑师设计的关键，因此三个观众厅的入口都放置在同一标高，以确保残疾人出入。同样，壮观的楼梯向下，把人们引向到位于公共广场下面的音乐教育中心，这个音乐教育中心为英国全东北地区共享，有 26 个练习室和工作室，围绕着一个蛇形的门厅布置。在这个小门厅里可以看到河对岸的景观和向上观看室内广场。

轻松的音乐氛围与横跨泰恩河的壮观景色，让塞奇音乐厅的室内广场不仅成为观众和音乐学校的休息室，也理所当然地成为了城市中最好的社交场所之一。这个巨大的建筑并不介意是否有一个气派的入口，它的成功归功于多样化的内部活动和一个容纳这些活动的、飞机库尺度的公共大厅。

如果说，维诺里设计的金梅尔表演艺术中心和福斯特设计的塞奇音乐

图 4.46　塞奇音乐厅的室内广场

（图片来源：© Nigel Young/ Foster + Partners）

图 4.47　用于演出的室内广场

（图片来源：© Nigel Young/ Foster + Partners）

图 4.48　能欣赏纽卡斯尔壮丽的城市景观的室内广场

（图片来源：施道虹摄）

第 4 章　21 世纪演艺建筑面临的挑战

175

厅都是用一个巨大的壳体来界定出一个有顶的城市广场，让城市生活走进演艺建筑的公共空间，那么，在前文已经提到的美国达拉斯玛戈特 & 比尔·温斯皮尔歌剧院（本书 3.2.3）就是用一个巨大的遮阳顶棚把演艺建筑内部的空间延伸到室外，不仅使这个演艺建筑成为复合体，更是为城市的公共领域提供了一个有活力的公共场所（图 4.46~ 图 4.48）。

温斯皮尔歌剧院位于美国达拉斯市的表演艺术区，紧邻由 OMA 事务所设计的迪伊 & 查尔斯·威利剧场（本书 4.2.1），是构成达拉斯表演艺术区的五个厅堂之一（图 4.49）。[①]　建筑师福斯特在设计中试图回答这个问题："在 21 世纪，什么是歌剧院的本质，我们如何能创造一个适用于将来剧院的模式？"他的答案是重塑常规的歌剧院类型，开放它层层关闭的部分，创造一个透明的、欢迎式的系列空间。建筑师希望"这里不仅全面和达拉

① 雄心勃勃的达拉斯市的表演艺术区规划，其建筑单体大多由获得了普利茨克奖的建筑师们设计，如库哈斯、贝聿铭、佐罗·皮亚诺和诺曼·福斯特等，从而保证了把达拉斯表演艺术区放入世界演艺文化的地图上。

斯的文化生活相结合，而且也成为一个非歌剧院观众的目的地。在公共可达的区域设有餐厅，咖啡厅和书店，并且全天开放。"①

福斯特用一个鼓形平面来围绕 2200 座的观众厅，其外墙为红色玻璃，试图成为这个区域的视觉焦点。那个鼓形观众厅向外延伸出一个巨大的太阳能顶棚，不仅是对达拉斯炎热气候的应对，也界定出了一个荫凉的室外广场。在巨大顶棚的下面，室外设有可用于 5000 人室外表演的安妮特·施特劳斯（Annette Strauss）艺术家广场、一个和露天咖啡馆连在一起的小型室外表演场地、通往歌剧院主入口的通道以及水面、花园和树木等景观。这种对行人友好的环境设计，既保证了歌剧院的可达性，也让广场、花园和树冠树木与新歌剧院发生联系。室内门厅东侧的玻璃幕墙可以全部垂直滑动，在气候温和的时候，让室内的餐厅和咖啡厅可以完全向室外开敞（图 4.50~ 图 4.55）。

福斯特用引人注目的百叶顶棚，把歌剧院延伸到室外广场上，模糊了观念上的剧院边界，打破了所有的壁垒，让更多的观众可以接触到歌剧。通过让观众从公共广场到达歌剧院室外顶棚的下方，再穿过门厅进入观众厅的系列空间设计，强化了人们出席表演活动的戏剧体验。这种从物质到精神层面，打破剧院壁垒的愿望，也是表演行业的重要需求，因为他们要为新世纪培养更多可持续的观众。温斯皮尔歌剧院的大胆设想，在为达拉斯表演艺术区提供大量城市公共空间的同时，也成为整个区域的焦点。

176

图 4.49 达拉斯的温斯皮尔歌剧院
（图片来源：© Nigel Young/ Foster + Partners）

① Michael Hammond.Performing Architecture：Opera house.Theaters and Concert Halls for the Twenty-First Century，London. New York：Merrell Publishers Limited，2006：204.

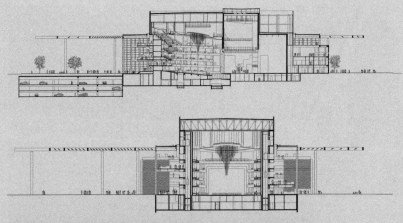

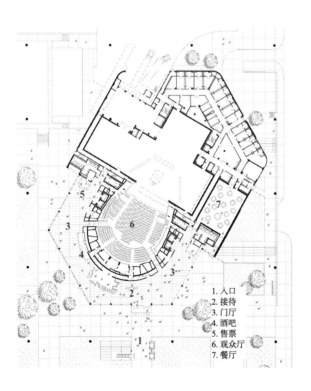

1. 入口
2. 接待
3. 门厅
4. 酒吧
5. 售票
6. 观众厅
7. 餐厅

图 4.53 温斯皮尔歌剧院的室外广场
（图片来源：© Nigel Young/Foster + Partners）

图 4.54 温斯皮尔歌剧院的平面
（图片来源：© Foster + Partners）

图 4.55 歌剧院室外广场的景观
（图片来源：© Nigel Young/Foster + Partners）

4.3.2　与观众互动的建筑形态

　　演艺建筑的这种城市客厅的新角色，往往让它成为城市新区建设的旗帜或旧城改造或复兴的催化剂。这种角色和定位，自然要求在设计和建造时，不仅要考虑其与城市区域的关系，让演艺建筑与城市环境产生对话，还要有意识地去塑造一个吸引观众，能与观众互动的建筑形态，让路过的甚至从来不看演出的人们也会走进演艺建筑。

　　在过去的十年中，2008 年建成的挪威奥斯陆国家歌剧院在这方面可能是最成功的一个案例，它用一个"地毯"式的建筑外形，让不爱看歌剧的人也喜欢去那里。新建歌剧院位于挪威峡湾的边界，一个废弃的锯木厂址上，包括 1300 座的歌剧 / 芭蕾厅、400 座的当代剧院、200 座的小剧场，这里将成为挪威歌剧团的驻团剧场。由于歌剧院所处的位置是在大陆和水面的分界处，也是这个城市和世界其他部分历史性的相遇点，因此挪威政府希望新歌剧院能具有纪念性的外形，从而把挪威放入世界的文化地图之上，增加挪威歌剧和芭蕾的文化机会。

　　尽管相对许多欧洲国家，挪威有相对年轻的观众群，不过，看歌剧始终被看做是老年人才感兴趣的事儿，为此，建筑师 Snehetta 苦心设计了一个和其他歌剧院迥然不同的极具现代感的造型，希望能改变人们脑海中歌剧院的固有图像，让年轻人也喜爱。为了实现歌剧院尽可能广泛的可达性，Snehatta 通过设置一个"地毯"式的连续表面，联系了建筑的顶部和入口层。这个错层式的建筑非常有趣，有点类似"隐形轰炸机"（Stealth bomber）的造型，被 Snehetta 事务所的建筑师 Craig Dykers 比作没有壳顶的悉尼歌剧院（图 4.56）。

　　建筑的一部分像是从挪威峡湾中升起，形成一个实体的海滩，人们可以爬到 32 米高的屋顶上野餐或从坡道上滑下，甚至可以跳入奥斯陆海湾的海水中。这个由地面和连续的屋顶组成的开放景观广场邀请参观者们来探索建筑并欣赏城市和峡湾的美丽风景。剧院总监 Bjoern Simensen 说："你可以在屋顶上行走，行走于艺术之上。"水平而倾斜的屋顶表达了一种纪念性和戏剧性，白色的意大利卡拉拉（La Facciata）大理石进一步加强了歌剧院纪念性的品质，让建筑从周围的建筑物中脱颖而出。这个 1.8 万平米的"地毯"由 3500 块大理石组成，其材料即使在被打湿的时候也能保持其色彩和光泽。通过对石材表面的处理，图案，切割和斜度的变化，形成丰富的光影（图 4.57~ 图 4.59）。

　　从远处看过去，挪威国家歌剧院像是一座用大理石和玻璃雕刻成的冰山，漂浮在奥斯陆东部的海港上。整个设计超越了常规的歌剧院的形态，

建筑师扩展了"社会纪念碑"(Social Monumentality)的概念：寻找到一个强有力的建筑形态，让观众置身其中。其充满戏剧性的外部形式创造出了现代而又友好的建筑，体现出对开放和可达性的充分表达，其目的是吸引更多的观众。建筑师克雷格·戴克斯（Craig Dykers）指出："很多公共建筑的发展是围绕着商业机会，而奥斯陆国家歌剧院却努力从相反的角度来看问题：允许人们在不涉及付费的情况下，以多种方式和建筑进行互动。"[1]

对于如何吸引观众，荷兰联合设计工作室（UN Studio）的首席建筑师本·范·伯克尔（Ben Van Berkel）有着自己独特的见解，他认为："很多人不愿意去剧院，是因为那些剧院看起来不够吸引人。"[2] 范·伯克尔还是个孩子的时候，就跟随母亲前往过荷兰的多个剧场，倾听他母亲在合唱团中演唱的最新音乐剧。这种个人体验让他体会到，在大多数剧场中，那个从主要体量上

① Michael Hammond.Performing Architecture：Opera house.Theaters and Concert Halls for the Twenty-First Century，London. New York：Merrell Publishers Limited，2006：188.

② David Sokol.UNStudio shocks a quiet Duth city to life with the crystalline form and electric colors of the Agora Theater.Architectural Record，2008：209.

伸出的高塔舞台，更像一个大拇指，而不像一根指挥家手里优美的指挥
棒。因此，他在荷兰莱利斯塔德的市场剧院（Agora Theatre，Lelystad）
设计中，就试图用数字化的雕塑状外形来整合那个突兀的高塔，并配
以炫目的色彩，来吸引观众，加强他们对演出的期望。

　　市场剧院位于阿姆斯特丹远郊的莱利斯塔德市，紧邻 Isjlemeer 湖的
尾部。在 2002 年，市政府邀请联合工作室进行剧院设计之前，已经开始
实施 West8 公司所做的城市复兴规划。莱利斯塔德城建于 1967 年，它的
中心区域是当年荷兰规划的通常做法——棕色的砖，中低层结构的建筑围
合出一个巨大的公共广场。这个广场和本地的火车站相邻，是夏日周末的
市场。可是，在冬天和晚上，这里不能形成一个有聚合力的空间。West8
公司的规划中，希望用市场剧院来锚固这个公共性不够的城市空间，给莱
利斯塔德市带来积极的地方文化生活。

图 4.56　挪威奥斯陆国家
歌剧院

（图片来源：奥斯陆国家歌剧院
提供，©Christopher.Hagelund）

图 4.57 "地毯式"的室外开放空间

（图片来源：奥斯陆国家歌剧院提供）

图 4.58 奥斯陆国家歌剧院的侧面

（图片来源：奥斯陆国家歌剧院提供，© Erik.Berg）

联合工作室的设计通过把高塔舞台作为整体建筑的一部分来隐藏这个体量。在剖面上，建筑像从地面浮出一样，在北入口的上方向外倾斜，形成了一个巨大的水平体量，用一系列多角度的折板把基座和塔式舞台融为一体。建筑师在二层设计了一个特别的挑台。通过仔细地考虑，这个洞口被完全结合到建筑的立面之中。市场剧院看似随意地安置在广场上，像一个训练有素的舞者，从各个侧面看起来都非常吸引人。特别是建筑北立面的入口部分，朝向城市核心区的行人步行区域。在北侧巨大悬挑的下部，是光滑的玻璃幕墙，面向广场倾斜，给这个夜晚荒凉的莱利斯塔德市广场，特别是接近剧院的行人一些心理安慰（图4.60~图4.62）。

建筑师范·伯克尔解释，这个新建筑立面的动态逻辑是它的城市状态，希望通过一个直观的建筑形态起到一个空间方位引导的作用，与那些从各个方向前来剧院的观众进行对话。显而易见，市场剧院是出众的。白天，它的外形像一个充满热情的路边歌手，在莱利斯塔德市的城市复兴中占有一席之地。从中央车站走过来，它那雕塑状的外形，构成了斜角视线中的漂亮景观。到了晚上，它跳跃的形态和大厅里映出来的光，从附近的火车站隐约可见，让无论从周边哪个停车场过来的观众都能很方便地看见它，也吸引着火车站里来来往往的乘客，在回家之前，抽空享受一下更多的戏剧文化。

为了强化这个耀眼形态的整体感，建筑的表皮是嵌花钢板和铝框玻璃幕墙，体现出了荷兰当代建筑师可以用普通材料塑造优秀建筑的能力。外墙嵌花钢板的色彩从明黄到橘色有着细微的变化。范·伯克尔解释道："周围所有60年代后修建的建筑看起来都是一样的，在这个竞赛中，我想让剧院和它们不同。"为了选择准确的色彩，建筑师研究了Isjlemeer湖的自然景观。他说："站在Isjlemeer湖边，这里有天空和周围环境的色彩。市场剧院立面的色彩就从这里选取，创造出了一个千变万化的效果"（图4.63）。[①]

笔者认为建筑师范·伯克尔对剧院建筑角色的警觉，让市场剧院超越了莱利斯塔德市的建筑风格，用一个雕塑的形态向莱利斯塔德市的公共区域致敬，显示出特有的文化和视觉特征，成为城市公共空间复兴的催化剂。

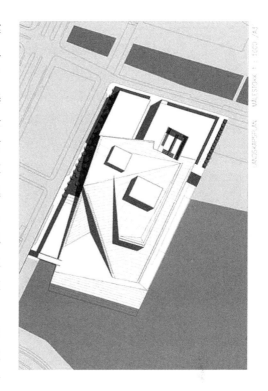

图4.59 奥斯陆国家歌剧院的总平面
（图片来源：http://www.architypereview.com）

183

---

① David Sokol.UNStudio shocks a quiet Duth city to life with the crystalline form and electric colors of the Agora Theater.Architectural Record，2008：209~212.

与挪威奥斯陆国家歌剧院中注重演艺建筑与观众的互动相比，荷兰的市场剧院的设计里更多体现了建筑与城市环境的关联性。2007年，库哈斯在中国台北艺术中心国际竞赛中的中标方案则同时实现了建筑与城市以及观众的双重互动。这个艺术中心包括三个厅堂：1500席的大剧院，800席的镜框式中剧场和800席的多功能中剧场。由于库哈斯一贯擅长从社会学的角度来挑战建筑类型设计的固有模式，面对这个项目有限的用地，库哈斯没有采用常规的水平并列布置的方式来安排三个厅堂，而是在垂直的方向做文章。这三座厅堂设计成三个外形迥异的几何建筑体，环绕着一个方形基座布置。

台北艺术中心位于都市中充满活力的岛形基地上，目前这里是台北著名的士林夜市。为此，建筑师把方形基座架空在基地上，试图保持基地内原有的活动，将士林夜市的人潮引入到艺术中心之中。另外，建筑师希望这个建筑有四个"正面"，每个面均有令人期待的活动，来实现其与周围城市环境的互动。因此，建筑师把三个厅堂分别从不同的方向

图4.60 在夏天，市场剧院南侧的城市广场是周末市场（上左）
（图片来源：http：//www. arcspace. com/, Photo：Christian Richters）

图4.61 市场剧院的西侧（上中）
（图片来源：http：//www. arcspace. com/, Photo：Christian Richters）

图4.62 市场剧院北面的主入口（上右）
（室内灯光通过向内倾斜的玻璃幕墙洒落出来，照亮了行人的步行区域）
（图片来源：同上）

图4.63 从明黄到橘色的外墙板（中左）
（图片来源：同上）

图4.64 市场剧院外墙板的色彩设计（中右）
（图片来源：http：//www.unstudio.com）

图4.65 市场剧院剖面（下）
（图片来源：David Sokol. UNStudio shocks a quiet Duth city to life with the crystalline form and electric colors of the Agora Theater. Architectural Record, 2008：210）

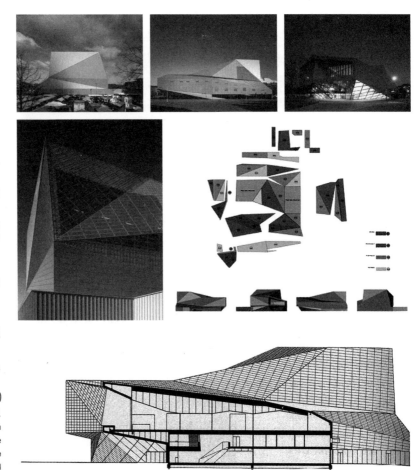

SECTION B-B

插入到方形的基座上。楔状的大剧院出现在南面；方形的多功能中剧场则朝向北面；球形的镜框式中剧院位于东侧，朝向捷运站与远山，如同一个悬浮的星体突出于建筑物之上，从很远就可以辨认；在建筑的西侧，安排了四个高塔（升降机及建筑物设备后场）与现存的街景呼应。整个方形基座被波浪状的玻璃板所包裹，内部容纳了三个剧院的舞台空间和相应的技术设备，在需要时可以灵活运用，而且从中挖出一个公共空间，包含公共通道并安排酒吧等各种公共场所。来往的行人不仅可以和三个形态奇特的厅堂所营造的特殊氛围产生积极的互动，还能透过透明的方形服务核，一窥其内部的活动（图4.66）。

为了强化建筑与观众的互动，建筑师库哈斯安排了几条特别的参观路线，让一般民众无须购票，也可参观表演，探索剧院后台和体验表演空间。一座穿透大厅顶棚的自动扶梯把访客带到一个视线被控制的体量中，从此处参观部分后台、舞台下方的机械设备及休息室。第二座自动扶梯则切入舞台及舞台上方的机械设备区，斜行向上参观崎岖的交叉剖面，最终到达多功能中剧场上部的公共咖啡厅中。第三座自动扶梯则连接到方形体量的屋顶层聚会平台，最终由公共电梯回到公共大厅（图4.67~图4.69）。

当然，就建筑形态而言，本书在第二章所讨论到的扎哈·哈迪德，盖里和伊东丰雄等先锋建筑师们的剧院设计，其数字化的建筑形态也非常引人注目。不过挪威奥斯陆国家歌剧院、荷兰市场剧院和中国台北艺术中心设计中所考虑的，已经超越了做一个炫目的文化地标，而是更加看重演艺建筑与观众的互动。

正如建筑师范·伯克尔所说："今天比以往任何时候，我们感觉到建筑的特质已经不是它本身所包含的设计目标里的任何一个方面。而其真正的本质是建立在建筑师，目标和公众的互动上。在随后的公共使用中，建筑项目生成、增值和展开的效果将会超越了它在设计过程

图4.66 台北艺术中心的模型

（图片来源：http://www.dezeen.com/）

2

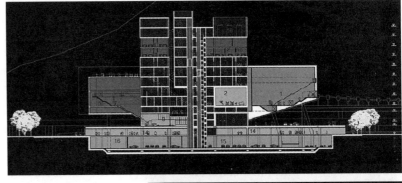

图4.67 台北艺术中心的剖面1

[图片来源：Architectural Dialogue No.133（Performance and Art center），2009-03：67]

图4.68 台北艺术中心的公共空间流线示意

[图片来源：Architectural Dialogue No.133（Performance and Art center），2009-03：64，66；中文注释：笔者]

186

图4.69 台北艺术中心的剖面2

（图片来源：同上）

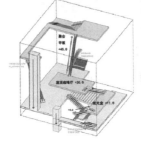

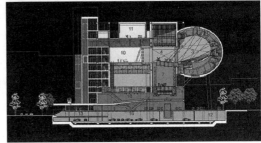

中的不断深化。"[①]

　　另外，在挪威奥斯陆国家歌剧院和中国台北艺术中心的设计中，建筑师都在强调要让观众不用付费，也能获得对戏剧艺术的体验。由此可以看出，演艺建筑这种"城市客厅"的角色，让演艺建筑的运营观念正在发生变化，从一个以商业经营为主的演出场所，成为一个对所有人免费开放的城市公共设施。

4.4 视觉和听觉的双重对话

　　在21世纪的今天，面对数字化视频和音频产品的竞争，人们会比以往更加注重厅堂的"亲密感"。从全球演艺建筑的最新案例中，笔者也发现这是一个高频词汇，建筑师也好，声学顾问也罢，或是剧院咨询顾问，都会反复提到它。只有具有亲密感的空间，才能激发出演员和观众之间的能量，让观众感受到数码产品所无法提供的现场演出的魅力。

　　美国阿泰克（Artec）声学公司的知名声学顾问塔泰奥·中岛（Tateo Nakajima）在接受法国建筑技术杂志采访时这样指出，21世纪新建厅堂的挑战是在碟片和视频不断进步的同时，仍能吸引观众。他说："这

① http://www.arcspace.com/architects/un/lelystad2/lelystad2.html

就要求我们尽可能塑造听众的亲密感。声学上，这意味着找到一种有影响力的声音来和数字化声音竞争，同时也要满足视觉上的新要求：喜欢非常近的视觉联系。对于那些古老的音乐厅，即使它们有很好的声学效果，也只能应对有收音机但是没有 DVD 的年代。如今这些老的音乐厅也需要考虑视觉亲密性的要求，音乐会成为听觉和视觉的双重对话。"[1]

4.4.1　营造有"亲密感"的表演空间

"弧形的空间"由于有助于实现厅堂的亲密感，而一直受到建筑师们的青睐。如今，在先进声学技术的支持下，建筑师们有了更多的方式来解决弧形空间带来的挑战，会把建筑立面上的建筑表皮概念，还有城市广场的空间概念运用到厅堂的设计中。另外，在公共空间的设计中要考虑观众戏剧体验的全过程，加强他们对演出的期待的观念也一直传承下来。当然，在新技术的支持下，公共空间形态会变得更加自由和复杂化，带有数字时代的美学痕迹。

1. 表皮的手段

虽然早在巴洛克时期，建筑师们就能熟练地运用多层包厢的马蹄形观众厅来形成表演空间的亲密感，可是在现代厅堂设计中，马蹄形的曲面会出现一些潜在的困难。由于观众厅里已经没有几个世纪前的巴洛克建筑中那么多的雕塑和装饰了，所以声音不能被有效地扩散开来，容易造成声聚焦。为了应对这个挑战，建筑师和声学顾问密切地合作，把建筑立面的表皮概念运用到厅堂的设计之中，分别用"二层表皮"和"表演表皮"的方式来满足了声学和建筑美学的需要。在 2008 年建成的中国国家大剧院的歌剧厅、2003 年建成的伦敦汉普斯特德（Hampstead）剧院和华盛顿中心舞台剧院改造和扩建项目中，就是用不同的材料来构筑了"二层表皮"，让满足视觉需要的美学表皮和满足声学要求的技术表皮相得益彰。

中国国家大剧院由三个大观众厅组成：2500 座现代大型歌剧院、2000 座大型音乐厅和 1200 座剧场。在 1998 年的国际竞赛中，建筑师保罗·安德鲁把 2500 座歌剧院设想为一个矩形的带有两层楼座的平面形式，顶棚的剖面设计能充分地扩散侧向反射声和天面的反射声到观众席。然而，开始发展和深化最初的设想时，安德鲁彻底地改变了他的想法，不愿深化那个他觉得太正统的矩形平面观众厅了，他想做一个典型的马蹄形平面。可

---

[1]　Acoudtics or the Echo of Power.Techniques & architecture–489：Programme musiques（Concert halls）.2007：38.

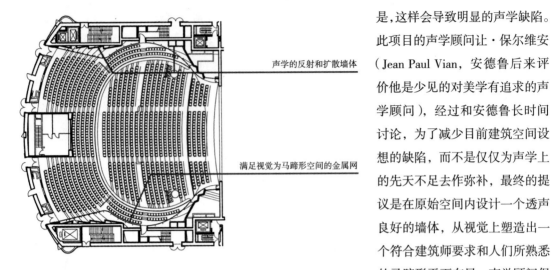

声学的反射和扩散墙体

满足视觉为马蹄形空间的金属网

图 4.70　区分了视觉和声学需要的两层表皮的歌剧院观众厅平面
（图片来源：国家大剧院业主委员会金志舜部长提供，注释：笔者）

是，这样会导致明显的声学缺陷。此项目的声学顾问让·保尔维安（Jean Paul Vian，安德鲁后来评价他是少见的对美学有追求的声学顾问），经过和安德鲁长时间讨论，为了减少目前建筑空间设想的缺陷，而不是仅仅为声学上的先天不足去作弥补，最终的提议是在原始空间内设计一个透声良好的墙体，从视觉上塑造出一个符合建筑师要求和人们所熟悉的马蹄形平面布局。声学顾问保尔维安希望在满足声学要求的同时，建筑视觉效果也被人们喜爱，而不是以往那样只侧重于听觉效果（图 4.70）。

　　这是一个巧妙的声学处理，它的重点在于两层表皮的方式，区分了视觉和声学所需要的墙体。在歌剧厅的新设想中，歌剧厅内设两层上下一致的楼座。沿池座周边，包括两侧弧墙上的耳光窗，设计了能充分扩散反射舞台前区声音的墙体。这个声学墙体由厚重的砖石砌体制成，表面涂有 1 厘米厚的石膏，它们让楼座两侧座位和正厅座位区均获得最佳的侧反射声。在这个声学墙体的前面是一个视觉上为弧形、在声学上为透声的墙体，这个满足视觉需要的声学透声墙，不会显著地增加空间内各种频率的声音的总体吸收，几乎所有频率的声音从不同的入射角，都能穿透它。当声强非常大时，它也不会振动，受到碰撞时，也不会产生那种冲击噪声。

　　建筑师安德鲁建议用一种紧绷的金属网来制作这个透声墙。这种金属网通常具有很高的穿孔率，从密度上来说，往往为 50%，甚至更高。声学顾问保尔维安通过分析和检测很多金属网样本的建筑声学性能，决定选择密度 40% 的预制金属网来满足建筑师的设想和声学要求。同时，为了让声学可穿透墙体达到令人满意的效果，设计师们尽量优化金属网的支撑结构，包括它的永久荷载，减震装置，硬度，横向和竖向龙骨的数量及尺寸等，来控制可能产生的噪声，然后又通过 CSTB Epidaure 程序进行计算机模型的分析来最终确定空间的形态和材料（图 4.71~ 图 4.73）。

　　令人欣慰的是，尽管这是一个巨大尺度的歌剧院，声音仍有很好的平衡和亲密感。建筑师安德鲁又通过控制光的强度，使得当金属网后面的空间变暗时，人的肉眼根本看不出金属网的网眼。这样，金属网后面的声学墙体就从人们的视线中消失了，人们所看到就是一个弧形墙面所围合出的亲密空间。

图 4.71 视觉上为马蹄形的歌剧院
（图片来源：法国安德鲁事务所提供）

图 4.72 金属网的细部
（图片来源：国家大剧院业主委员会金志舜部长提供）

图 4.73 位于楼座区的金属网
（图片来源：法国安德鲁事务所提供）

位于英国伦敦的汉普斯特德（Hampstead）剧院的观众厅也是用这种两层表皮的方式，来营造一个有亲密感的厅堂。不过和中国国家大剧院的做法不同的是，界定弧形空间的材料是木条，而且还把观众厅内墙面的做法发展到建筑立面设计之中。该项目的建筑师是来自伦敦贝内特斯建筑师事务所（Bennetts Associates）的拉伯·贝内特（Rab Bennett）夫妇，声学顾问是 Arup 声学公司。由于这个剧院是为说唱表演（Spoken-word performances）使用的，业主希望观众能听清演员在舞台上的低语，同时因为经费紧张，希望这个厅堂本身声学性能良好，而不是依赖那种复杂和昂贵的声学辅助设备。Arup 声学公司的声学顾问和建筑师一起考虑建筑的声学规划。主观众厅和舞台用钢和混凝土结构围合，围绕它们的是需要自然通风的办公室和化妆间。这种流线规划创造出了一个间隙空间，能提供很好的声学隔绝，不再需要复杂的或昂贵的隔绝构造。

观众厅的解决方式是剧院最突出的优点。一般建筑师倾向于半圆或椭圆的观众厅平面，这种形态能提供亲密感以及观众与演员之间的联系。可是这种弧形空间会导致声聚焦，让声学效果欠佳。为了实现一个具有亲密感的厅堂，同时声音既不会聚焦也不会被过分吸收的设计目标，声学顾问提出的解决手段是用一个具有良好声学透声性能的细密纱网来界定出视觉上的弧形，在这个网后面设置平板或凸面的声学反射板来扩散声音，而又不被观众所看到。通过研究模型和计算分析，发现 1 英寸的木条间隔 1 英寸排列，能提供理想的视觉和声学效果。

建筑师最终采用胡桃木来制作这个木格栅屏，在楼座的栏板前面，这些木条格栅遮挡住中密度纤维板，从舞台的台口处开始，沿着观众厅的边墙，等高的木条格栅网遮挡了为支持说唱声而设置的大半径石膏反射板和木反射板。深色的胡桃木格栅，在视觉上界定了观众厅椭圆形的布局，带来视觉上的活力，再配以大红色的座椅，形成了一种鲜明的色彩对比。为了避免观众厅成为 20 世纪 60 年代典型的黑箱剧院空间，舞台被设计形成了很好的灵活性，可在镜框式舞台、插入式舞台和环绕式舞台之间转换。观众厅的座位也可重新安排，能根据需要调整为150~325 座。另外，还用轻钢结构的骨架支撑灯具，取代了阻碍视觉的灯光桥（图 4.75~ 图 4.78 ）。

汉普斯特德剧院观众厅内木格栅的效果，也延伸到了建筑室外墙面，给大面积的玻璃幕墙配上了可开启的木百叶格栅。观众厅内的木格栅用于声学透声，而室外的格栅则用于遮阳，并满足业主希望门厅半透明的要求。在大多数经费紧张的厅堂项目中，人们的批评多于满意，而伦敦汉普斯特德剧院的设计却超出了人们的预期。这是建筑师和声学顾问共同努力的结果。

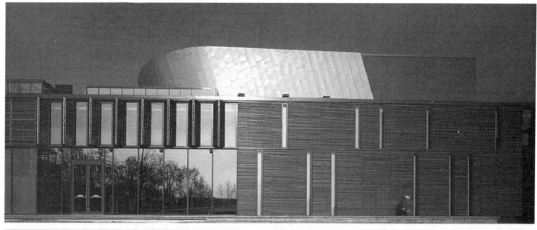

图 4.74 伦敦汉普斯特德剧院的外观

（图片来源：Lucy Bullivant.Bennetts Associates Gives a New Face to a Venerable Theater Company that Carries on the Magic of Independent Performance Art.Architectural Record，2003：130–131）

图 4.75 视觉上为弧形空间的观众厅

（图片来源：英国贝内特斯建筑师事务所提供，© Peter. Cook）

图 4.76 由胡桃木制作的木格栅屏

（图片来源：英国贝内特斯建筑师事务所提供，© Peter. Cook）

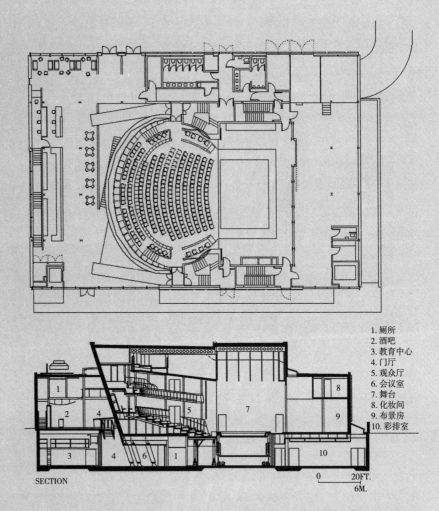

图 4.77　伦敦汉普斯特
德剧院的平面
（图片来源：英国贝内特斯建筑
师事务所提供）

图 4.78　伦敦汉普斯特
德剧院的剖面
（图片来源：Lucy Bullivant.
Bennetts Associates Gives
a New Face to a Venerable
Theater Company that Carries
on the Magic of Independent
Performance Art.Architectural
Record，2003：131，中文注
释：笔者）

1. 厕所
2. 酒吧
3. 教育中心
4. 门厅
5. 观众厅
6. 会议室
7. 舞台
8. 化妆间
9. 布景房
10. 彩排室

SECTION

0　　20FT.
6M.

的确，还有不少演艺设施用两层表皮的方式来解决弧形空间带来的矛盾，如在华盛顿的中心舞台剧院改造和扩建项目中（本书 3.1.2），加拿大建筑师谭秉荣在保留原有的 Fichandler 舞台和 Kreeger 剧场这两个剧场的同时，还增加了一个新建剧场：200 座的摇篮剧院，采用的也是椭圆形的平面，由一对相互嵌套的盘旋墙体构成其表演空间。在摇篮剧院的入口处，运用了最新的声学概念——"声景"（Soundscape）。[①] 建筑师和声学顾问希望通过一个比较长的弧形通道让室外噪声逐渐衰减，使观众能体会到从嘈杂的城市环境一步步走向寂静表演空间的过程。

对于这个椭圆形的厅堂平面，为了满足声学要求，建筑师和 Talaske 声学公司的顾问们一起把墙面设计为像波浪一样自由起伏的水平线条，既能打破声聚焦，又起到扩散体的作用。声学技术墙面隐藏于这个装饰墙面

---

① 声景（Soundscape）：声景的概念由加拿大音乐家 R. Murray Schafer 在 20 世纪 60 年代末 70 年代初提出。起初是指 "The Music of the Environment"（环境中的音乐），即在自然和城乡环境中，从审美角度和文化角度值得欣赏和记忆的声音。随着参与研究的学者的学术背景不断多样化，声景学的范畴也逐渐扩大。声音的历史、环境、文化内涵以及环境噪声问题都被纳入了声景（学）的研究范畴。

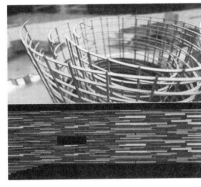

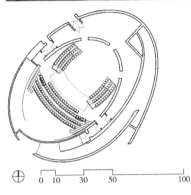

图 4.79 新建的摇篮剧院

（图片来源：加拿大谭秉荣建筑师事务所提供）

图 4.80 摇篮剧院观众厅的数字化表皮

（图片来源：同上）

图 4.81 摇篮剧院观众厅的内立面示意

（图片来源：同上）

图 4.82 摇篮剧院观众厅的平面图

（图片来源：同上）

之后，声音可以从水平线条之间的缝隙到达后面的声学吸声墙面。由于摇篮剧院被定位为一个能够孵化和创作新剧本、培养下一代伟大剧作家的实验性剧场，这种具有数字化美学特点的观众厅墙面设计和摇篮剧院的定位相吻合（图 4.79~ 图 4.82）。

相对这三个案例中的"二层表皮"方式，美国建筑师迪勒希望用一层"表演表皮"来整合厅堂设计中的所有问题。在前文已经提到过的美国纽约林肯艺术中心爱丽丝·塔利大厅改造项目中（本书 2.1.3、2.2.4、4.2.1），建筑师迪勒不仅让爱丽丝·塔利大厅的外观发生了改变，也把塔利大厅内部原来的多功能厅变身为一个用于室内乐演出的音乐厅。建筑师迪勒对这个观众厅的主要设计概念就是加强厅堂的"亲密感"。

迪勒认为："'亲密感'的确是非常关键的一个词。但是如何才能使这个有着 1100 个座位，并不算小的观众厅具有亲密感并很好地迎合那种小团体所演奏的室内乐呢？我们努力地去试图改变整个空间的感觉和品质。一个重要的元素就是加强演员和观众的联系，我们想打破演员和观众之间的隔阂。为了创造视觉上的亲密感，我们试图挪走任何分散观众注意力的事物。大多数观众厅中，会有栏板、反射体、喇叭、灯光架等一大堆乱七八糟的东西在舞台和观众之间。我们想创造一个纯粹的、高技术的'表演表皮'去整合所有的东西，用这样的表演表皮来覆盖大厅。我们也去掉了把池座区分隔成几个部分的矮墙。我们认为观众厅的表皮有点像展示材料，这些木头的线条把所有的东西都连为了一个整体并且界定了空间的形态，从声学上和心理上。它们为声学而制造，并拥抱了观众。"①

这个厅堂改造前是"钟形平面的观众厅 + 尽端式舞台 + 跌落式包厢"的布局。美国杰夫·霍顿（Jaffe Holden）声学公司的声学家马克·霍顿（Mark Holden），作为该项目的声学顾问和建筑师一起工作。他们不仅扩大了舞台，来拉近乐队和观众的距离，增加乐队的影响力，还调整了观众厅的形状，用极具数字化美感的、弯曲的毒仔山榄木（Moabi）条板覆盖了观众厅的墙面和部分天面，同时沿着包厢和楼座的外侧，界定出一个弧形的围合空间。这些看似随意的非洲毒籽山榄木板，其实都是声学反射板，声学顾问马克·霍顿和建筑师以及 3Form 公司的设计师一起计算这些山榄木板条的厚度，从 1 英寸到 1.5 英寸，以便能够更加有效地改善乐队声音的温暖感和丰富感，而且还遮挡了原来的跌落式包厢、喇叭、灯光等会分散观众观看表演的注意力的"视觉噪声"（图 4.83~ 图 4.86）。

另外，由于厅堂靠近百老汇和城市交通管理局（MTA）的地铁系统，极易受到这种噪声的影响，而且因为扩建，建筑离地铁线还更近了一些，声学顾问马克·霍顿建议用有弹性的氯丁橡胶来隔绝地面和座位区，墙面上的这些毒仔山榄木板也要起到减震的作用。用木质侧墙来实现地铁隔声对声学家来讲是一个巨大挑战。在改造过程中，声学顾问发现，观众厅原有的砌块墙体与地铁轨道有共振现象，原本考虑拆除，可是成本过高，因此，解决方案是在砌块墙体上打孔，将毒仔山榄木条板的金属支架安装在砌块墙体后面的混凝土结构上。霍顿说："这个支架一点都不能触及砌块墙，否则，由木条板构成的新侧墙将会重新传播地铁噪声，并且必须密封木条板背后的原有砌块墙体，使其静音。"②

通过精心设计和施工，一个满足"亲密感"、消除"视觉噪声"并具有数字化美学特点的毒仔山榄木条板，也同时满足了声学上的各种要求。在厅堂改造完成后，声学顾问马克·霍顿的评价是："这个声场效果就像是声音从空中飘来一样。"事实上，正如《纽约时报》的文章标题所写的那样："最终，在音乐厅听到的是天籁之音。"③

2. 城市广场的方式

相对前面几个案例中借用建筑立面设计中的表皮的手段，1994 年建筑普利茨克奖得主、曾主持过多个音乐厅项目的法国建筑师克里斯蒂

---

① Tim McKeough.Performing Architecture.http：//new.lincolncenter.org/live/index.php/erforming-architecture

② 洪浚霆 . 爱丽丝·塔利音乐厅的改建工程 . 演艺设备与科技，2009（4）：88.

③ 同上。

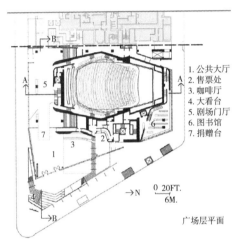

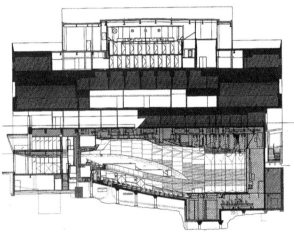

图 4.83 极具数字化美感和亲密感的新爱丽丝·塔利大厅

（图片来源：© Iwan_Baan）

1. 公共大厅
2. 售票处
3. 咖啡厅
4. 大看台
5. 剧场门厅
6. 图书馆
7. 捐赠台

0 20FT.
6M.

→ N

广场层平面

图 4.84 改造后的爱丽丝·塔利大厅的平面

（图片来源：The Space Structures Movment and Exchange between the Building's Users to Create Its Own Performance.The Architectural Review, 2008：56-59）

图 4.85 改造后的爱丽丝·塔利大厅的剖面

（图片来源：同上）

图 4.86 改造前的爱丽丝·塔利大厅

（图片来源：Victoria Newhouse, Site and Sound-The architecture and Acoustics of New Opera Houses and Concert Halls [M]. New York：The Monacelli Press, 78）

安·德·波特赞姆巴克（Christian de Portzamparc）[1] 一直尝试用另一种方式来营造椭圆的厅堂。克里斯蒂安·德·波特赞姆巴克认为："虽然缩短观众和演员的距离，对于加强亲密感很重要，不过一个观众不会因只在距离上亲近而感到满足，空间的感受是非常复杂的。观众听音乐不是用耳朵，而是用所有的感觉来听。"[2] 他在卢森堡音乐厅（2005年）设计中（以及他的新作——2009年建成的巴西里约热内卢音乐厅），根据自己的研究结果，和声学顾问徐亚英一起，用几个小巧的、按声学和视线要求来安放的盒形塔（块状的独立楼座）来围合池座和舞台，塑造出了一种向心的、城市广场式的空间效果。

波特赞姆巴克解释道："在处理声音问题时，有太多精确的参数来解决问题。对空间来说，我希望能有更大的自由度，不用强制地使用那些专门尺度和形状。比如轴线对称，是基于传统的人性仪式，在位置安排上把它们分为对称的两部分。而对音乐来说，没有任何理由需要使用轴线对称，传统的轴线对称模式创造了固定模式的空间体验，可是在当代，音乐的每一样东西都改变了……我试图避免那种固定的模式，通过在一个大座位区中布置专门的空间，来形成一种流动（motion）的模式，让每个观众都感受到空间很大，但又不能一览无余。这一点对我来说非常重要。"[3]

卢森堡音乐厅位于由1996年里卡多·鲍费尔（Ricardo Bofill）设计的欧洲广场的核心，是卢森堡爱乐乐团的新家。在2万平方米的建筑内，包括：1226~1506座的主观众厅、302座的室内乐音乐厅和120座的电子音乐厅。在主观众厅的设计中，建筑师波特赞姆巴克把英国莎士比亚剧场的优点结合到一个"鞋盒"式的音乐厅中，从而战胜了鞋盒式空间缺乏视觉亲密感的问题。这是一个椭圆形的空间，被波特赞姆巴克称为女王的形状（a Queen of Shapes）。他认为，椭圆形空间会给观众亲密的感受，并且它在各个方向上都是无角的，便于在平面上和长方形结合（图4.87）。

建筑师波特赞姆巴克具有丰富的声学知识，他承认椭圆和它的两个平面焦点对声学是非常不利的，所以他和声学顾问徐亚英一起，通过设置壁龛，来打破声聚焦点。这些围绕着椭圆池座的壁龛，被发展为包厢塔。随意站立的包厢塔像是一个个小房子，给人一种城市的印象。这些包厢塔让人相信，在他们身后，还有一个空间，空间好像变大了一样，让音乐厅成为一个广场。这里不像是一个封闭的观众厅，而像是在高大建筑之间的一

---

[1] 建筑师克里斯蒂安·德·波特赞姆巴克主持过多个音乐厅项目，如法国公立艺术学校，巴黎的拉维莱特音乐城和高等艺术学校，卢森堡音乐厅以及在巴西里约热内卢的新作——城市音乐城等。

[2] Acoudtics or the Echo of Power.Techniques & architecture–489 : Programme musiques（Concert halls）.2007 : 40.

[3] Acoudtics or the Echo of Power.Techniques & architecture–489 : Programme musiques（Concert halls）.2007 : 42.

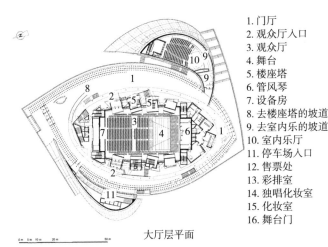

1. 门厅
2. 观众厅入口
3. 观众厅
4. 舞台
5. 楼座塔
6. 管风琴
7. 设备房
8. 去楼座塔的坡道
9. 去室内乐的坡道
10. 室内乐厅
11. 停车场入口
12. 售票处
13. 彩排室
14. 独唱化妆室
15. 化妆室
16. 舞台门

大厅层平面

0 m 5 m 10 m   20 m   50 m

图4.87 卢森堡音乐厅平面
（图片来源：德·波特赞姆巴克
建筑师事务所提供，中文注释：
笔者）

第4章 21世纪演艺建筑面临的挑战

197

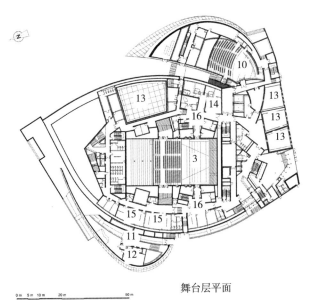

舞台层平面

0 m 5 m 10 m   20 m   50 m

个聚集的空间，挤满观众。为了每个包厢塔各自独立，它们被设置成不同的角度，看似杂乱，实际上确保了每个观众都能有朝向舞台和乐队的良好视线。听众在这里会感觉更加亲密，而且创造了一种各自独立所带来的室外感受。他们不是在一个盒子里，而是在盒子之间（图4.89~图4.91）。

这种平面布局反映了乐队指挥皮埃尔·布列兹（Pierre Boulez）[1]所要求的墙和座位区设置的灵活性。皮埃尔·布列兹最初也很担心这个椭圆的形态，不过他希望放弃常规的音乐厅布局，而是能让音乐家在几个不同的地方围绕着观众或在观众的中心演奏。波特赞姆巴克认为："空间和可视性的力量是准备让一个人听到些什么。一个人在迥然不同的环境里，是敏感的。因为一个人可以用任何他想用的方式来听，可以用扩

———

[1] 皮埃尔·布列兹是20世纪最重要的作曲家之一，他的作品大胆而激进，狂热而不失秩序，将理性思维与音乐表现完美地结合在一起。

图 4.88 随机安放的盒形塔

（图片来源：德·波特赞姆巴克建筑师事务所提供）

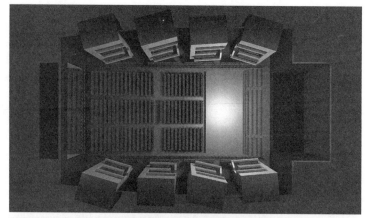

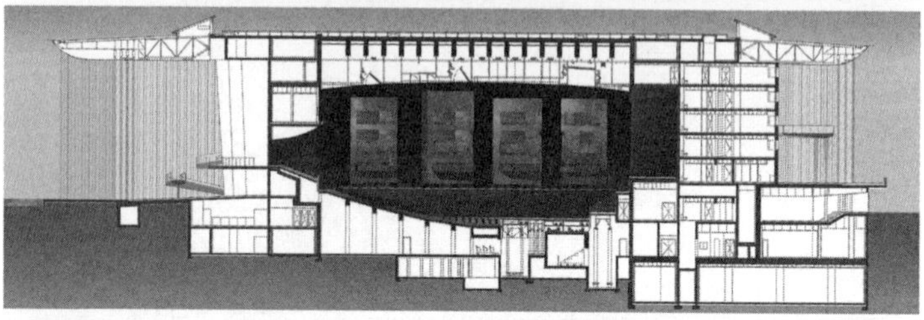

图 4.89 卢森堡音乐厅剖面

（图片来源：德·波特赞姆巴克建筑师事务所提供）

图 4.90 广场空间式的音乐厅室内

（图片来源：德·波特赞姆巴克建筑师事务所提供，© Christian. RICHTERS）

图 4.91 从包厢塔看池座

（图片来源：德·波特赞姆巴克建筑师事务所提供，© Philippe. HURLIN）

音设备、在室外场景中或电影里。在碟片时代，音乐会已经不再是凝听和理解音乐的惟一手段。所以对现场音乐会来说，有另外一种挑战，就是要在某个独特的瞬间，让音乐家和所有观众都能同时感受到音乐……从这些盒形塔中，你能看到所有的人在一起，音乐家喜欢最大可能地接近观众，观众比他们的位置略高并围绕着他们，音乐家能看到观众正在凝听音乐的脸，感受到自己在为左右的观众演奏，这种关系在巨大的池座区中是无法实现的。"①

3. 注重序曲和铺垫：塑造公共空间的戏剧感

在整个演出事件中，观众对表演的期望，不是从观众们走进观众厅，坐在座位上，等待观看演出时才开始的，而是在他们远远看到建筑时就已经产生了。正如本书在第一章结语中所总结的那样，要激发出观众的热情，仅仅考虑如何去设计一个有亲密感的观众厅还是不够的。在观众走进观众厅之前，铺垫和序曲也很重要。观众们对演出的期待，应该是在他们接近建筑时产生；在门厅等演艺建筑的公共空间中，被强化；在观众厅内，他们那种强烈的渴望终于得以释放，转化为对现场演出的热情。

因此要设计出一个受人欢迎的具有亲密感的演艺建筑，就要考虑观众们体验表演艺术这个持续事件的全过程，让建筑外部形态和公共空间也参与到表演之中。正如前文所讨论的挪威奥斯陆国家歌剧院的"地毯式"造型，可以让观众行走于艺术之上，荷兰市场剧院那个耀眼的"路边歌手"形态以及台北艺术中心向四面伸出的奇怪造型，其实不仅增加了"建筑与观众的互动"，也加强了观众对演出的期待，从而激发出他们对演出的热情。甚至在本书 2.1.4 中，数字化媒体技术的运用，如哥本哈根音乐厅在夜晚变身为一首优美的"蓝调"，也能成为观众们欣赏演出之前的序曲。当然，演艺建筑的"公共空间"更是整个戏剧体验中的重要环节。在最近这十几年中，建筑师们在数字化技术的支持下，有了更多的手段让演艺建筑的公共空间更加复杂化，希望在演出之前，让观众从公共空间的戏剧感或冲撞中得到的惊喜感受，来加强他们对整个表演事件的愉悦度。

在荷兰市场剧院中，建筑的醒目色彩和高大雕塑体量的背后，UN Studio 的建筑师们也充分重视了公共空间的视觉效果。最重要的公共空间位于主观厅的一侧，由建筑外墙的玻璃幕墙所界定，除了容纳 750 座主观众厅的台塔以外，还包括一个让人意想不到的、漏斗形的交通空间。这个轻质结构的楼梯间，围绕着门厅，扭曲和旋转，并向上蜿蜒，看起来像是没有尽头。在漏斗形空间的顶部洒下透过滤网的阳光，给观众一种从建筑外立面所感受到的飞翔的感觉。

---

① Acoudtics or the Echo of Power.Techniques & architecture—489：Programme musiques（Concert halls）.2007：46.

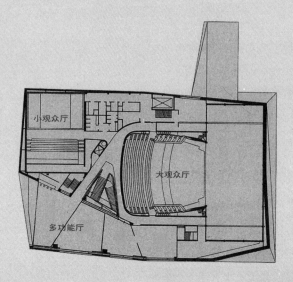

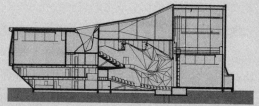

SECTION A-A

图 4.92 市场剧院的平面图

（图片来源：David Sokol.UNStudio shocks a quiet Duth city to life with the crystalline form and electric colors of the Agora Theater. Architectural Record, 2008：210，中文注释：笔者）

图 4.93 市场剧院的剖面图

（图片来源：同上）

图 4.94 市场剧院公共大厅室内

（图片来源：同上 210，211）

    整个公共空间内所有的直线都被替换掉，通过明亮的紫色来加强楼梯间和挑台的雕塑效果，和其他纯净的墙面形成强烈的对比。UN Studio 的建筑师们通过他们对公共空间和交通空间的处理，熟练地提高了观众对演出的期望。从炫目的雕塑体量到戏剧化的公共空间，建筑本身也参与到表演之中（图 4.92~ 图 4.94）。

    另外，前文已经提到过的葡萄牙波尔图音乐厅（本书 4.2.1），从外部看，就如同一个扭曲和奇诡的音乐盒子，其结构形式也非常特别。这个项目的结构顾问是 Arup 的副总裁赛西尔·巴尔蒙德，他在创新结构工程上一直有很高的声誉。赛西尔·巴尔蒙德设置了两个巨大的平行墙，每个都有 1 米厚，和建筑同高同长，成为建筑的结构主体。主观众厅悬挂在两片墙之间，这种安排能起到隔声的作用。另一个小观众厅楔入了其中的一面墙体中，再

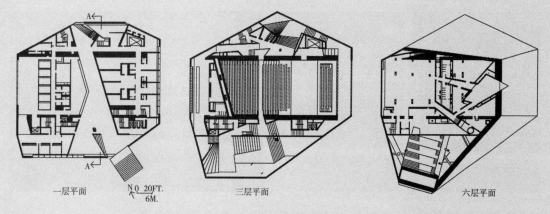

一层平面　　　N 0 20FT.　三层平面　　　　　　　　　　六层平面
　　　　　　　　6M.

图 4.95　波尔图音乐厅的平面图

（图片来源：David Cohn.Rom Koolhaas/ OMA challenges old notions of what a concert hall should be in the sculptural CASA DA MUSICA in Porto, Portugal.Architectural Record, 2005：103, 中文注释：笔者）

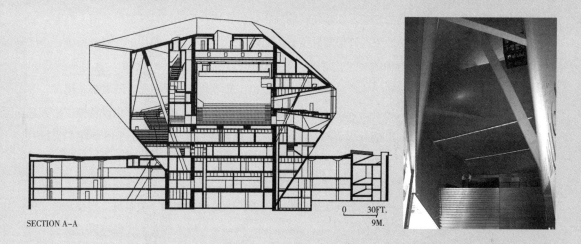

SECTION A–A　　　　　　　　　　　　　　0　30FT.
　　　　　　　　　　　　　　　　　　　　　　9M.

用一个厚 400 毫米的外部围护壳体把建筑的内部空间全部包裹住。

　　库哈斯在两面大墙和外部壳体之间设置了丰富多样的空间，一条环绕大音乐厅的连续流线将所有的公共活动空间和服务空间连接起来，就像在库哈斯的很多项目中一样，他又一次在流线上使用了巨大的楼梯台阶、露台以及自动扶梯等元素，让空间变得非常有趣。当观众刚刚从一个窄缝爬上给人印象深刻的入口楼梯，走进建筑时，将惊讶于那个把人引向右上方屋顶的巨大的楼梯，上空沉重的混凝土斜梁纵横交叉，强化了空间被压缩的感觉。拾级而上，观众会经历一连串似乎是取自城市的景观元素。比如当观众来到观众厅后部时，会有意想不到的发现：这里居然有一个能够俯瞰城市的休息厅，而在建筑的顶部则嵌入一个梯形露台，让人们可以欣赏到波尔图和远处北大西洋的独特景观。整个公共空间给观众一种运动的体验和非常期待的感受，如同一次"冒险"的旅程，和目前流行的巨大门厅相比，这里所配置的公共空间更像是对维多利亚女王时代剧院的一种怀旧，紧凑而充满戏剧感（图 4.95~ 图 4.100）。

图 4.96　波尔图音乐厅的剖面图

（图片来源：同上，102, 中文注释：笔者）

图 4.97　波尔图音乐厅的室内大楼梯 1

（图片来源：朱金良提供）

  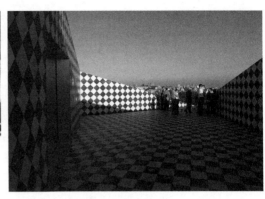

图 4.98 波尔图音乐厅的室内大楼梯 2
（图片来源：朱金良提供）

图 4.99 波尔图音乐厅主观众厅后部能俯瞰城市的休息厅
（图片来源：同上）

图 4.100 波尔图音乐厅的屋顶平台
（图片来源：同上）

4.4.2 用厅堂自然声和数字化声音竞争

在本书第二章的讨论中，我们已经了解到电子混响系统的发展对演艺厅堂的影响。依赖新颖的数字化仿真技术几乎可以模拟出任何人们需要的声学效果，好像解除了音乐对建筑空间的依赖，使用电子混响系统，小厅堂一样能得到长混响。但是这样得到的不是一种自然声，这对享受着 21 世纪数字化产品的观众来说，也许会不是很有吸引力。既然都是模拟，为什么还要去音乐厅呢，在家里的矮顶棚下，也能靠数字化设备模拟出大教堂的声响效果，而且电子混响系统难免百密一疏。比如 1965 年，受援共振（Assisted Resonance）系统第一次使用，就成功地用电声弥补了英国伦敦皇家节日音乐厅声学设计上的不足，而名声大振，这种系统对于增加低频声的混响时间效果明显，但要扩大高频声的确不太容易。再如延迟立体声系统（DSS：Delta Stereophony System）虽然能在不丧失声源的前提下增加声音响度和环绕感，可是当演员转身说话或演唱时，这个系统无法产生相应声音方向的变化。[①] 当然随着电子混响系统的不断发展，肯定会日益精进，模拟得至臻完美，不过技术越是发展，观众却往往更会意识到和珍惜自然声的宝贵，希望能欣赏到自然真实、原汁原味的声音。再说，每个厅堂因其空间的不同，会有不同的声场，在不同厅堂听同一位歌手演唱同一首曲目的效果也会是不同的，这些都是吸引观众走进音乐厅的原因。

从另一个角度来说，当演员用自然声进行表演时，能加强演员和观众之间的交流，将有助于"亲密感"的实现。日本建筑师安藤忠雄认为从日本古老的金丸座剧场中能体会到戏剧艺术的精髓（本书 1.3.2）。他说："在金丸座剧场没有使用先进的技术设备时，它是非常有趣的。当演员演唱状态不好的时候，观众能感觉得到。而在现代剧场中，你永远不知道演员的状态和感觉，因为有太多层的技术处理位于演员和观众之间。"[②] 安藤忠

---

① 李道增，傅英杰 . 西方戏剧 . 剧场史 . 北京：清华大学出版社 1999：355.

② Kara-za.A Movable Theater-an interview with Tadao Ando//Hans Baldauf, Baker Goodwin, Amy Reicher, Perspecta 26 The Yale Architecture Journal-Theater, Theatricality and Architecture. New York：Rizzoli International，1990：173

雄认为这些不是真正的表演。表演对观众之所以有趣，是因为我们能真正
感觉到演员他们自己，当这个沟通实现的时候，就会出现令人兴奋的表
演。演员挑战他们自己的能力，而观众回应他们人性化的演出。著名演员
托尼·兰道尔（Tony Randail）也有类似的观点。他这样指出：" ……我不
喜欢放大的声音，这种扩音让演员和观众之间产生了距离，使观众放弃了
倾听的责任……" [1]

然而纵然是全球顶级的三大音乐厅——维也纳金色大厅、波士顿交响
乐厅和阿姆斯特丹音乐厅，它们的厅堂的音质效果的确是非常好，但其声
场也只是最适合某一类的音乐作品。在现代音乐厅中，往往需要演出各种
风格的音乐作品，所以如果其声学特性固定不变，将会有一定的局限性。
虽然我们似乎可以用分别修建交响音乐厅、室内乐厅和电子音乐厅来解决
这个问题，但就在一个交响音乐厅里，也会需要演出不同曲目的音乐。比如，
如果是古典风格的音乐，像海顿、莫扎特和贝多芬的作品，中频混响时间
在 1.6~1.8 秒比较合适，而在需要演奏管风琴时，混响时间要在 2 秒以上，
由于管风琴没有可以用于持续声音的踏板，如果混响时间短，就会听起来
支离破碎。

因此，从音乐厅的业主和乐队角度来看，往往希望一个音乐厅可以
同时满足不同形式演出以及不同风格音乐演奏和聆听的要求。这样就需
要设置可调的声学设施，根据演出的需要来调节厅堂声学特性。现在已
经有越来越多的厅堂使用可调声学措施，哪怕是专门的交响音乐厅，而
不是像以往人们所认为的那样，只有多功能厅堂才需要可调。这些可调
声学措施大致可分为三类：可调吸声结构（如可收放的吸声帘幕、转
筒式可变吸声体等）；可调容积结构（耦合空间混响室、高度可变的顶
棚等）；电子混响系统。

在三种可调手段中，只有可调吸声结构和可调容积结构是通过自然物
理手段来调节声场的。其中，可调吸声结构是通过改变厅堂内的吸声量来
改变混响和侧向反射声等声学参数，并不是用改变厅堂的实际容积来调整
混响时间（使用吸声结构也会带来一定声能的损失）。因此，从理论上讲，
以空间可变来降低或提升混响时间更为恰当。福斯特建筑师事务所设计的
英国塞奇音乐厅（本书 3.2.3、4.3.1），其声学顾问是奥雅纳（Arup）声学
公司。为了保证观众厅世界级声学表演场地的要求，奥雅纳声学公司参考
了相关经典案例的形式、功能和材料后，决定要实现观众厅出色的自然声
学性能，其可变声学措施是从设计一开始就必须考虑的内容。在 1700 座
的 1 号音乐厅内，声学顾问帕特尔和潘塞·德·格雷设计了 6 块、每块重

---

[1] （美）哈迪–霍乐兹曼–法依弗联合设计事务所（HHPA）. 剧场. 曲正，曲端译. 辽宁科学技术出版社，
中国建筑工业出版社，2002，10：170.

图 4.101 塞奇音乐厅内的可调设施

（图片来源：© Nigel Young/ Foster + Partners）

14 吨的可移动的顶棚，让厅堂的高度能在 10~20 米之间变换，以适应不同乐队的规模和演奏的音乐类型。每块顶棚可以单独调节到不同的高度，以改变厅内自然的声音效果，也可以成组地移动，以调节顶棚的高度，从而改变厅堂的混响时间（图 4.101）。

不过本书重点想讨论的是另一种可变容积的做法："耦合空间"。它是在观众厅之外，另设混响室，两个空间的耦合通过一些闸门来调节。闸门关上时，大厅只有它本身的自然混响；而打开时，通过门扇的开启数目和不同的角度，让两个空间有不同程度的耦合。虽然这种方式会占用巨大的空间，并增加了建造的难度和造价，不过采用耦合空间的突出优点是可以完美兼顾声音的明晰度和丰富的混响感这两个在一般厅堂内相互矛盾的听感特质。这是因为使用耦合空间时，声音实际衰变的曲线是一条双曲折线。前期的混响声维持大厅的正常状态，保持了原有的清晰度。在衰变途中，耦合空间的混响开始影响大厅，改变了衰变的斜率。这样在不损害早期声的清晰效果的同时，又让"余音"萦回动听。[1]

在 20 世纪的 80~90 年代，美国达拉斯 Meyerson 交响乐中心的 Eugene MC Dermott 音乐厅（1989 年）和英国伯明翰国际会展中心交响

---

① 王季卿. 建筑厅堂音质设计. 天津：天津科学技术出版社，1999：254.

大厅（1991 年）都是按此原理建造的，也因此闻名。这两个项目的声学顾问都是 Artec 声学公司的罗素·约翰逊（Russell Johnson）。Dermott 音乐厅是第一个建成的，主要是在厅堂上部和周围设置了好几个大的混响室，为正厅容积的 1/3 左右，它们与正厅之间有 74 个可开启或关闭的隔声门。音乐界对这个厅堂的评价很高，认为其音质美妙，而且有一种从未有过的新鲜感觉。当乐曲因断弦而突然停止时，可以听到 3 秒左右的混响，在乐曲演奏过程中，其早期混响时间听起来大致上为 2 秒的效果。[①]
虽然在 Dermott 音乐厅和伯明翰的交响大厅中，混响室的门还是液压人工控制的，使用时会稍显不便，不过如今新建的可调混响设施都已经可以通过计算机来控制了。会根据各种演出需求，事先设置好相应的程序，到时只要按下一个键，就可以把厅堂调整为音乐家们所需要的状态。回顾过去十年的新建演艺设施，在厅堂内设置 "可调耦合空间" 已经由英美被推广到全球的范围。

205

具有 "可调耦合空间" 的厅堂（1999~2007 年）　　　表 4.1

声学设计	建成时间	名称	地点	厅堂名称 & 座位数	适用演出范围	可调混响室的位置	混响室与观众厅的体积比
Artec 公司	1999	卢塞恩文化会议中心	瑞士卢塞恩	1900 座的交响音乐厅	交响乐、合唱团、爵士乐、民乐和流行音乐以及各种会议	侧面的混响室	0.32
	2000	西贝柳丝大厅	芬兰拉迪	1250	音乐会及各种会议	侧面的混响室	0.45
	2001	基梅尔表演艺术中心	美国费城	2500 座的威瑞森音乐厅	交响乐	侧面的混响室	0.47
	2002	滨海国家表演艺术中心的音乐厅	新加坡	1800 座音乐厅	独奏、交响音乐会、管风琴、合唱以及东西方艺术表演、电声乐队、录音、现场广播、电影等	侧面的混响室	0.61
卡尔声学公司	2007	苏州科技文化艺术中心	中国苏州	1200 座的剧院	歌剧和交响乐	侧面的混响室	0.2

（表格来源：笔者整理）

（在表 4.2 中，笔者亲自考察过两个厅堂：美国费城的基梅尔表演艺术中心和中国的苏州科技文化艺术中心。）

---

① 王季卿. 建筑厅堂音质设计. 天津：天津科学技术出版社，1999：255.

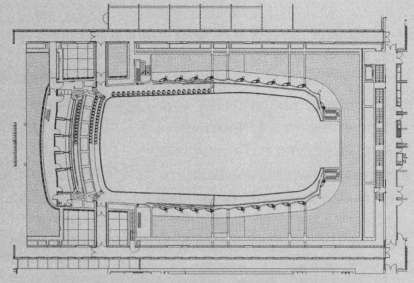

由上表可以看出，美国的 Artec 公司在设计"可调耦合空间"的厅堂
方面颇有建树，而卡尔声学公司在中国苏州科技文化艺术中心的声学设计
与 Artec 公司的手法非常相似，也是因为声学顾问艾克哈德·卡尔（Eckhard
Kahle）博士和布赖恩·卡茨（Brian F.G. Katz）博士曾在 Artec 公司工作多
年，并参与了卢塞恩文化会议中心的声学设计，他们在设计耦合空间方面

也经验丰富。事实上，Artec 公司的那几个厅堂在空间布局上是非常相似的。它们基本上都是略带弧形的鞋盒式的平面，并设有多层弧形围合的楼座，能形成很好的视觉和听觉上的亲密感。围绕着观众厅的两侧或周边设有可调混响室，沿着每层楼座设置可开启或关闭的可调混响门。舞台上的反射板一般分为两块或三块，可以独立调节其高度，来控制舞台上的声学特性和厅内的视觉效果，从而适应不同的演出需求（图 4.102）。

在表 4.2 中，最成功、使用率最高的耦合空间音乐厅是瑞士卢塞恩文化会议中心的交响音乐厅，它能满足交响乐、合唱团、流行乐、爵士、乡村音乐以及各种会议的使用需求。一方面是因为从这个厅开始，混响室门采用了电脑自动控制，大大提高了调节声学特性的灵活性和速度；另一方面，和厅堂的业主非常重视发挥此厅优异的声学特性有很大的关系。在音乐厅建成后，业主与 Artec 签订了一个长期的合同，每年的国际音乐节，Aretc 的声学顾问都要到场协助音乐厅的声学技术人员控制和探究可调声学结构的使用。数年下来，已经积累了大量的使用经验，针对不同的演出形式、不同的乐团甚至不同的曲目作品都有一套录入电脑控制系统的声学装置设置程序。

另外，新加坡滨海艺术中心（本书 3.2.3）的音乐厅是目前具有耦合空间的音乐厅中可调混响室规模最大的一个，它充分吸取了在它之前建造的同类音乐厅的经验。滨海艺术中心音乐厅有两个突出的特点：第一是它的可调混响时间覆盖了所有顶级和优异级的传统音乐厅的混响时间范围；第二是它的声学规模很奢侈或者说是很豪华，虽然它的座位数是传统顶级音乐厅的平均，但是它的总体积和每座容积却要比传统顶级音乐厅大得多。84 个声学控制门、三块可以独立升降的舞台反射板、观众厅四周可以收放的吸声的帘幕、混响室内的吸声吊挂等可变声学装置全部都是电脑编程控制，可以在两段曲目的转换间隙、在很短的时间内完成可变声学装置的设置和转换（图 4.103）。

虽然由于耦合空间的设置，弧形楼座 + 侧墙上的混响门，让观众厅室内看起来有几分相似，不过最终的厅堂是建筑师和声学顾问合作的结果，不同建筑师对观众厅空间的不同理解，让这些厅堂"和而不同"。建筑师努维尔认为："建筑的解决方案必须和谐、敏感、智能和包容。"[①] 所以，他在卢塞恩文化会议中心中，把混响室视为观众厅的一部分。为了形成特别的灯光效果，努维尔邀请国际著名的灯光设计师英戈·毛雷尔（Ingo Maurer）来设计，而色彩的效果由阿兰·保尼（Alain Bony）负责，他常常在努维尔的项目中对外立面的色彩提出建议。最终，观众厅的室内效果是素颜的白色混响门和混响室内热烈的大红色形成明快的对比。当混响门

---

① http : //www.jeannouvel.com/

图 4.104 混响门关闭时，卢塞恩文化会议中心音乐厅的室内

（图片来源：http：//www.jeannouvel.com/）

图 4.105 混响门开启时，卢塞恩文化会议中心音乐厅的室内

（图片来源：同上）

图 4.106 文化会议中心音乐厅的弧形空间加强亲密感

（图片来源：同上）

关闭时，厅堂的侧墙为白色，在蓝色座椅的衬托下，显得非常宁静；而当混响门打开时，立面的红色显露出来，观众厅又显得热情而活泼。曾在Artec 公司工作的声学顾问布赖恩·卡茨博士对这个厅堂的使用非常了解，他对笔者介绍道，有时混响门会特意在观众入场后、演出开始前，才缓缓打开，营造一种演出即将开始的氛围，就像传统音乐厅在演出开始前，会把吊在空中的水晶吊灯缓缓升起一样。更有意思的是，混响室也可作为演出的场所。有时，音乐家会在混响室里演奏，这样就不是观众围绕着乐队，而是被乐队所包围（图 4.104~ 图 4.106）。

美国费城基梅尔表演艺术中心（本书 4.3.1）的威瑞森音乐厅是著名的费城交响乐队的驻团剧场，所以建筑师维诺里在最初的设计概念中，就把音乐厅设想为一把乐器，要奏出费城交响乐队自己的声音。整个厅堂的形态如同一把大提琴，包裹着桃花心木，没有一个直角的表面。舞台的位置就在相当于在大提琴的音桥（Cello's Bridge）的位置上（大提琴的音桥往往是连接着琴弦的大提琴能量的汇合点）。沿着周边的墙体上设有 100扇混响门，能让声音进入其后一个巨大的混响室。通过混响门的开启，增加混响空间，混响时间能够延长 30%。为了加强声学效果，设有一组声学吸声帘，在舞台上设有三组可单独调节的声学反射板，能够把直达声反射给观众，也能让音乐家们彼此听得更清楚（图 4.107~ 图 4.109）。2008 年笔者在这个音乐厅考察时发现，维诺里设计的独特之处是他没有把巨大的混响室作为一个观众厅之外的附属空间，把它完全包裹或隔绝开来，而是把体验混响室也作为观众音乐体验的一部分。池座区的观众在进入观众厅

209

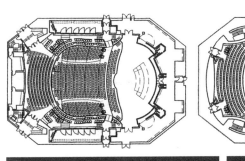
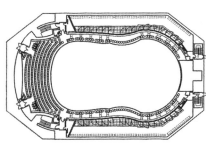

图 4.107　基梅尔表演艺术中心的威瑞森音乐厅平面
（图片来源：Hugh Hardy（Author），Stephen A.Kliment（Series Editor）.Building Type Basics For-Performing Building Facility. Hoboken，New Jersey：John Wiley & Sons，Inc.，2006：34）

图 4.108　基梅尔表演艺术中心的威瑞森音乐厅室内 1
（图片来源：笔者自摄）

图 4.109　基梅尔表演艺术中心的威瑞森音乐厅室内 2
（图片来源：http：//www.rvapc.com/）

之前，必须先穿过混响室，再进入观众厅。混响室的墙面被涂成黑色，只有蓝色的 LED 灯光，结构的梁柱和声学吸声帘都暴露在那里，让人觉得如同走进了舞台的后台一样。当观众走进观众厅时，桃花心木温暖的玫瑰色光泽，又让人眼前一亮，有着先抑后扬的效果。

在芬兰拉迪的西贝柳丝大厅中，对混响室的处理和维诺里的手法也有相似之处。不过这个项目的建筑师哈努·提卡和凯莫·林图拉是把建筑交通空间的一部分作为可调混响室，在混响室内设有公共楼梯，池座的观众必须穿过混响室才能进入观众厅。这样，不仅让观众能亲自走进混响室，感受它的奇妙，也解决了混响室体量巨大、占用过多空间、导致造价增高的问题（图 4.110~ 图 4.112）。

总的来说，设置"可调耦合空间"还是一个新手段，虽然这种概念很早就提出来了，但是实际上应用并不广泛。某种程度上，这和声学顾问的设计经验以及建成后能继续与业主或乐队配合直接相关，因为这种复杂的声学设施最初总是难以琢磨的。费城基梅尔表演艺术中心的威瑞森大厅刚开放不久后，著名的《华盛顿邮报》也认为声学设计不成功，将其比喻为"声学的撒哈拉沙漠"。混响门开启数量和角度的不同以及声学吸声帘的状况不同，会让厅堂声学的可变性成倍增长，所以需要时间来掌握这种能够精细调整而带来的使用上的复杂性。

以瑞士卢塞恩音乐厅来说，它虽然是目前积累了最多使用经验的具有耦合空间的厅堂，但是对它的声学可调装置的使用还远远谈不上成熟。在这几年的使用过程中，音乐厅的声学技术人员和 ARTEC 的声学顾问一起，根据乐队成员、指挥、声学顾问以及听众的反映摸索出了五种常用的声学设置。虽然这五种设置下，音乐厅内的实际混响时间没有明显

图 4.110 西贝柳丝大厅观众厅室内

（图片来源：西贝柳丝大厅的 Marja-Leena Sovinen 先生提供，© Sibeliustalo）

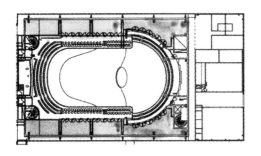

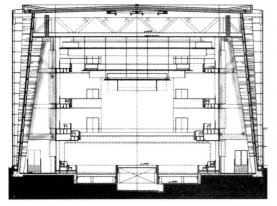

的差别，但是现场的实际听觉差别却十分明显，因为混响室的使用总是
与其他可变声学结构，如声学吸声帘一起使用。当混响室门开启时，混
响室内的吸声吊挂也被不同程度地展开，最佳的效果是根据主观听觉来
做出的。这表明混响室的作用也许并不局限于调节混响时间，更多是用
来调节那些比混响时间更细微的影响主观听觉的参数，而且有些参数甚
至至今还无法用物理参量来定义和描述。当音乐厅的总体积、反射面的
布局和结构发生了变化时，虽然总的混响时间也许变化不大，但是室内的
冲击相应函数的细节结构肯定被改变了，如侧向反射声的分布和到达序列、
早期反射与后期反射的比例关系等。冲击相应函数的细节结构的改变，必
然引起主观听觉的改变。[1]

　　所以说，"耦合空间"的使用，还需要声学顾问和音乐厅的使用者
在具体的使用过程中去摸索和总结经验。尤其是那种有驻团乐队的厅
堂，将会比较容易，这样，音乐家可以有足够的时间来摸索厅堂的声
学性能，用表演来不断磨合，最终达到演出和厅堂的完美融合。笔者
曾在2008年11月亲自走访了美国费城基梅尔表演艺术中心的威瑞森
大厅，那天晚上，费城交响乐队演出的是莫扎特和马勒（Bruckner）的
音乐作品，乐队是120人的全配置。笔者在演出中场休息时，向一位

**图4.111　西贝柳丝大厅
平面和剖面**

（图片来源：彭怒，孙乐 . 从木
材到殿堂 . 建筑学报，2006：
83）

**图4.112　西贝柳丝大厅
的混响室与交通空间合为
一体**

（图片来源：同上）

① 孟子厚 . 用耦合空间来调节声学特性的音乐厅 . 艺术科技，2004（3）：16-17.

工作人员询问使用耦合空间的情况。她介绍说，今天晚上混响门全部打开了，不仅是根据乐队的规模，还要根据具体的音乐作品。由此，可以看出威瑞森大厅的工作人员对于如何使用"耦合空间"设施还是比较清楚的。

相比较而言，中国苏州科技文化艺术中心的大剧院中虽然也设置了可调的耦合空间（本书2.2.3），可是业主对如何使用这个设施还处在摸索阶段。2009年7月，笔者陪卡尔声学公司的声学顾问布赖恩·卡茨博士回访过这个厅堂，还聆听了一场苏格兰艾尔夏弦乐团音乐会。在用于音乐会时，这个厅堂的可调混响门应该全部开启，同时所有的声学卷帘应全部收起，来保证厅堂的长混响。可是，现场的情况是只有部分混响门开启，三楼的声学卷帘也是垂挂下来的，和声学设计时所假定的状态并不相同。演出结束后，我们还向艾尔夏弦乐团的指挥了解了乐队的反馈。由于苏州科技文化艺术中心在运营上是出租式的剧场，这个乐团也是个过路乐团，他们当天下午5点才刚刚从湖州大剧院赶过来，晚上7点半就要演出，只是简单彩排了几首曲子，发现乐队与观众席的距离较远，就把乐队整体向前移动了几米。只来得及做这么一点点小小的调整，根本没有时间对厅堂内复杂的可调声学设施有所了解。虽然，通过这个回访，卡尔声学公司的声学顾问已经和业主建立了联系，也讨论安排了一些关于运用这些声学设施的培训，可是如果没有驻团乐队的配合，掌握这个复杂的声学设施，还是比较困难的。

总体来说，通过设置可调"耦合空间"，不仅可以满足不同演出的需要，还能让厅堂同时具有声音的明晰度和丰富混响感，这一对看似矛盾的一般厅堂不可能同时获得的声学特质，无论对声学顾问还是音乐家来说，都是非常有吸引力的。因此，从长远来看，用可调"耦合空间"来实现交响音乐厅的精细化可调或是塑造以音乐厅功能为主、兼顾其他表演的厅堂，也许是现代音乐厅的一个发展方向。

有趣的是，在现代音乐厅设计中，除了延续古典鞋盒式音乐厅的方式颇受欢迎以外，就属柏林爱乐音乐厅（1963年）的那种葡萄园台地的模式了。这种模式让座位区环绕着舞台，创造出一种更加亲密的听觉环境。在迪士尼音乐厅之后，日本永田声学公司的丰田泰久在中国深圳文化中心音乐厅（2007年）、丹麦哥本哈根音乐厅（2009年）和德国汉堡易北音乐厅（2013年）项目中也沿用了相似的葡萄园台地布局。最有意思的是，这些厅堂的声音也都兼顾了"很好的明晰度和丰富的混响声"的要求。声学顾问可以通过调整和界定每个座位席矮墙的位置和角度，让这些矮墙提供充分的早期反射声，使乐队的声音在长混响厅堂中也能保持其明晰度。在哥本哈根音乐厅开幕6个月之后，《洛杉矶时报》的音乐评论家Mark

Swed 对它这样评价道："这个音乐厅有着和洛杉矶迪士尼音乐厅一样的、如同声学鸡尾酒（Acoustical Cocktail）式的声音，具有丰富的低音、明晰度、精细和又惊又喜的即时性。" [1]

音乐评论家 Mark Swed 的比喻是非常形象的。的确，就像调酒师调制一杯鸡尾酒一样，他能把完全不同的酒共置在一个酒杯中。声学顾问们正做着类似的工作，把不同声场所具备的声音特质并存于同一个声场中。那么，这种声学鸡尾酒式的声音也许就是前文中阿泰克声学公司的塔泰奥·中岛所说的那种有影响力的声音吧。巧合的是，这种对厅堂明晰度和丰富混响的双重追求也是马歇尔声学公司在广州歌剧院和巴黎爱乐大厅项目中的声学设计目标。或许这就是 21 世纪厅堂的声音，它可以和日益精湛的数字化声音相竞争。

通过本章的讨论，笔者认为数字化技术在推动演艺建筑发展的同时，也让人们越来越沉迷于数字化产品。当表演艺术作品在通过网络下载，购买 DVD、CD，甚至一个 IPOD 就能解决全部问题时，人们更愿意待在家里。那种演艺厅堂只要修建，就会有人来看表演的时代，已经一去不复返了。面对数字化技术发展带来的挑战，演艺建筑为了实现其不变的核心目标："亲密感"，吸引观众，激发出演员和观众的热情，演艺建筑已经发生了以下改变：

1. 透明和反转

不仅公共大厅会变得透明，模糊演艺建筑与城市的边界，让公共大厅的活动与城市街道生活相融合，就连一直强调表演的神秘感的观众厅也变得透明，面对城市或景观开放。当然，在某种意义上，也是声学技术、建造技术的发展和支持，让观众厅能够不再依赖厚厚的墙体来解决隔声和反射的问题，观众厅的透明性才得以实现。不仅如此，为了吸引观众，在长毛象剧院和曲线剧院中，通过打造透明剧场实验室，让演艺建筑内的舞台、后台、排练大厅、办公室等所有的空间都实现了反转，所有的空间是透明的，暴露给观众。这样，观众能够看到并理解整个表演作品创作的全过程。人们来到剧场，将不会只看到表演，还能看到工作人员如何在舞台上吊装布景，演员们如何在化妆间里化妆，排练厅里舞蹈演员如何练功等。这样就不是只有舞台上的演出才是表演，所有的活动都是表演。

213

---

[1] Suzanne Stephens.Ateliers Jean Nouvel devises an ethereal container for the Copenhagen Conert Hall.Architectural Record，2010：75.

2. 城市客厅和互动

为了让不看歌剧和不听音乐会的观众也走进演艺建筑，演艺建筑的功能变得更加复合。这里已经不再只是演出的场所，而是融合了艺术教育、商业、餐饮、博物馆、图书馆等各种功能的城市客厅，一个社交和聚会的场所。演艺建筑不再只是晚上演出的时候才开放，而是会全天开放。通过全面可达的设计，创造一系列透明的、欢迎式的公共空间，成为一个有顶的城市广场，使演艺建筑能更好地融入城市结构，担当起旧城复兴的催化剂和新城开发旗帜的作用。由此，在演艺建筑的外部形态上，也不再满足于做一个炫目的文化地标，而是更加看重演艺建筑与观众的互动，希望在观众不需要付费的情况下，仍能有多种方式和建筑进行互动，感受到表演艺术的魅力。演艺建筑要对所有的人开放，成为每个人日常生活的一部分，为新世纪培养可持续的观众。

3. 重视厅堂的"亲密感"和"自然声"

面对数字化视听产品和设备的竞争，"亲密感"作为表演空间魅力的核心要素，将会得到更多的重视，因为演员和观众之间活生生的交流、观众相互之间对演出的分享，是真正让观众期盼和吸引他们走进剧场的原因。在先进声学技术的支持下，让建筑师有了更多的方式来解决弧形空间的问题，营造现代厅堂的"亲密感"。另外，对"亲密感"的思考将不会只停留在厅堂中，而是会考虑到观众们戏剧体验的全过程。演艺建筑公共空间的戏剧性将会被强化，以此来加强观众对演出的期待，从而让他们在观众厅内能以更大的热情来拥抱演出。

同时，自然声才是厅堂最完美的声音，采用自然声的演出，可以加强演员和观众之间的交流，也会有助于"亲密感"的实现。21 世纪的厅堂不仅会倾向于用调节空间容积的手段来调整声场，而且还在追求自己的声音，希望能兼顾"明晰度"和"丰富的混响声"，用这种声学鸡尾酒来和历史上的优秀厅堂媲美，与数字化声音竞争。

第 5 章

中国演艺建筑建设和国外的比较

□ 修建模式
　·集中多厅模式的思考
　·多种模式并存

□ 重视『亲密感』的问题

□ 追求世界一流的厅堂音质

□ 创新&设计团队的构成

□ 中国建筑师的机遇与挑战

□ 中国演艺建筑的设计与建造之路

5.1 修建模式

笔者的研究始于国内大多数城市简单地以国家大剧院为范本进行修建的演艺建筑建设现状，那么，在分析和总结了那么多全球新建演艺建筑的发展趋势以后，再回头来讨论一下这个问题。

5.1.1 集中多厅模式的思考

从附录C中，我们可以发现国内近年修建演艺建筑的特点。大多数项目都采用"大屋顶"覆盖的集中多厅结构，并且注重建筑的地标效应，每个方案设计的屋顶造型都有一种说法，如荷花，像蜻蜓，似帆船，舞裙，花瓣，石头，古琴，水晶宫等，为完成这些造型，也耗资不少，不过这些形态大多偏重于一种视觉效果，缺乏足够的理性（图5.1）。国内剧院研究的学者卢向东在其《中国现代剧场的演进》一书中，这样评论道："目前流行的剧场设计方式之一，是在剧场的外面再罩上一个与剧场的功能无关的外壳，追求视觉效果。国家大剧院的建筑设计开创了中国90年代剧场设计的这种'外罩'设计方法，影响巨大……这种模式的最大特点是：无论设计什么样的剧场，也不论其中的功能内容如何，统统用一个外壳将其笼罩，然后，为这个外罩赋予一个意义，通常会被设计师赋予诗意、传统等一类说法，成为建筑师向业主进行游说的重要手段……这样的做法同样不利于剧场的经营管理。可以利用的空间不多，但是实际的空间很大，能

中国国家大剧院　　　　　上海大剧院　　　　　上海东方艺术中心

东莞白玉兰大剧院　　　　广州歌剧院　　　　　河南艺术中心

图5.1 国内部分新建演艺建筑

（图片来源：笔者整理）

杭州大剧院　　　　　　　无锡大剧院　　　　　合肥大剧院

源的消耗必然也很大。不少剧场，尤其是南方炎热地区的剧场，一年四季恐怕都要开空调。"[1]

　　学者卢向东的观点是：从经营管理的角度看，这种加外套的设计加大了建设成本和运营费用，非常不利于降低开支的经营要求，造成了一些剧场设计中忽视功能并存在空间浪费的现象。不过，笔者认为，从演艺建筑所承担的社会责任，即旧城改造的催化剂、新区发展的旗帜来说，用一种独特的造型来塑造一个城市的地标也不是一无是处的。只是设计时，应该多层次、多角度，从本土文化、地域气候等方面进行更加深入的思考。

　　比如建在美国亚利桑那州的坦佩艺术中心，其建造模式也采用了屋中打伞的"加外套"的方式，不过外面的那个壳体是对场地条件、当地景观的一种对应策略，而不是仅仅为了造型的需要。该艺术中心所在用地处于 2 英里之外国际空港飞机的飞行路径上，大概每隔两分钟就有一个飞机飞过，同时，用地紧邻交通繁忙的铁路和高速路，附近的太阳魔鬼体育场（Sun Devil Stadium）球迷们燃放焰火和欢呼的声音也能间歇地听到，因此噪声是这个艺术中心在设计时需要解决的大问题。最终建筑采取"房中房"（Building-within-a-building）的概念，就是服务于这样一个声学的功能——隔绝噪声。把 600 座的镜框式剧场、200 座的黑箱剧院和多功能厅分开设置，并用混凝土墙和金属铜板的外墙包裹。为了隔绝外部的噪声和夏日的高温，也同时呼应亚利桑那州的景观，设计团队在这个复合体上放置了一个 16 个顶点的多面壳体，这个多面体抽象地再现了山峦的起伏，体现了沙漠城市的精神。屋顶的高点距地 100 英尺，由剧场高塔舞台所伸出的一系列金属柱子支持着，柱子底端是橡胶垫层，减少因飞机飞过造成的空气震动传入表演空间（图 5.2，图 5.3）。

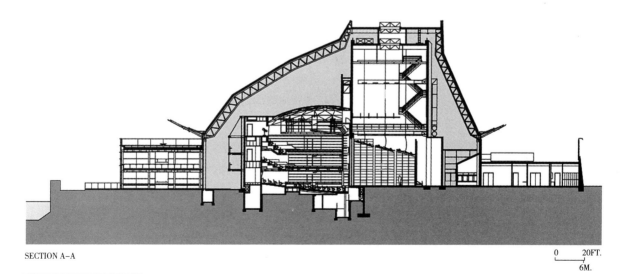

SECTION A–A

0　　　20FT.
6M.

图 5.2　坦佩艺术中心的剖面
（图片来源：Jenna M. Mcknight. Barton Myers Associates and Architekton unite nine local arts groups under one dramatic roof.Architectural Record，2008：110）

① 卢向东.中国现代剧场的演进——从大舞台到大剧院.北京：中国建筑工业出版社，2009：260.

图 5.3 坦佩艺术中心的多面屋顶与亚利桑那州的沙漠景观相呼应

（图片来源：Jenna M. Mcknight, Barton Myers Associates and Architekton unite nine local arts groups under one dramatic roof. Architectural Record，2008：109）

　　的确，在 20 世纪 60~70 年代，被广泛接受的那种功能主义至上的方式，希望建筑形态能非常真实地反映舞台、观众厅和前厅的关系，在某种程度上已经不太符合今天的美学需要了。前文所提及的荷兰联合设计工作室的建筑师本·范·伯克尔认为，以前传统剧场中那个从主要体量上伸出的高塔舞台，更像一个大拇指，而不像一根指挥家手里优美的指挥棒。所以，在数字化时代的今天，为了吸引那些享受着个人数字化产品的观众走进剧场，演艺建筑在其形态上应该有所改变。当然，大屋顶覆盖下的门厅空间相比传统的门厅空间要高大和开阔许多，的确会增加能源的消耗，不过位于高纬度寒冷地区的英国塞奇音乐厅和位于热带的新加坡滨海国家表演中心以及美国达拉斯的温斯皮尔歌剧院中所采取的生态策略，似乎已经给出了一个比较理想的解决方式（本书 3.2.3）。

　　相比较而言，国内目前对演艺建筑的生态设计和绿色可持续还不太重视。国内某艺术中心在刚建成时，曾有新闻这样报道："大剧院建得起，养不起。"认为该艺术中心设计上存在诸多"能耗漏洞"。中国国家大剧院作为全国演艺建筑设计的范本和标杆，在设计时，没有考虑相应的节能措施，多少有点令人遗憾。

　　不过，2009 年 5 月初建成的合肥大剧院，在这点上，倒是一个先行的探索者。该项目生态节能方案的设计单位是北京五合国际建筑设计咨询有限公司，该项目的业主是合肥政务文化新区建设指挥部，他们希望把合肥大剧院建成生态节能型建筑，达到节能减排生态环保的目的。由于建筑位于天鹅湖边，其水体为活水，水面宽广，且合肥地处夏热冬冷区域，湖水基本无冻结问题，所以五合的环境工程师们采用了地表水源热泵 + 冰蓄冷 + 冬天天然湖水辅助冷源 + 市政热力辅助热源的复合能源系统，同时，注重室内公共大厅的自然通风，因为被动式节能是最先进的方式，能充分利用本地气候特点及优势，在不主动消耗或尽量少消耗能源的情况下，维

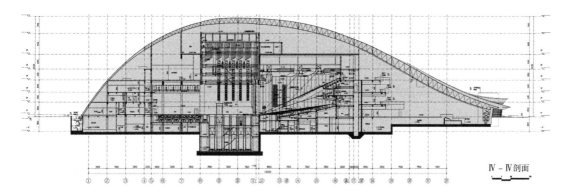

Ⅳ－Ⅳ剖面

持室内的舒适度。环境工程师们还考虑了能量回收技术、太阳辐射控制等其他节能措施。预计其节能范围能够超过国内《公共建筑节能设计标准》中所要求的节能 50% 的标准（图 5.4，图 5.5）。

　　如果和国外的演艺建筑项目中的生态设计相比较，我们会发现，国外项目中的生态设计咨询顾问应该是在建筑概念阶段就已经介入，所以具体的生态设计手段会对建筑的外观，平面布局都产生影响。比如新加坡滨海国家表演中心的大榴莲似的外形，其实是采用独具特色的遮阳设施的结果；而美国达拉斯的温斯皮尔歌剧院中，那个巨大的室外遮阳板，不仅是建筑造型的需要——有效界定剧院室外的城市空间，更是节能措施的切实需求；还有，美国伦斯勒理工大学的实验媒体艺术中心有意识地把门厅和建筑的公共空间安排在北侧，在南侧布置附属设施，用南侧的方盒子来防止有着大面积幕墙的大厅暴晒于夏日的阳光下，从而节约夏天大厅的空调费用（图 3.28）；同理，英国塞奇音乐厅的建筑布局也

图 5.4　紧临天鹅湖的合肥大剧院
（图片来源：张嗣烨摄）
图 5.5　合肥大剧院剖面图
（图片来源：项秉仁建筑设计咨询有限公司提供）

把室内广场放置在建筑的北侧，这样不会有显著的太阳能积累，因此不需要给大厅提供人工制冷，同时顺应了当地西南方的主导风向，给教育中心和室内广场提供了自然通风（图3.35）。所有的这些生态设计手段，让整个建筑的造型和布局更加理性，不再是单纯地去追求建筑学上的美学意义，而是更加注重建筑的内涵，超越了为实现建筑的地标性，而刻意追求标新立异的怪圈。

另一方面，演艺建筑要担当旧城改造的催化剂、新区发展的旗帜，仅靠一个独特的外形还是不够的，还需要功能的复合化，成为真正的城市客厅。那么，从这一点来看，大屋顶界定下的演艺建筑公共空间，需要融入更多的其他功能，如餐厅、咖啡馆、酒吧、书店、教育中心、图书馆、博物馆、展示甚至研究的功能，并向所有市民开放。正如建筑师福斯特所强调的，要让那些不看歌剧、不听音乐会的人也走进演艺建筑。费城的金梅尔表演艺术中心和英国塞奇音乐厅项目中（本书4.3.1），都有效地创造了一种有顶的室外路边空间的延伸，模糊了城市和建筑的区别。这种城市客厅的概念，自然需要注重公共区域的全面可达，开放时间也不是只在晚上有演出的时候，而是应全天开放。像英国塞奇音乐厅，其室内广场每天开放16个小时，金梅尔表演艺术中心也是这样。2008年11月，笔者专程去考察了金梅尔表演艺术中心。晚上音乐会结束后，已经快10点了，虽然观众厅都已关闭，不过，玻璃拱顶下的市政广场仍然灯火辉煌，有很多年轻人会去位于拉尔曼剧场顶上的屋顶花园跳舞狂欢，也有不少观众会去参加小乐队的沙龙聚会，或者在这里吃点东西、喝上一杯，与朋友随便坐坐聊聊。这样，金梅尔表演艺术中心已经不再是一个单纯的演出场所，而是城市里一个社交或聚会的极佳地点。

相比较而言，国内演艺建筑设施还停留在努力营造高雅艺术殿堂的阶段，在如何融入城市的公共空间，让演艺设施成为普通市民生活中的一部分等方面，考虑得较少。比如，如果你没有购买演出票，是不能进入上海某新建演艺建筑的公共门厅的，如果想在白天参观，需要购买参观门票；而上海另一著名的艺术中心，对不持票的市民而言，也只能进到入口处的售票厅。由于目前这些厅堂的演出多为引进国外知名的演出团体，所以票价高昂，普通市民往往难以承受，这样导致很多人从未走进过这些演艺设施，也很难在普通市民中推广和宣传表演艺术。

还有国外演艺建筑中的公共空间，不仅会成为城市客厅，也常常是一个非正式的室内表演空间。那么，演出场所就不再只局限在观众厅里，也可在公共门厅内进行，以此增加演员和观众的互动，或为民间团体，路边歌手提供一个演出的场所，因此就需要对公共空间进行专门的声学设计，而不是仅仅隔绝外部噪声那么简单。正如西萨·佩里事务所

图5.6 本杰明和玛丽安·舒斯特表演艺术中心
（图片来源：Benjamin Kline. Cesar Pelli & Assocaites Brightens Downtown Dayton with Lights, Theater, Action. Architectural Record, 2003：135）

图5.7 中庭式的冬天花园
（图片来源：同上 137）

在美国俄亥俄州戴顿（Dayton）市设计的本杰明和玛丽安·舒斯特表演艺术中心（Benjamin and Marian Schuster Performing Arts Center）就充分考虑了这一点。它是一个混合开发项目，占据了一个完整的城市街区，包括一个多功能的表演大厅，一个中庭式的冬天花园（atrium-cum-winter garden）和一个18层的办公楼、公寓和地下停车。7层的冬天花园是整个项目的核心，设有餐厅、给乐队使用的舞台、接待处和演讲台，所以它不仅是剧院的公众接待室，也是一个非正式的室内表演空间和举行演讲等活动的场所。

建筑师佩里最初想用全玻璃来构筑这个大厅，为此，该项目的声学公司——杰夫·霍顿声学公司研究了冬天花园里的玻璃顶棚，表明声学反射效果不好，为此声学顾问不仅增加所有围合玻璃幕墙的造价来更好地隔绝室外噪声，屋顶也换为实体材料。在实体屋顶下，用枫木制成的木格栅系统，塑造出一个透声顶棚，用于吸声的声学玻璃纤维藏在上面。另外，冬天花园紧靠剧场的后部，给从声学上两个空间的隔绝带来困难。声学顾问马克·霍顿建议这个复合体的各部分由声学节点（空腔）分开。最终的效

图5.8 本杰明和玛丽安舒斯特表演艺术中心平面图
（图片来源：同上）

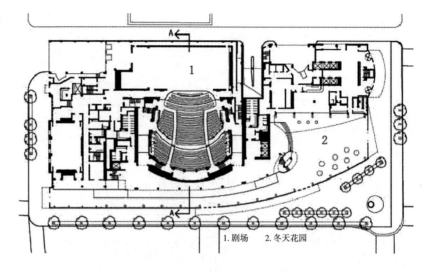

1.剧场　2.冬天花园

果是：当军乐曲在冬天花园里演奏时，剧院里同时上演的是小夜曲独唱，二者不会相互影响（图5.6~图5.8）。

由此可以看出，由大屋顶所界定出来的公共空间，其功能可以更加复合，能成为一种社交、集会和非正式表演的场所。那么，让演艺建筑这种"穿外套"的方式也不再只是满足建筑造型的需要，还应符合生态策略和建筑声学要求，让这件"外套"不再只是个单纯的视觉壳体，也是一个声学的、生态的、技术的壳体。

5.1.2　多种模式并存

当然，讨论了集中多厅模式的可行性，并不是要说明它就应该成为一种惟一的最佳模式。事实上，在国外，新建演艺建筑设施形式是多样的，不仅有集中多厅模式（2个厅堂以上），也有单厅堂的歌剧院或音乐厅、校园式布局的演艺中心、历史建筑改造和商业合建等（图5.9、表5.1）。

在笔者所收集的优秀案例中，有一半的新建演艺项目为集中多厅的模式，不仅分布在美国、加拿大、日本和新加坡这些美洲和亚洲国家，在欧洲也广泛修建。究其原因，可能是城市发展对演艺建筑功能复合化的要求。演艺建筑在城市中不能只扮演一个演出场所的角色，还应是一个城市客厅，让所有的人都会来这里。采用集中多厅的修建模式，可以让一个功能复合化的公共空间同时为各个厅堂服务。在集中多厅项目中，部分是设有多个厅堂的音乐厅建筑，也可称其为音乐城，如荷兰阿姆斯特丹Bimhuis音乐大厦（2005年）项目中包括一个800座的即兴音乐厅和300座的爵士音乐厅，而在卡拉特拉瓦设计的西班牙特内里弗礼堂（2003年）中，除了一个1660座的交响音乐厅，还有一个428座的室内音乐厅。

在校园式布局的多厅模式中，只有 2002 年建成的由皮亚诺设计的罗马音乐厅是一个新建校园式布局的音乐城，其他几个项目，如美国桔县表演艺术中心和达拉斯表演艺术区[①] 的规划基本上在 20 世纪 70~80 年代就已经形成，后续建设的音乐厅、歌剧院和剧场只是在完善和实施当年的规划设想。

另外，单厅堂的修建模式一般都会设有声学可变设施，让厅堂具有一定的灵活性。采用这种方式修建的厅堂主要集中在欧洲，一方面是由于其城市历史悠久，演艺设施相对完善，新建的歌剧院或音乐厅对现有设施是一个补充，另一方面，也是因为欧洲学者认为这种方式能够让演艺建筑更好地融入城市结构，而且有利于城市街区的复兴和带动相关产业链的发展，比如在音乐厅的附近将会形成乐器一条街，能带动整个街区的经济复苏。

特别值得讨论的是商业合建和历史建筑改造。在前文所讨论过的案例中，美国纽约的爵士剧场（本书 4.2.1）是与时代华纳中心的商业设施合建；华盛顿的长毛象剧院（本书 4.2.2）位于一个住宅公寓的地下室里；华盛顿的薛尼·哈曼大厅是一个有办公楼的"剧院"（本书 2.2.3）；而戴顿市的本杰明和玛丽安·舒斯特表演艺术中心也是和高层办公楼共生的。

国内外新建演艺建筑修建模式比较		表 5.1
修建模式	国外	国内
大屋顶多厅模式	54%	80%
单厅模式	18%	0
旧建筑改造	16%	3.2%
校园式	5%	12.9%
商业合建	7%	3.2%

（表格来源：笔者统计）

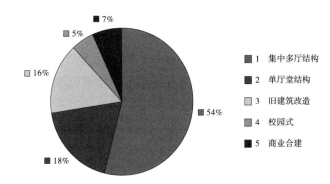

- 1 集中多厅结构
- 2 单厅堂结构
- 3 旧建筑改造
- 4 校园式
- 5 商业合建

图 5.9 国外新建剧院修建模式分析图
（图片来源：笔者据附录 A、B 自绘）

---

① 达拉斯表演艺术区：包括贝聿铭设计的 Meyerson 交响乐中心（1989 年）、OMA 事务所设计的迪伊和查尔斯·威利剧院（2009 年）和福斯特事务所设计的玛戈特和比尔·温丝皮尔歌剧院（2009 年）。

图 5.10 改造前后同济大礼堂的剖面图
（图片来源：同济大学设计院提供）

图 5.11 改造后的同济大礼堂室内
（图片来源：同上）

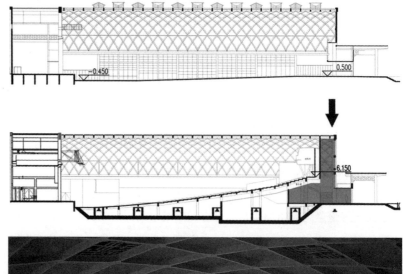

这种修建方式的优势是在保证城市中心夜晚的活力的同时，又降低了在城市核心区修建剧院的土地成本，也便于市民的到达和剧院今后的运营。声学技术和建造技术的发展让剧院空间和商业空间在垂直方向上进行叠加或水平方向上紧邻的同时又不受其噪声干扰，成为了可能。相比较而言，中国新建的剧院项目多选择在城市新区单独修建，为将来的运营带来了潜在的困难。

在历史建筑改造方面，国外不仅会把结构状况保持良好的工业建筑改造为演艺设施，来带动废弃工业区的复兴（如德国汉堡的易北河爱乐音乐厅），也非常注重对老剧院的改造和扩建，完善其功能配置和声学性能，让这些设施实现可持续的利用。因为这些老剧院是城市社区多年的标示物，它们的存在对于这个社区的居民是非常重要的，是社区居民

集体记忆的一部分，如果消失了，会让人迷失。美国西雅图市的里恩·奥利弗·麦考大厅（2003年，本书2.1.4）、英国伦敦皇家节日大厅（2007年，本书2.2.1）、美国纽约林肯中心的爱丽丝·杜莉大厅（2009年，本书2.1.3）和华盛顿特区的中心舞台剧院改造项目（2010年，本书3.1.2），都是这方面的优秀案例。

在我国目前剧院建设的浪潮中，还少有政府部门关注城市中心老剧院的改造或扩建，不少老剧院都是被拆除后重建，比如内蒙古乌兰恰特大剧院（原乌兰恰特剧院建成于1953年，意为红色剧场）、甘肃大剧院、南通更俗剧场等。特别是南通更俗剧场，修建于1919年，由我国近代著名的建筑师孙支厦设计，是中国第一座地方剧场，当时的设备在全国也首屈一指。由于起到了除旧布新、移风易俗的效果，特为剧场取名为"更俗"二

图 5.12　改造后的同济大礼堂外观
（图片来源：同上）

图 5.13　改造前的同济大礼堂外观和室内
（图片来源：同上）

字。这个剧场在 1963 年曾经历过一次改建，可在 1996 年没能逃脱被拆除的命运。

不过在近几年，国内一些校园级或社区级的演艺建筑项目中，在历史剧院或工业建筑改造方面，也有了些不俗的尝试。

比如建于 1961 年的同济大学大礼堂，曾为远东跨度最大的厅堂，因其采用了装配整体式钢筋混凝土拱形网架薄壳结构，让室内无柱，成为当年的一大亮点，也被列为上海市第三类历史保护建筑。因此，在 2007 年的改造过程中，承担改造工作的同济大学设计院的建筑师们在进行了后台扩建，观众厅空间和声学改造，增设门厅、侧厅等辅助空间的同时，对其建筑外观只作了适当的调整和改动，维持了建筑的原貌，而且还运用了一些节能设计的措施，如外围护的保温隔热、自然通风以及相对传统空调系统可以节能 20% 的地源新风技术等（图 5.10~ 图 5.13）。

另外，在北京的东城区，Chiasmus 建筑师事务所通过改造一个老厂房，把它变为了一个表演大厅。表演大厅入口在老厂房的侧山墙处，建筑师用红色的钢板对侧山墙面进行包裹，让这个入口具有一种剧场舞台的效果，又像一颗红色的宝石。入口处原有的白色门被保留，来讲述建筑变形的历史（图 5.14~ 图 5.16）。

在旧厂房对面，设置了一个白色悬浮盒子作为艺术沙龙，沙龙里的人们可以俯瞰进出表演大厅的观众，也能被这些观众所看到。在这里看和被

图 5.14 改造前的厂房
（图片来源：http://www.architypereview.com/）
图 5.15 改造后的厂房
（图片来源：同上）
图 5.16 表演大厅对面的艺术沙龙
（图片来源：同上）

国外演艺建筑项目修建方式统计：1998~2012年新建或在建中　　　　表5.2

序号	建成时间	项目名称	修建方式				
			集中式的多厅结构	单厅结构	旧建筑改造	校园式布局	商业合建
1	1999	日本奈良千禧大厅	●				
2	1999	日本久慈市琥珀大厅	●				
3	1999	西班牙圣塞巴斯蒂安.库扎尔大礼堂	●				
4	1999	瑞士卢塞恩文化会议中心	●				
5	2000	芬兰拉赫蒂西贝柳丝大厅			●		
6	2000	英国索尔福德罗瑞表演和视觉艺术中心	●				
7	2001	荷兰鹿特丹新卢克索剧场		●			
8	2001	法国鲁昂音乐厅和展览复合体（顶点音乐厅）		●			
9	2001	意大利帕尔马帕格尼尼观众厅			●		
10	2001	美国费城基梅尔表演艺术中心	●				
11	2002	德国柏林新Tempodrom	●				
12	2002	德国多特蒙德音乐厅			●		
13	2002	意大利罗马音乐厅				●	
14	2002	英国布莱顿穹顶音乐厅			●		
15	2002	新加坡滨海广场国家表演艺术中心	●				
16	2002	美国俄亥俄州代顿市本杰明和玛丽安·舒斯特表演艺术中心					●
17	2003	西班牙特内里弗礼堂	●				
18	2003	日本冲绳岛日本国家剧场	●				
19	2003	纽约州哈得孙河畔的安南代尔－费希尔中心——巴德学院表演艺术中心	●				
20	2003	美国西雅图里恩·奥利弗·麦考大厅（老剧院建于1963年）			●		
21	2003	美国洛杉矶沃尔特·迪士尼音乐厅	●				
22	2004	日本松本表演艺术中心	●				
23	2004	英国伦敦大剧院			●		
24	2004	丹麦哥本哈根歌剧院	●				

227

序号	建成时间	项目名称	修建方式				
			集中式的多厅结构	单厅结构	旧建筑改造	校园式布局	商业合建
25	2004	英国盖茨黑德．赛奇音乐厅	●				
26	2004	英国威尔士加的夫千禧中心	●				
27	2004	西班牙巴伦西亚雷纳索菲亚艺术宫	●				
28	2004	美国华盛顿特区薛尼·哈曼大厅					●
29	2005	美国内布拉斯加州奥哈市霍兰德表演艺术中心	●				
30	2005	葡萄牙波尔图音乐厅	●				
31	2005	卢森堡爱乐大厅	●				
32	2005	以色列拉马特甘巴伊兰大学沃尔中心		●			
33	2005	荷兰阿姆斯特丹 Bimhuis 音乐大厦	●				
34	2005	美国纽约 59E59 剧场					●
35	2005	美国马里兰州北贝塞斯达斯特拉思莫尔音乐中心	●				
36	2006	美国明尼苏达州明尼阿波利斯市格思里剧院	●				
37	2006	西班牙特雷维耶哈市特拉维哈市剧院		●			
38	2006	荷兰兹沃勒镜子剧		●			
39	2006	荷兰阿尔梅勒艺术线剧院	●				
40	2006	美国华盛顿特区长毛象剧院					●
41	2006	美国丹佛表演艺术中心（老剧院建于1978 年）				●	
42	1986–2006	美国加州桔县表演艺术中心的 Segerstrom 大厅				●	
43	2007	英国伦敦皇家节日大厅			●		
44	2007	荷兰莱利斯塔德市场剧院	●				
45	2007	亚利桑那州坦佩艺术中心	●				
46	2007	法国里摩日顶点音乐厅 2		●			
47	2007	美国纽约州特洛伊市实验媒体艺术中心	●				

228

序号	建成时间	项目名称	修建方式				
			集中式的多厅结构	单厅结构	旧建筑改造	校园式布局	商业合建
48	2007	美国纽约林肯中心爵士乐厅					●
49	2008	英国莱切斯特剧院和表演艺术中心	●				
50	2008	法国阿尔萨斯省顶点音乐厅		●			
51	2008	爱尔兰都柏林市大运河表演艺术中心和画廊		●			
52	2008	挪威国家歌剧院	●				
53	2008	俄罗斯圣彼得堡新马林斯基剧院	●				
54	2008	美国密苏里州堪萨斯城大都会堪萨斯城表演艺术中心	●				
55	2008	丹麦哥本哈根皇家剧场	●				
56	2009	奥地利淮德侯芬镇水晶房			●		
57	2009	丹麦哥本哈根交响乐大厅	●				
58	2009	巴西巴西里约热内卢音乐厅		●			
59	2009	美国达拉斯玛戈特和比尔·温丝皮尔歌剧院					
60	2009	美国达拉斯迪伊和查尔斯·威利剧院				●	
61	2009	日本东京 ZA-KOENJI 公共剧场	●				
62	2009	美国纽约爱丽丝杜莉厅改造			●		
63	2010	美国华盛顿特区中心舞台剧院			●		
64	2010	美国迈阿密新世界音乐厅		●			
65	待定	美国纽约新全球剧院			●		
66	待定	英国伦敦 BBC 音乐盒		●			
67	2012	法国巴黎爱乐大厅		●			
68	2013	德国汉堡易北河爱乐音乐厅			●		
69	待定	美国迈阿密新世界音乐厅		●			
70	待定	美国亚特兰大交响音乐厅	●				
71	待定	阿拉伯联合酋长国萨迪亚特岛演艺中心	●				

（表格来源：笔者整理）

229

看的关系不断被反转，二者之间的院子转化为一个室外的剧场空间。改造后的厂房被命名为红宝石舞蹈中心。

由此，笔者认为，在中国的演艺建筑建设中，要注重历史演艺建筑的改造和扩建，避免盲目新建。事实上，对原有的演艺建筑项目进行改造，有时能起到事半功倍的效果。首先，相对新建项目，改建项目的投资较低，其次，这些老的剧院设施，虽然设备已经陈旧，声学效果不佳，但区位优势明显，便于保证一定的顾客流，有利于将来的运营，而且它们也多为原有社区地标和人们对于城市的印象的载体，应该通过改造或扩建，实现其可持续的利用和发展。

5.2 重视"亲密感"的问题

在国内的观众厅设计中，热衷讨论的是座位的排距、升起、出入口的设置、台口大小和舞台设备等技术问题，但是对营造观众厅空间的"亲密感"（Intimacy）这个表演空间的核心问题，长期以来是比较忽视的。在我国的《剧场建筑设计规范》中这样规定："视线设计应使观众能看到舞台面的表演区的全部。当条件限制时，也应使视觉质量不良的坐席的观众能看到 80% 表演区。"[1] 可以看出，规范的观点是认为，看不到舞台的全部就不是好座位。在《建筑设计资料集 –4》（第二版）中，讨论了各种观众厅平面类型的特点，对"曲线形平面"是这样评价的："这类平面有马蹄形、卵形、椭圆形、圆形及各种变形，具有较好的视角和视距，观众厅宽度较大时有略多的偏角座位……应有良好的音质设计，避免若干声学的缺陷的出现……"[2] 在《建筑设计资料集》中，虽然认为"曲线形平面"具有较好的视角和视距，但也强调其偏座问题和声学缺陷，对其能够加强空间的亲密感并没有提及。因此，在这种现代主义厅堂设计理念的主导下，国内建筑师们的普遍观点是"曲线形平面"不是理想的观众厅平面类型，因为会带来较多偏座和声学缺陷，那些在侧包厢或楼座中，距离舞台比较近而无法看到舞台上演出全局的座位，被认为对观众来说就是不好的座位，并没有意识到围合的空间形态和那些偏座在加强观众席对舞台的环绕感、促进演员和观众之间以及观众之间的相互交流上所做的贡献。

相比较而言，国外对由瓦格纳所倡导的视线设计至上的现代剧场反思得比较早（本书1.2），已经有越来越多的建筑师、声学顾问和剧院顾问

① 剧场建筑设计规范（JGJ 57-2000）.中华人民共和国建设部出版社，2000：9.

② 建筑设计资料集（第二版）–4分册.北京：中国建筑工业出版社，1994：72.

重视"亲密感"的问题，在新建厅堂中，很多都采用了马蹄形、卵形或椭圆形等曲线形的平面（本书4.4.1）。在厅堂的视线设计上，国外咨询顾问和设计师的观点也是不同的。英国的剧院工程咨询公司（TPC：Theatre Projects Consultants）的创始人理查德·皮尔布罗（Richard Pilbrow）曾这样指出："对外行来说，很难理解如果每个座位都有完美的视线，其结果是整个剧场将不完美。为了实现亲密感和塑造成功的剧院，一些座位必须被安排在厅堂的侧面。"[①]

在前文已经提到的挪威国家歌剧院项目中，TPC是该项目的剧院咨询顾问。在该项目的国际竞赛开始之前，将来的驻团剧团——挪威歌剧团和芭蕾舞团（Den Norske Opera and Ballet）就建立了一个工作组和TPC的顾问们一起工作，来明确在新建筑中需要什么样的空间和哪些设施。通过几个月的讨论和深思熟虑，给参加竞赛的建筑师们提供了一份概念书。概念书不仅决定了新建筑分为3个区域及每个区域的特点，也决定了房间内容的细节，如新建筑需要1100个房间，房间的面积从1260平方米的主观众厅到18平方米的为四个舞蹈演员使用的更衣室，特别是所有和成功运营新建筑有关的空间尺度及参数，也被提供了。挪威歌剧团仔细考虑了所需表演空间的本质，他们对所需观众厅的类型有非常清晰的概念：要求设计一个现代的、从伟大的欧洲历史剧院得到灵感的观众厅。他们这样指出，有些人会认为视线设计是一件简单的事儿，无非是你可以看到舞台或不能。但是在歌剧厅中，它们实际上是非常复杂的。在设计的最初阶段，需要建立一系列视线的标准来界定理想的座位布置。挪威歌剧团和TPC剧院公司提出的标准如下（图5.17，图5.18）：

（1）每个观众要至少能够看到80%的舞台前沿。

（2）每个观众要至少能看到镜框式舞台台口的顶部的75%。

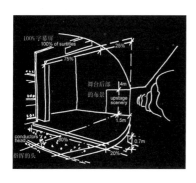
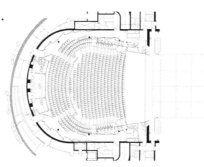

图5.17 挪威国家歌剧院观众厅座位视线要求
（图片来源：英国剧院工程咨询公司提供，中文注释：笔者）
图5.18 挪威国家歌剧院观众厅平面图
（图片来源：同上）

① Richard Pilbrow.An Auditorium and Stage Design Guide // Hugh Hardy（Author），Stephen A.Kliment（Series Editor），Building Type Basics For-Performing Building Facility. Hoboken，New Jersey：John Wiley & Sons，Inc.，2006：38.

图 5.19 挪威国家歌剧院观众厅室内

（图片来源：挪威国家歌剧院提供，© Erik_Berg）

（3）每个观众要能看到舞台后面的布景。

（4）每个观众都能看到台口上唱词字幕。[①]

在这个标准中，并没有限定观众坐席水平控制角和最高座位俯角[②]，给坐席的布置提供了更大的灵活度。最终的观众厅采用的马蹄形多层包厢的布局，形成了一个非常亲密的空间，让这个 1350 座的剧场，像伟大的欧洲历史剧院那样，当剧场空场的时候，它看起来是那么小，而满座时，又让人觉得那么大（图 5.19）。传统的位于舞台台口上部的唱词字幕被改为在每个座位后面安置 LCD 面板。

当然，要想加强观众厅的亲密感，还需要控制其座位数的容量以及运用向心的弧形空间形态，注重观众席的密度，构筑三面围合的、多层次的观众区等，这些手法在国外建筑师设计的国内厅堂中，不时可以看到，如安德鲁设计的国内某艺术中心和国家大剧院的歌剧厅中，都运用了这些手法。可是，在国内建筑师设计的项目中，还少有体现。

另外，"亲密感"是一个跨学科的概念，不仅体现厅堂的空间布局、声学性能，也涉及环境心理学，需要注重演出之前的铺垫和序曲。在"铺垫和序曲"这方面，不仅国外的建筑师注重这一点，国内本土建筑师也会在设计中有意识地加强剧院公共空间的戏剧性。

在国家大剧院设计中，建筑师安德鲁从一开始就追求这种多变的公共空间，创造一种步入高雅殿堂的气氛。他刻意地安排了一个不寻常的入口方式，让观众先一眼看不到建筑的入口，通过寻找，发现一个精致的水下长廊，再从这样一个线性的空间突然来到开阔而宏大的公共空间。这种先抑后扬的戏剧性效果，让观众们难忘和兴奋，也让他们满怀热情和期待去拥抱观众厅里的演出（图 5.20~ 图 5.23）。

国家大剧院工程业主委员会的周庆琳先生对安德鲁的设计这样评述道："举世无双的室内空间的转化是大剧院最为独特之处……80 米长的水下长廊，宽 24 米，高 6.5 米，是进入观众厅的必经之路。玻璃顶棚上映射出波动的水面，每当天气晴朗、阳光充足时，飘浮波动的阴影映射在长廊的墙面和地面时，你会感到置身于梦幻般的水晶宫之中……透过玻璃顶棚和漂浮的水面，可以看到巨大壳体的身影，预示着你将进入到另一个更加奇妙的世界。穿过水下廊道，展现在你面前的是一个高 50 多米、宽 200 多米的巨大空间。令人震惊的空间转换使许多来到这里的人不约而同地发出'哇'的感叹。三个剧场毫无遮拦地展现在你的面前……在你还没

233

① Planning a cultural icon : the Oslo Opera House，http：//www.theatreprojects.com/news/item/156.

② 瓦格纳在设计拜罗特节日剧场时，希望坐席中的每个座位都有很好的视野，能看到舞台上的全部，为此规定出观众坐席水平控制角和最高座位俯角不超过 30°。在我国的剧场建筑设计规范（JGJ 57–2000）中规定：镜框式舞台观众视线最大俯角，楼座后排不宜大于 20°，靠近舞台的包厢或楼座不宜大于 35°，伸出式、岛式舞台剧场俯角不宜大于 30°。

图5.20 中国国家大剧院的外观

（图片来源：国家大剧院提供）

图5.21 中国国家大剧院的平面图

（图片来源：法国安德鲁事务所提供）

图5.22 中国国家大剧院的水下长廊（下页左）

（图片来源：国家大剧院提供）

图5.23 中国国家大剧院的豁然开朗的公共空间（下页右）

（图片来源：国家大剧院提供）

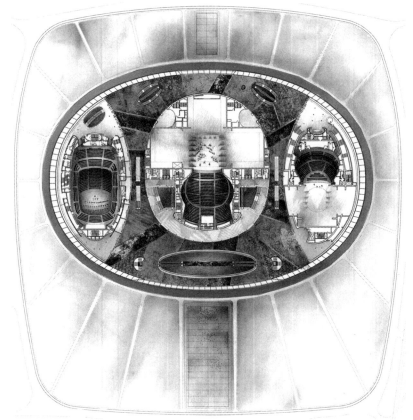

有看演出之前，你已经在这多变的、充满梦幻色彩的舞台上当了一次演员。这种一张一弛、一大一小、一暗一亮的空间变换令你兴奋，令你遐想，使你忘掉一切烦恼，带着愉悦的心情走进观众厅，尽情地去享受剧目给你带来的快乐。"①

在 2009 年建成的西安大唐文化广场的音乐厅项目中，建筑师项秉仁先生以一种不断创造意外惊喜的方式，来设计其公共空间，制造出强烈的戏剧感。因城市规划的要求以及建筑师想表达对西安城市文脉的尊重，该音乐厅建筑和 1377 座的陕西大剧院、1068 座的曲江电影城以及 1 万平方米的曲江艺术馆组合成了一组仿唐建筑群。这四个建筑的风格体现了"唐代高台"的意向。每个建筑单体都是一个干净简洁的现代高台，包裹住公共大厅和纷杂的附属设施；而对于突出于高台之上的观演空间、高塔舞台以及彩排大厅，则用唐代大屋顶覆盖，形成由大小屋顶组合的建筑群落。

在室内公共空间设计中，建筑师对如何把建筑设计中的唐风延续到室内空间，有着自己的独到见解。他对笔者这样谈道："不希望像很多仿唐的中餐厅那样，通过对室内的梁、柱及门扇的装饰来构成唐代的风格，而是想通过对传统建筑文化进行翻译的方法，用纯粹的现代手法，没有任何复古的装饰，只是从空间构成、图案肌理、色彩或材料等几方面，实现对传统唐韵的现代表达，塑造一个用现代审美传达唐韵的室内公共空间。"对于三个观众厅的室内空间，建筑师项秉仁认为没有必要刻意地让观众在仿唐的大殿里来看歌剧和听音乐，而是应体现时代美学特征，塑造一个满足声音视线要求和功能需求的演出机器。

因此，在公共空间中，建筑师用打孔的金属板把大厅内的几个柱子连为整体，试图体现唐代"帷帐和屏风"的意象。金属板上的图案肌理来自唐代建筑上的装饰图案，经过转译的处理，让人们感受到强烈的唐代风格。由于琉璃作为传统建筑的屋顶材料在唐代已经广泛使用，所以在正对入口

---

① 周庆琳，梦想实现——记国家大剧院 . 建筑学报，2008（1）：2.

用大屋顶覆盖的观演空间

高台的意象

的门厅墙面上采用了晶莹、透明的琉璃砖，在体现唐风的同时，塑造圣洁、高雅的音乐殿堂。三个观众厅的主色调分别定为温暖的木色、纯洁的白色和时尚的黑色，分别对应交响音乐厅、室内音乐厅和电子音乐厅，其风格简约而现代（图 5.24~图 5.29）。

建筑师期望通过这样精心设计的空间转化，让观众能体验从品味原汁原味的唐代建筑到欣赏用现代审美传达唐韵的室内公共空间，再到感受纯粹的现代剧场，这样一个从传统到现代、层层递进、不断享受意外惊喜、

图 5.27 西安音乐厅建筑的交响乐观众厅室内

（图片来源：西安曲江新区土地储备中心提供）

图 5.28 西安音乐厅门厅的琉璃墙

（图片来源：笔者自摄）

图 5.29 西安音乐厅门厅的唐代纹饰打孔金属板

（图片来源：笔者自摄）

体验表演艺术的全过程。2009年9月，在大唐文化广场开放的那天，特意举办了音乐厅的首秀，邀请维也纳施特劳斯乐团来此演出。演出结束后，西安音乐学院的院长对音乐厅的设计给予了高度评价。他说从建筑的外形看，让人觉得是一个唐风浓郁的仿古建筑，没想到室内的空间又是如此的精致和现代，出乎想象，也令人回味。

综上所述，只有激发出演员和观众之间的热情的厅堂才是一个成功的表演空间。因此，在国内今后的演艺建筑设计和建造中，建筑师们应尽最大努力去设计一个具有"亲密感"的表演空间，才能切实保证现场演出的成功，更好地展示出表演艺术的魅力，让这个演艺设施真正受到演员和观众的喜爱。

238

5.3　追求世界一流的厅堂音质

在对国外演艺建筑案例进行分析和总结时，笔者发现，国外的演艺设施在设计之初就对将建厅堂的声学音质非常重视，特别是在音乐厅的项目上。比如建筑师盖里在迪士尼音乐厅的设计中所面对的主要压力就来自于投资方和今后厅堂的使用者——洛杉矶交响乐团对完美厅堂声场的要求；而建筑师圣地亚哥·卡拉特拉瓦设计美国亚特兰大音乐厅的时候，亚特兰大交响乐团（ASO：Altanta Symphony Orchestra）作为这个厅堂的驻团乐队，也明确指出：声学是亚特兰大交响乐中心设计的首要元素。由于国外的音乐厅项目一般都有固定的驻团乐队，所以这些著名乐队往往会要求新建厅堂的声学品质能够超越或至少等同于那些全球最好的音乐厅，如美国波士顿的交响音乐厅、维也纳金色大厅、阿姆斯特丹交响音乐厅等。

要具有世界一流的厅堂音质，自然就需要厅堂内部非常安静，静得连掉根针都能听得见。"一般说来，音乐厅的等级和背景噪声有如下关系：NR15——世界一流水平；NR20——国内较好水平；NR25——国内普通水平；>NR25，失败。"[①] 为了成为国际一流的厅堂，近年新建的国外音乐厅几乎都达到了NR15的标准，如英国的塞奇音乐厅、美国的迪士尼音乐厅等，而新加坡滨海国家表演艺术中心则做到了N1（N1标准比NR15更严格）。当然，为了实现这个目标，控制室内暖通空调、电声设备及灯具的噪声对于降低音乐厅的背景噪声非常重要。比如，在美国伦斯勒理工大学的实验媒体艺术中心，四个表演空间都要求达到国际一流的音质，所以

① 皮特·芬沙德，杜晓军.澳大利亚马歇尔公司的西安大唐文化广场音乐厅声学设计报告.2007.资料来源：项秉仁建筑设计咨询有限公司提供。

连灯丝发光时发出的轻微噪声，也被声学顾问考虑到，专门设置了声波调光器（Sound Wave Dimmer）。

不过，观众厅内最主要的背景噪声还是来自于室内的空调系统。由于空调系统噪声中，气流产生的再生噪声占主导地位，所以为了获得 NR15 的标准，就需要通风管道内的气流尽可能地缓慢，管道内的风速一般为 5m/s，而在靠近终端装置的管道内的风速一般不大于 1.5m/s，那么，这就意味着风管的截面尺寸要大，会占用更多的建筑空间。空调机房也往往要求与观众厅分开放置，并有很好的隔声措施，因此，要提高厅堂的 NR 等级，就意味着造价的增高，但在项目未完成、没有乐队在厅堂里演出时，NR 等级的差别又不那么明显。因此，在国内的剧院建设中，有时并没有引起足够的重视，国家大剧院音乐厅的 NR 等级也只做到了 NR25。[1]虽然按照我国《剧场建筑设计规范》中对观众席背景噪声的规定："甲等 ≤ NR25；乙等 ≤ NR30；丙等 ≤ NR35"[2]，国家大剧院的音乐厅已经满足规范要求，不过和国际水平相比，还是有差距的。

另外，在国外新建演艺建筑项目中，不仅对厅堂背景噪声这个方面有很高的要求，而且已经有越来越多的新建厅堂在追求自己独特的声音，甚至希望能让"很好的明晰度"和"丰富的混响声"并存（详见本书 4.4.2）。它们想用这种"声学鸡尾酒式"的声音来超越历史上的那些优秀厅堂，并且能够和 21 世纪的数字化声音相竞争。

相比较而言，在国内目前已经建成的演艺设施中，厅堂的声学效果还没有作为设计追求的首要目标。正如同济大学声学研究所的学者们所评价的，虽然近十年新建了几十个演艺建筑，但是就其厅堂音质而言，还是不太令人满意。特别是在音乐厅项目中，尽管投资资金状况比 10 年前好很多，但对厅堂的音质仍然不够重视，2004 年启用的国内某艺术中心，外形宛若一朵美丽的"蝴蝶兰"，由音乐厅、歌剧厅和演奏厅共三个厅堂组成。澳大利亚马歇尔·戴声学公司的哈罗德·马歇尔博士在考察该中心后，认为"音乐厅的低频混响时间不足"。艺术中心的一位管理人员指出："有观众反映在交响乐演出时，后面坐席的观众听不到大提琴的声音。"[3]另外，在噪声的控制上，该艺术中心小演奏厅也不尽如人意。马歇尔·戴声学公司驻中国代表杜晓军给笔者介绍时说："马歇尔博士尚未进入该厅时就清楚地听到了该厅暖通系统相当响的低频噪声，当时该厅的暖通系统正在运行。"国内另一知名表演艺术中心作为最近十年中首个建成的演艺

---

[1] "对音乐厅的背景噪声标准定位是 NR15，NR20 还是 NR25 的问题，在国内一直是有争议的……国内许多声学专家认为音乐厅的背景噪声 NR25 偏高。"——引自澳大利亚马歇尔公司的西安大唐文化广场音乐厅声学设计报告

[2] 剧场建筑设计规范（JGJ 57–2000）. 中华人民共和国建设部出版社，2000：31–32.

[3] http://www.archifield.net

设施，一直是中国演艺建筑的领路人，可以说是中国目前市场运作上最成功的一个。但上海交响乐团的一位小提琴演奏家抱怨说："在该中心的大剧场演出时，弦乐组的演员常常感到声音发不出去。"另一位不愿意透露姓名的业内人士指出："大剧场的声音模糊一片，乐队的演奏、歌唱家的演唱，像蒙了一层纱，听不清楚细节。"[①] 当然对这些厅堂音质的评价，因为仁者见仁，智者见智的原因，不一定全面和准确，而且造成这些声学遗憾，也不一定是设计者的责任，这和项目的施工过程是否严格，能否完全实施设计者的设想，也有很大的关系。不过，国内目前已经建成的演艺设施中，的确还没有哪个能跻身于国际一流厅堂。

其次，国内目前对厅堂的可调声学设计也不太重视。比较普遍的观点是，既然演艺中心里按不同的演出活动，如歌剧、交响音乐会、戏剧分设了歌剧院、音乐厅和戏剧场三个厅，那么就不再需要在每个厅堂内再去考虑可调设施了。不过，从国外的音乐厅建设和设计来看，即使是在设置了多厅堂的演艺中心内，其交响音乐厅也会考虑可调设施，因为乐队的规模和演出曲目不同，对声场的要求也是不同的（详见本书 2.2.3、4.4.2）。通过设置声学可调可以尽可能地去实现最佳的演出效果。如美国纽约林肯中心的爱丽丝·塔利大厅、丹麦哥本哈根交响乐大厅、美国 RPI 的实验媒体艺术中心的音乐厅等厅堂，也都考虑了使用"可调声学卷帘"来实现其厅堂的声学可变，而瑞士卢塞恩文化艺术中心的交响音乐厅、美国费城的基梅尔表演艺术中心的威瑞森音乐厅、新加坡滨海国家表演艺术中心的交响乐厅中还专门设置了可调"耦合空间"来实现厅堂音质的精细化可调。由于可调"耦合空间"在前文谈到的几种可调声学措施中属于用自然物理手段来调节声场，通过厅堂的容积可变来改变其混响时间，而且还能兼顾声音的明晰度和混响感，似乎是目前一个不错的选择。然而，要想推广"耦合空间"设施还是比较困难的。国内业主和剧团所了解到的是，这样做会增加演艺建筑的造价，但是对于拥有这种可调设施后的优越性，并没有足够的经验或切身的体会。

在笔者亲自参加的合肥大剧院室内设计中，同济大学声学所的王季卿教授充分考虑到合肥大剧院中的 977 座音乐厅中各种使用的可能性以及演奏管风琴和常规音乐会的不同，建议业主采用可调的"耦合空间"设施。虽然，建筑师也非常欣赏声学顾问的观点，并结合可调混响门进行了观众厅的室内空间设计，可惜业主最终没能采纳，混响室的位置也被改成座位区（图 5.30，图 5.31）。

另外，在苏州科技文化艺术中心的大剧场中，虽然比利时科尔声学公

---

① http：//www.archifield.net

图 5.30 合肥大剧院考虑可调"耦合空间"设施的音乐厅效果图

（图片来源：项秉仁建筑设计咨询有限公司提供）

241

图 5.31 合肥大剧院音乐厅实际建成照片

（图片来源：笔者自摄）

司在 1200 座剧场中考虑了可调的"耦合空间"，其声学设想也都基本实现，并成为我国目前惟一设有这种设施的厅堂，但是建设方和最终使用厅堂的经营者不是同一批人，因此，使用方目前还在摸索如何使用可调设施，自然也无法了解其特点以及向其他准备修建演艺建筑的业主们推广。当然，苏州科技文化艺术中心没有自己的驻团乐队，也是无法在短时间内有效使用这种设施的重要原因之一。笔者还记得，在陪同卡尔声学公司的声学顾问布赖恩·卡茨博士结束对该建筑的回访和声学测试后，他专门问到是否有驻团乐队这个问题，他不无担心地说，如果没有驻团乐队的不断尝试和调整，只是过路剧团，会很难感受到可调"耦合空间"的优越性。这无疑使得在中国推广这类可调设施又增加了难度。在最近的无锡大剧院声学设计中，声学顾问艾克哈德·卡尔（Eckhard Kahle）博士本来还打算延续他在苏州科技文化艺术中心中的声学概念，继续设置"耦合空间"，可是因为种种原因，业主并未采纳。

再次，根据每一种不同的表演艺术来分别修建相对应的专业厅堂，对于不同级别的城市来说，情况是完全不同的。剧院研究的学者 Christos G. Athanasopulos 曾这样指出："分别修建不同的剧场，来满足每一种表演艺术的需求，看似非常理性，但也有其他的问题。剧院应该如何满足城市文化的需求？如果在一个两三百万人口的小城市，戏剧艺术和文化水平非常高，需要 5 种不同的表演艺术，那么修建 5 个不同的剧院来分别满足不同的表演需求吗？这 5 个剧院如何生存，每个剧院都需要大量的经费维持，而且每年至少有 200~250 个晚上有演出，这样的小城市能保证满座率吗？从文化的需求和理性的层面考虑，这样的小城市能提供这么多观众来填满每个剧场吗？……对于纽约、巴黎和伦敦，这样的事情是可能的，但是对于无数个其他不那么综合和复杂的城市来说就不太可能了。"①

针对城市级别的差异和区位的不同，英国学者伊恩·阿普尔顿博士把城市内的演艺中心按地域分为大都会级（Metropolitian Center）、地区级/省会（Regional Center）、城市/城镇（Town Center）、城市片区（District Center）和社区（Neighbourhood Center）五个级别（图 5.32），每个级别演艺中心的厅堂专业化程度和规模，应逐级降低。那么，中国国家大剧院应是大都会级别的演艺中心，在其他级别的城市，如果以国家大剧院为范本来修建演艺中心，显然是不可取的。因此，作为一个国际大都会的城市，其演艺中心可以包括歌剧院、音乐厅、戏剧场和多功能实验剧场等多个厅堂；而对于一个二级或三级城市的演艺中心，应该只设置 2~3 个甚至 1 个厅堂，同时在厅堂中考虑其多功能使用，这是一种理性的选择。这些剧场不仅应该座位数可变、舞台的空间布局可以调整，声

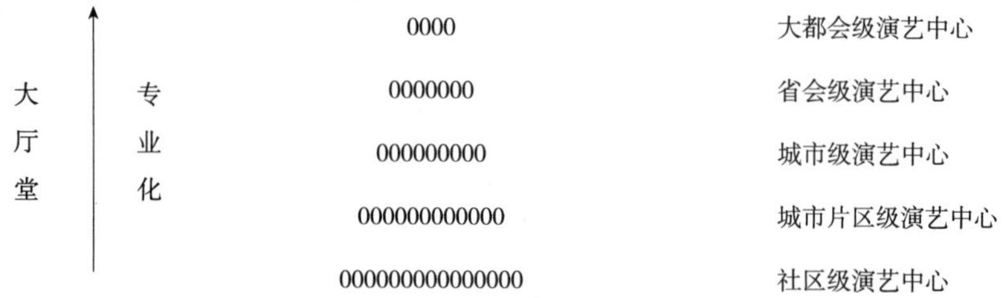

图 5.32 不同级别的演艺建筑厅示意图
（图片来源：Ian Appleton.Buildings for the Performing Arts：A Design and Development Guide. Architectural Press, 2008：21, 中文注释：笔者）

大厅堂	专业化		
		0000	大都会级演艺中心
		0000000	省会级演艺中心
		000000000	城市级演艺中心
		000000000000	城市片区级演艺中心
		000000000000000	社区级演艺中心

① Christos G. Athanasopulos.Contemporary theater：evolution and design.North Charleston，S.C.，BookSurge Publishing，2006：240-242.

学也要可变，要想成为真正的"万能剧院"，需要用声学可调来保证其功能的实现。可是，面对数量庞大的城市级和其以下级别演艺中心的切实需要，在我国目前的新建演艺建筑中，还少有高度灵活、声学可调的适应性剧场。如何在座位数和舞台布局可变的同时，实现高度灵活的声学可调，让多功能不再是无功能，还有待于进一步的探索。总之，无论是追求"专业厅堂"的精细化可调，如在演艺中心的交响音乐厅中设置可调的声学设施，还是让在二级或三级城市的演艺厅堂实现真正的多功能，设计"可调声学设施"，不仅是对厅堂音质的重视，也是基于将来演艺设施成功运营的考虑。

当然，对厅堂音质的重视，并不意味着在观众厅的室内空间设计上，建筑师就要完全让位给声学顾问，而且由于国内目前的声学设计中，声学顾问对于扩散体或可调混响设施的设计多为直接引用，有点类似建筑设计时选用建筑标准图，这样难免会出现大剧院的观众厅室内效果的雷同和保守。在国外，有专门设计观众厅扩散体的声学公司，会根据建筑师的美学要求来设计、测试其声学性能，制作出适合这个厅堂空间的声音扩散体。如美国的 RPG 扩散体系统公司（RPG Diffusor Systems），他们的宗旨就是强调技术和美学的统一。目前国内的专业分工还没有细致到这种程度，所以就更需要建筑师和声学顾问像本书第二章中讨论的那样，以声学设计为起点或是从空间概念到声学概念。

在合肥大剧院中，上海项秉仁建筑设计咨询有限公司的建筑师们就较好地实现了与同济大学声学所的声学顾问们之间的密切合作。比如在歌剧厅设计中，为了保证侧墙对观众席的有效反射，声学顾问的建议是采用多折线的侧墙。顶棚的反射板也为传统的波浪式。建筑师为了加强空间的围合感，希望用弧形墙面构成马蹄形平面的布局。对于歌剧院的天面造型，希望声学反射板和灯光桥组合成与大剧院建筑造型相似的椭圆形态，来彰显歌剧厅作为合肥大剧院核心观众厅的独特个性。声学顾问非常支持建筑师的设想，建议分割弧形墙面，来消除弧形墙面声聚焦的缺点，并帮助建

243

图 5.33 合肥大剧院歌剧厅模型分析 1

（图片来源：项秉仁建筑设计咨询有限公司提供）

图 5.34 合肥大剧院歌剧厅模型分析 2

（图片来源：同上）

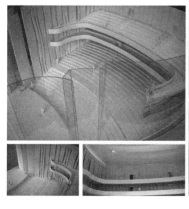
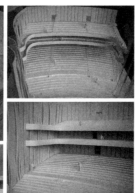

图 5.35　合肥大剧院歌剧院的室内照片 1
（图片来源：张嗣烨摄）

图 5.36　合肥大剧院歌剧院的室内照片 2
（图片来源：同上）

筑师调整圆盘状的顶棚反射板和灯光桥的具体角度，满足把声音充分反射给观众席的要求（图 5.35，图 5.36）。

另外，合肥大剧院音乐厅顶棚最初的声学概念是一个四坡顶天面，虽有较好的声学效果，但造型不够美观。由于音乐厅的顶棚造型相对歌剧

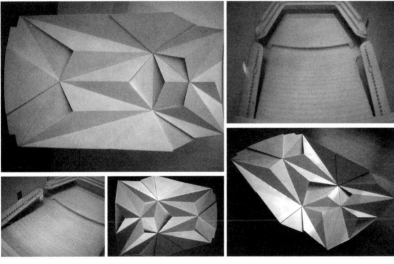

图 5.38 音乐厅顶棚模型
分析
（图片来源：同上）

院而言较少受面光的限制，拥有较大的自由度，所以建筑师以此声学概念作为空间设计的起点，受安徽民间折纸艺术的启发，用顺应四坡天面斜度的多折面的空间体替代。通过声学顾问多次的计算机模拟进行调整，确定最终的形态，让音乐厅的天面造型如同一颗被精心切割出来的宝石。为了保证声音扩散的效果，声学顾问希望音乐厅的下部侧墙采用 MLS 声学扩散体，建筑师充分尊重声学顾问的意见，并把这种组合用于整个墙面。侧墙面枫木板的凹凸划分看似自由、随机，具有现代审美理念，其实符合 MLS 声学扩散体的构造要求，通过错动组合，形成自由而流动的立面效果。针对不同的声音频率，在侧墙不同高度的 MLS 声学扩散体有不同的槽深，让不同频率的声音都能得到很好的扩散，加强声场的空间感（图 5.37~ 图 5.39）。

图5.39 音乐厅室内效果图
（图片来源：同上）

今天的演艺设施的竞争，已经不再是省内或国内厅堂之间的竞争，而是和全球演艺厅堂之间的竞争。只有当新建厅堂具有了世界一流厅堂的音质，才能提高厅堂的知名度，吸引更多顶尖的乐队和音乐家来此演出，从而做到吸引更多的观众，实现推广表演艺术和促进文化经济发展的目的，才能真正把中国的新建演艺建筑设施锚固在世界的文化地图上。

5.4 创新＆设计团队的构成

通过第三章和第四章中对全球新建演艺项目的分析和总结，我们欣喜地发现，在很多方面，中国是与世界同步的，比如具有数字化美学的建筑造型以及数字化媒体灯光在建筑外观上的运用等。在数字化的建筑造型方面，目前不仅可以实现国外建筑师们的设想，如广州歌剧院、国家大剧院，国内本土建筑师的设计也呈现出这样的特点，如合肥大剧院、山西大剧院等。不过，我们还是有些遗憾地发现，中国本土的演艺建筑设计与国外优秀案例相比，还有一定的差距，这种差距除了前文已经讨论的修建模式单一，对生态设计、声学设计和厅堂空间的"亲密感"重视度不够等方面，特别需要重视的问题是演艺建筑设计的创新（表5.3）。

国外新建演艺建筑的设计创新　　　　表 5.3

创新的方面	特点 & 项目名称	原因
厅堂空间	透明：葡萄牙波尔图音乐厅（2005）；纽约爵士剧院（2007）	建筑师与声学顾问的协作
	城市广场：卢森堡爱乐大厅（2005）	建筑师与声学顾问的协作
	双壳体、漂浮的观众厅：巴黎爱乐音乐厅（2012）	建筑师与声学顾问的协作
声学新材料	诺梅克斯织物：英国皇家节日大厅（2007）；EMPAC（2008）	建筑师与声学顾问的协作
	发光木材：爱丽丝·塔利大厅（2009）	建筑师与材料商公司的协作
生态新形象	遮阳系统设计成"榴莲"：新加坡滨海广场国家艺术中心（2002）	建筑师与立面设计咨询公司、生态工程师的协作

相比较而言，国外的设计要更加平实而深入，理性而富于创新，会因为建筑师的某个特别的概念，而发展出一种新的材料、做法。比如，库哈斯在波尔图音乐厅设计中，希望音乐厅向城市开放，想把观众厅两侧的墙体设为玻璃墙面。声学顾问伦茨·范·卢兹博克就和建筑师密切配合，专门设计了一种褶皱状的玻璃墙体，使其有利于声音的扩散。为了满足各种演出的需要，室内设计公司的设计师佩特拉·布莱瑟给这个玻璃墙设计了一个复杂的卷帘系统，可以过滤光线，减少眩光，能创造室外天黑的效果和增加声音的反射（本书 4.2.1）。在新加坡滨海国家表演艺术中心的设计中，建筑立面设计咨询公司"工作室一"及"工作室十"和建筑师威尔福一起合作，通过设计出一个复杂的遮阳系统，塑造出了形似"榴莲"、具有地域特征和满足生态要求的壳体（本书 3.2.3）。另外，在美国林肯艺术中心爱丽丝·塔利大厅的改造中，为了实现建筑师伊丽莎白·迪勒想让室内厅堂的木材超越它们的自然材质，发出光芒的想法，美国的 3form 公司就专门设计出一种新材料来实现建筑师的设想（本书 2.2.4）。

在观众厅的空间设计方面，国外的设计师也更敢于尝试和创新。法国建筑师让·努韦尔在巴黎爱乐大厅的设计中，提出了让观众席漂浮的疯狂设想，他和声学顾问马歇尔一起创造出了一种新的观众厅形态（本书 2.3.2）；美国芝加哥的柯克加德声学公司把诺梅克斯（Nomex）织物用于音乐厅的顶棚，让音乐厅的空间看起来非常轻盈而干净（本书 2.2.4）；法国建筑师波特赞姆巴克让交响音乐厅的空间给人城市广场的感受等（本书 4.4.1）。

国内外演艺建筑设计团队构成的比较 表 5.4

团队构成	国外	介入设计的排序	国内	介入设计的排序
投资方	●	1	●	1
剧院工程顾问	●	1	缺席	
剧团的艺术家	●	1	缺席	
声学顾问	●	2（先于建筑师或与建筑师同时）	●	3（建筑方案基本定型后）
建筑师	●	3	●	1
结构	●	3	●	2
舞台设备	●	3	●	3
灯光	●	3	●	3
环境工程师	●	3	●	4

当然，部分原因可以归结为国外建筑行业分工细致，某些建筑师或声学顾问的能力超群，但是如果仔细分析，会发现，国外设计团队的构成和工作方式是激发创新和实现创新的重要原因。从团队构成来看，国外的演艺建筑设计团队包括建筑师、声学顾问、剧院顾问、工程顾问（结构）、舞台设备、灯光、艺术设计、环境工程（生态设计）、业主或投资方等，而且大多数演艺设施都是驻团剧场，这些剧团或乐团的表演艺术家们作为业主，从设计最初就介入其中（表5.4）。设计的程序一般是这样的：在建筑设计国际招投标之前，剧院顾问公司就先和剧院或乐团的表演艺术家们一起工作，根据剧团自身特点和需要提出一个详细的计划书，明确剧院需要一个什么样的厅堂及相关配置。在挪威国家歌剧院设计中，英国的剧院工程咨询公司和挪威歌剧团和芭蕾舞团在这个项目的建筑国际竞赛开始之前就一起工作，通过几个月的深思熟虑写出了一份详细的概念书给参加竞赛的建筑师们，明确在新建筑中需要什么样的厅堂空间和哪些设施。

这种工作方式的好处是，不同剧院或乐队结合自身特点，会对设计的厅堂提出不同的要求。正是这种特殊的要求，让建筑师和声学顾问竭尽全力去实现，往往会推动厅堂空间的创新和发展。比如洛杉矶的迪士尼音乐厅之所以能再现柏林爱乐大厅葡萄园台地布局的辉煌（图2.81），是因为洛杉矶爱乐乐团明确提出他们喜欢柏林爱乐大厅的声音和那种观众围绕乐队的亲密感。建筑师盖里在设计之初就和乐队的音乐家们一起工作，由此确定了音乐厅平面布局的发展方向，也是聘请日本永田公司来做声学顾问的原因之一。目前，迪士尼音乐厅的音质被列为全球十大最佳音乐厅之一，现代三大最佳音乐厅之一，这说明一个优秀音乐厅的诞生并不是偶然的。

OMA 与建筑师乔舒亚·普林斯 – 雷慕斯合作的美国达拉斯的迪伊和查尔斯·威利剧院（2010 年）也是剧团和建筑师合作创新的优秀案例。威利剧院是达拉斯剧团中心（DTC）的驻团剧场。DTC 因为其作品勇于创新而广为人知，也因此一直让自己的原来驻团剧场长期保持着一种临时性。原来驻团剧场位于一个荒废的金属棚中，把剧团从固定舞台布局所强加的限制中解放了出来，这种临时性，让剧团的导演们经常挑战戏剧的传统习俗，根据他们的艺术感觉来改变观众厅的室内布局，不用担心因此损害到室内昂贵的完成面。所以，在为 DTC 设计新剧院时，建筑师遇到了几个特别的挑战。首先，新剧场要有和以前临时剧场同样的自由。其次，新的场所需要在满足灵活性和多样性的同时，花费最少。建筑师根据剧团的要求，用一个违背常规的高塔来替代了剧院的前厅和后台围绕着观众厅的布局。那些前厅和后台的设施被塞在了观众厅的下面和上面。观众厅位于一层，周边用玻璃围合，直接向城市景观开放，其空间布局具有高度的灵活性，飞机都可根据需要开入剧场，成为舞台布景，而且为了鼓励艺术导演们的创新，这个剧场的室内材料刻意选择了比较便宜的。艺术导演们可以在室内的完成面上打孔、喷色、锯、钉、粘、缝等，而不用担心会为此付出昂贵的费用。因此，正是 DTC 剧团对表演空间的特殊要求，才诞生了这种垂直剧院的新形态（本文 4.2.1）。

2002 年开放的新加坡滨海国家表演艺术中心，虽然最初没有明确的驻团剧团，不过从 1990 年开始，伦敦的剧场工程公司（TPC）就和新加坡表演艺术组织密切合作，以确保滨海艺术中心能够满足所有表演的需要，无论是西方的、东方的还是先进的媒体表演，并且帮助业主选择建筑师。TPC 伦敦公司的行政主管大卫·史泰博（David Staples）和他的团队花费了相当长的时间来理解和研究这些东方艺术的需要，如京剧、印度音乐和舞蹈以及印尼和马来西亚的表演。虽然场馆仍然是相当西方的设计，不过也有亚洲的特点。史泰博解释道："东西方最大的不同是东方没有室内剧场的传统，东方的表演总是在室外。"[1] 因此，设计时安排了两个室外剧场，一个室外剧场位于 300 米长的滨海湾滨水区，另一个"边界"剧场用于中型到大型的表演活动。室内的厅堂也反映了亚洲表演的需求。史泰博认为亚洲的音乐是不同的，声音更大和有冲击力。在表演艺术中心开放的那天，600 多种室外表演最有特色。

笔者发现在国外的演艺建筑项目中，不仅是剧院顾问会先和业主一

---

① http://www.archnewsnow.com/features/Feature101.htm

起工作，声学顾问也往往会比建筑师先介入到项目中。美国阿泰克公司（Artec）的声学顾问塔泰奥·中岛在接受法国建筑技术杂志的采访时，这样谈道："在阿泰克，我们很早就参与到设计过程中，一般比建筑师决定设计方向还要早 18 个月。我们只参与我们能从始到终的项目，在项目建成后，还有一年的服务配合。我们先对场地进行深入分析。随后研究要吸引哪种类型的公众。这些研究用于申请建造的费用和指导设计建筑草图……我们第一个画音乐厅的草图，而不是建筑师。我和我的同事——长笛演奏手 E·D·Arenius，还有培训过的建筑师一起，我们创造的空间首先满足艺术家和技术工程师的要求，然后满足听众在声学和视觉上的需求。因此，这个空间保证了基本设计要求，我们给出的技术图纸也很完整。只要我们能指导整个音乐厅项目和它周围的环境，如果建筑师从最初就参与设计，也不是问题。最终，我们和建筑师是联合设计者。"[①] 另外，其他工程师如结构工程师和环境工程师等也会很早介入到项目中，这样来自各个方面的要求都提交给建筑师，建筑师在各种制约和需求下，进行整合并寻求创新。在设计过程中，也和设计团队的成员们不断互动，来逐步发展设计概念。在这种工作方式下，设计出来的演艺建筑的形态和空间也就更加理性，而且往往这些特殊的限制也会成为设计创新的起点。

相对来说，国内的演艺设计团队中，业主多为政府部门，只是负责建造，并不管今后的运营。剧院公司在项目的设计过程中往往是缺失的，在国内经验比较丰富的就是保利剧院（保利影剧院管理公司），也一般是在项目基本建成后才介入到项目中，着手和有关部门负责演艺建筑的运营，他们所能起到的作用，可能只是亡羊补牢，难有创新。由于剧团的表演艺术家和剧院公司在设计团队中的缺失，就可能会导致设计时忽略一些细节。比如在国内某知名大剧院的设计中，它的 VIP 室位于二层，居然和舞台没有通道，演员演出结束后，首长接见演员，演员只好带着妆容穿着戏服，逆着观众去见首长，非常别扭。[②] 另外，保利剧院在接手上海某新建艺术中心的管理业务后发现，这个艺术中心的设计在经营问题上欠考虑，在设计中没有考虑上下水设施，即使将来经营咖啡厅这样的服务设施，也没有必要的洗涤餐具的条件。[③] 另外，在国内的演艺建筑项目中，声学顾问们在大多数情况下，也是在建筑设计概念基本成型后才开始介入的，由于对声学的重视度还不够，在很多国内项目中，声学顾问并没有成为建筑师的设计合作者。在大多数业主的观念中，声学设计仍然是一个辅助性的设计，

---

① Acoudtics or the Echo of Power.Techniques & architecture-489：Programme musiques（Concert halls）.2007：38.

② 濮存昕. 豪华剧院为谁而建. 教书育人.2008（32）：50.

③ 卢向东. 中国现代剧场的演进——从大舞台到大剧院. 北京：中国建筑工业出版社，2009：273.

有了就可以了，并不是修建的首要目标。

由于没有驻团表演艺术家的参与，设计团队往往也不确定将来厅堂明确的使用方式，在设计上相对保守和以国家大剧院的模式或要求为范本，也就成了情理之中的事了。有时正是由于没有明确的驻团剧院和使用方式，会在功能配置上出现浪费或和设计时完全相反的局面，如在上海某著名艺术中心的设计中，考虑了非常新颖的冰上舞台设施，因为目前国内尚无冰上芭蕾舞团，直到2007年，这个冰上舞台只使用了一次。[①]苏州科技文化艺术中心的大剧场在设计时要求声学顾问主要考虑西方歌剧的表演，兼顾音乐会的使用，但就目前两年的使用情况的统计来看，交响音乐会占总演出节目的29%，场数最多，西方歌剧只占1%，场数最少（图5.40）。[②]

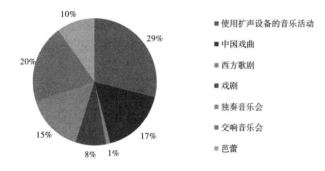

图5.40 苏州科技文化艺术中心大剧场的演出节目统计（2007年10月至2010年1月）（图片来源：Brain FG Katz & Eckhard Kahle（Kahle Acoustics），Post-opening Acoustic Measurement Report，30 November，2009；中文注释：笔者）

251

图例：
- ■ 使用扩声设备的音乐活动
- ■ 中国戏曲
- ■ 西方歌剧
- ■ 戏剧
- ■ 独奏音乐会
- ■ 交响音乐会
- ■ 芭蕾

笔者认为，中国演艺建筑的最终生命力应该是：来自其驻团剧团的戏剧作品获得成功。戏剧文化的繁荣不是依靠简单地引进百老汇的经典剧，让全球知名的乐队来此演出，为西方的戏剧艺术提供展示舞台就可以实现的，城市文化的最终竞争不应只是演艺建筑作为一种厅堂设施的竞争，而是在里面演出的作品，独特的戏剧艺术文化之间的竞争。如果我们不能培养自己的民间戏剧文化和中国当代的戏剧艺术，就只能跟在西方的后面，东施效颦。根据剧院学者们的普遍观点，各个时代的戏剧艺术中其表演形式与观演场地是一对难解难分的孪生子。演艺厅堂的形态应由每种表演的艺术功能和需求所决定，那么，对中国传统的表演艺术来说，也应该有适合其表演的独特厅堂以及相匹配的声场。

同济大学的王季卿教授在对中国的传统戏场建筑及声场进行多年研究后，认为传统戏场都是一个三面敞开的亭式戏台，有其独特的声学特征，与从西方引进的镜框式舞台剧场迥异。目前，厅堂声学设计的基点是赛宾理论，但仅适用于封闭空间，对于传统戏场中顶面敞开的庭院式空间是不适用的。在前文所谈到的新加坡滨海艺术中心音乐厅中（本书4.4.2），虽

---

① http://www.newssc.org

② Brain FG Katz & Eckhard Kahle（Kahle Acoustics）.Post-opening Acoustic Measurement Report.2009.

然音乐厅内复杂的声学可调装置应该能够为华乐（中国民族音乐）提供最佳声学环境，但是华乐的演奏直到目前，在滨海艺术中心音乐厅里还没有非常成功的实例。其中的主要原因是至今没有人对华乐室内演奏的最佳声学环境作过系统深入的研究，不知道如何调节那些功能强大的声学控制装置去配合华乐的演出。[①] 虽然参与这个项目的美国 Artec 声学公司和英国 TPC 剧院公司都是全球最优秀的咨询公司之一，可是由于文化的差异，他们无法了解什么样的空间和声场才真正适合华乐。

因此，要为中国戏剧和传统音乐提供最佳的表演空间，就需要对传统戏剧场的空间和声场有深入的分析和研究。虽然国内的戏剧界和考古界已经做了很多工作并收集了大量资料，可是，在建筑界，还一直没有把它提上日程。在日本，新建的现代演艺中心中，会设有从传统日本歌舞伎剧场演化而来的剧场，专门设有一条贯穿整个观众厅的花道，演员可以从剧场的后面出来，穿过观众席来到舞台，让整个观众厅内部弥漫着浓郁的日本书化气氛。那么，中国传统戏场空间是否也可以在现代的演艺中心中找到新的演绎方式，是否可以设计专门用于京剧表演、东北二人转等民族或地方表演艺术的厅堂，使其空间和声场都满足这种表演艺术的特定需求，而不是在从西方引进的镜框式舞台剧场中，用电声的辅助来演出，让我国丰富的地方戏剧艺术能够在现代厅堂中展示其原汁原味，这些都是值得思考和探索的问题。

演艺建筑是协作的艺术。因为创造性的思维往往源于多方信息的碰撞和启发，所以，只有协作，才有创新。希望在我国本土的设计团队中长期缺失的剧团或乐团的艺术家们能早日加入，声学顾问、工程顾问、生态设计顾问在设计最初就成为设计团队的一部分，通过建筑师和团队中的各个成员之间不断互动和整合设计成果，激发出我国演艺建筑的新形态。

5.5　中国建筑师的机遇与挑战

从全球演艺建筑的分布和建设情况来看，中国的演艺建筑设施还不够完善。现在我们还只关心城市这个级别上的建设，而对城镇、农村、学校、社区、风景名胜区、城市室外演艺设施还非常匮乏。就城市这个级别而言，中国共有 31 个省会城市、334 个市级市，1735 个县级市，还

---

① 孟子厚. 用耦合空间来调节声学特性的音乐厅. 艺术科技，2004（4）.

有一小半的省会城市和大多数市级市以及县级市近十年来还没有新建演艺设施，而且它们已有的那些设施也往往面临着改造和扩建的问题。所以，对中国建筑师而言，面对如此大量的建设需求，是一个很好的设计实践机会。

可是机会总是与挑战并存的，今天的建筑设计市场是一个开放的市场，几乎全球的建筑师都希望来中国寻找机会，参与到各种建筑项目实践中，更何况是这种大型的公建设施。在本书所统计的 32 个国内新建项目中，在建筑设计方面，由国外建筑师承担的演艺建筑项目的数量已经超过中国本土建筑师。特别是在发达地区，如长江三角洲和珠江三角洲的演艺建筑项目中，国外建筑师明显占优势。在声学设计方面，国内本土的声学顾问略占优势。不过，随着设计市场的全面开发，全球知名的声学公司，如日本永田、澳大利亚的马歇尔·戴声学公司已经在中国承担了一些重要演艺厅堂的声学设计，如深圳文化艺术中心的音乐厅、广州歌剧院、西安大唐文化广场的音乐厅等。所以，本土声学顾问与外国声学公司之间的竞争也会日益激烈（图 5.41，表 5.5）。

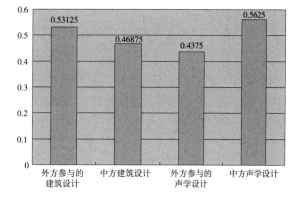

图 5.41　国内新建演艺建筑项目中，中方或外方设计的比例
（图片来源：根据表 5.2，笔者绘制）

253

1998~2012 年由外方或中方设计的
国内新建演艺建筑项目数目统计（中国大陆地区）　表 5.5

序号	建成时间	项目名称	建筑设计		声学设计		演艺中心的等级		
			外方合作	中方	外方合作	中方	省	市	国家
1	1998	上海大剧院	1			1	●		
2	2000	天津大剧院		1		1	●		
3	2001	辽宁大剧院		1		1	●		
4	2004	东方艺术中心	1		1		●		
5	2004	杭州大剧院	1		1		●		
6	2006	贵阳大剧院	1			1	●		
7	2007	内蒙古乌兰恰特		1		1	●		
8	2007	武汉琴台大剧院		1		1	●		

序号	建成时间	项目名称	建筑设计		声学设计		演艺中心的等级		
			外方合作	中方	外方合作	中方	省	市	国家
9	2007	河南艺术中心	1			1	●		
10	2008	福建大剧院	1		1		●		
11	2008	国家大剧院	1		1				●
12	2009	合肥大剧院		1		1	●		
13	2009	重庆大剧院	1		1		●		
14	2009	西安大唐文化交流广场		1	1		●		
15	2009	广州歌剧院	1		1		●		
16	待定	山西大剧院		1		1	●		
17	待定	宁夏大剧院		1		1	●		
18	2010	成都歌剧院及艺术馆	1		1		●		
19	2010	江西文化艺术中心		1		1	●		
20	2003	嘉兴大剧院		1		1		●	
21	2003	绍兴大剧院		1		1		●	
22	2004	宁波大剧院	1		1			●	
23	2005	东莞大剧院	1			1		●	
24	2007	深圳文化音乐厅	1		1			●	
25	2007	苏州科技文化艺术中心	1		1			●	
26	2008	湖州大剧院		1		1		●	
27	2009	温州大剧院	1		1			●	

序号	建成时间	项目名称	建筑设计		声学设计		演艺中心的等级		
			外方合作	中方	外方合作	中方	省	市	国家
28	2009	烟台文化广场		1		1		●	
29	2009	常州大剧院		1		1		●	
30	2010	青岛大剧院	1		1			●	
31	2011	无锡大剧院	1		1			●	
32	2012	邯郸市文化艺术中心		1		1		●	
		总计	17	15	14	18			

（表格来源：笔者整理）

　　面对这种竞争，中国的建筑师和声学顾问如果一味地指责业主过于崇洋是没有意义的，因为从全球的演艺建筑建设来看，那些知名的建筑师和声学顾问已经不再受其公司所处地域的限制，他们会参与到全球的建筑项目之中。比如在本书统计的台湾地区正在建设的演艺建筑项目中，其建筑设计全部由国外建筑师负责，如台中歌剧院的设计给了日本建筑师伊东丰雄，台北艺术中心的设计给了荷兰建筑师库哈斯，而高雄表演艺术中心的设计由荷兰建筑师麦肯诺承担。

　　目前，在国外设计师们参与的国内演艺项目中，一般由他们负责建筑设计概念和声学设计概念，而国内的设计院和声学公司承担后面艰苦的施工图设计和现场配合的工作，在设计中，处在了从属的位置，看似比较被动，不过客观来看，这种国际合作对国内的设计师们来说，应该也是有所帮助的。

　　承担广州歌剧院施工图设计的广州珠江外资建筑设计院的院长黄捷接受华南理工大学建筑学院的采访时，这样指出："广州歌剧院是目前国内最复杂、设计最困难的单体建筑之一，合作设计的双方都很辛苦，设计过程都非常艰难……"不过他也说："……他们与我们的设计方法有很大的不同，扎哈·哈迪德事务所在广州歌剧院的设计中非常依赖犀牛软件……现在我们这里的设计师也有很多人在学习使用犀牛软件来进行造型和空间设计，这也是合作的副产品之一吧。"[①]

　　另外，北京建筑设计研究院负责了国家大剧院的施工图设计和现场

---

① 冯江，徐好好.关于珠江边两块石头的对话——广州歌剧院设计深化访谈.新建筑，2006：43.

配合，作为项目兼项目助理的建筑师杨一京认为，外方在团队构成和工作方法上与中方的差异，对中方调整和寻求新的工作方法，有很大的帮助。她说："通过国家大剧院中外合作设计，为我院以后承担的如北京奥林匹克公园国家会议中心、中国工商银行业务营运中心等大型项目的合作设计积累了经验，培养了人才，锻炼了队伍，增强了信心。大剧院合作设计的意义不仅体现在项目自身的成功与否，对后来的项目也有深远的影响。"①

因此，中国本土建筑师以及声学顾问们的当务之急是应该在合作中尽快成长，提高自身水平，来积极面对和参与国际竞争。客观地说，本土化的设计团队在演艺建筑的设计中，也是有其优势的。由于演艺建筑设计自身的复杂性，对无缝设计的要求非常高，设计团队各方面的互动需要非常及时、频繁和紧密，才能保证最终的设计成果。那么，本土化设计团队的优势就在于设计人员不仅充分了解国内的行业状况和业主的真实需求，还消除了不同国家语言转换中的误读和沟通不利。特别是在今后为本土剧团专门设计展示地方戏剧艺术的厅堂方面，本土化团队更了解我国的传统表演艺术和声场特质，能真正把握住地方戏剧艺术对表演空间的切实需求。语言上的优势和相同的文化背景，无疑给成功的设计提供了保证。

5.6 中国演艺建筑的设计与建造之路

通过本章我国演艺建筑建设和国外的比较，笔者认为，国内演艺建筑的修建模式应该是多模式共存，在新建的同时也应注重历史建筑的改造。由于演艺建筑的耗能巨大，所以在设计之初，就应该结合建筑的布局和造型，考虑生态技术措施。对于国内普遍采用的修建模式——"大屋顶"覆盖的集中多厅结构，笔者认为这个"大屋顶"不应只是个单纯的视觉壳体，也应是一个声学的、生态的壳体。由大屋顶所界定出来的公共空间，其功能可以更加复合，能成为一个社交、集会和非正式表演的场所，让演艺建筑成为"城市客厅"而不只是一个造型独特的"城市地标"。

其次，应把厅堂音质作为演艺建筑，特别是音乐厅设计的首要目标。不仅要追求世界一流的音质效果，还应注重声学可调的推广，因为真正万能的剧院不仅取决于舞台和观众席的组合变化，也取决于声学的全面

① 杨 京.渐行渐入：记国家大剧院中外合作设计中的点点滴滴.建筑，2007，10：73.

可调。那么，为了创造一流的厅堂，需要建筑师和声学顾问更加密切的合作。

再次，笔者认为"亲密感"在我国演艺建筑的厅堂的设计中，是一个被长期忽视的问题。通过比较国内外对厅堂"视线设计"的差异，可以发现不能以"看全舞台表演区或不能"来界定观众座位的好坏，应该认识到现场演出时观众和演员之间的交流以及观众相互之间的分享的重要性，明确"偏座"对厅堂"亲密感"的贡献和座位设计的复杂性，不能简单地视线至上。同时，还应注重演艺建筑公共空间戏剧感的营造，加强观众对演出的期待，体验戏剧的全过程。

最后，笔者认为"创新来自协作"，目前在我国演艺建筑设计团队的组织上存在长期缺失剧团或乐团的艺术家以及声学顾问、工程顾问、生态设计顾问未能在设计概念阶段就加入设计团队等问题，希望能通过调整团队构成，充分协作，来激发出我国演艺建筑厅堂的新形态。面对国外设计师在我国大型演艺建筑设计中占上风的局面，希望中国本土设计师能利用自身优势，尽快成长，积极地参与到竞争之中。中国演艺建筑设计与建造之路，还任重而道远（表5.6）。

国内外新建演艺建筑（城市以上级别）特点比较 表 5.6

影响因素		新特点	国外	国内
数字化技术		建造方式及数字化美学特征	●	●如：国家大剧院、合肥大剧院、山西大剧院、广州歌剧院等等
		设计概念	●	
	数字化媒体	电子表皮	●	●
		演出新氛围	●	●	●如：国家大剧院、西安大唐文化广场、杭州大剧院、苏州科技文化艺术中心
声学技术		完善&复制音质	●	
		电子混响	●	●
		可调（耦合空间）	●	●	●如：苏州科技文化艺术中心
		新材料	●	
可持续	历史建筑	旧建筑改造为演艺建筑	●	
		历史剧院的改造和扩建	●	
	绿色	可再生能源	●	●如：合肥大剧院
		可持续的环保材料	●	
		应对气候的节能措施	●	

257

影响因素		新特点	国外	国内
亲密感	厅堂空间	表皮的方式	●	●如：国家大剧院
		城市广场	●	
	声学	可调耦合空间	●	●如：苏州科技文化艺术中心
		21世纪厅堂的音质	●	●如：广州歌剧院
	环境心理学	公共空间的戏剧性	●	●如：国家大剧院、西安大唐文化广场
		透明 & 反转	●	
		城市客厅	●	

（表格来源：笔者整理）

第 6 章

结语：21世纪演艺建筑的发展趋势

演艺建筑常常被看做是这个世界的文化寺庙。它们吸引人们蜂拥而来，聚集在一起，得到心灵上的慰籍，至少是获得了某种精神上的能量[①]。正如艺术家茉蒂·卡特所说："无论人们社会阶层的高低、贫穷或富有，都可以聚集到这里，用最好的音乐和华丽的歌剧来丰富自己的灵魂"。[②] 1998~2009 年对演艺建筑来说，是一个令人兴奋和激动的 11 年，不仅国内演艺建筑的设计和建设进入了高潮，从全球的建设情况来看，美洲、欧洲、亚洲的其他国家和地区，如日本和中国台湾地区都有大规模的兴建。在博物馆、图书馆之后，很多国家、地区、城镇也都开始争相修建演艺建筑。所以，本书的思考虽然始于中国演艺建筑出现建设高潮期的建筑现象，不过本着中国问题、世界眼光的思路，对 1998~2012 年全球建成或正在建造的优秀演艺建筑进行了一次巡礼，从数字化技术、声学技术、可持续理念和亲密感等多维视角，探讨了演艺建筑在 21 世纪的发展趋势（表 6.1）。

1. 数字化技术的影响

在数字化技术的推动下，建筑设计的方法、建造方式和美学特征都在发生着改变。演艺建筑这个古老的建筑类型在数字化技术的支持和影响下，展示出一种未来主义色彩，呈现出流动虚幻的新感受。

数字媒体技术的发展，不仅使演艺建筑的外墙成为电子表皮，也将作为观众厅内现场演出的一种手段，参与到表演之中。音乐会成为了视觉和听觉的双重狂喜，观众不仅在听，也在看。计算机和数字媒体技术支持下的"浸没式"演出环境，让表演包围观众，获得前所未有的新体验。这种"浸没式"（immersion）环境，也让演艺建筑的厅堂有了更多的用途，除了用于演出，还可用于科研教学的可视化展示与研究。

数字化技术不仅让与演艺建筑相关的各个领域发生了改变，也改变了人们的生活和娱乐方式。面对数字化产品的竞争，演艺建筑为了实现"吸引观众"这个不变的目标，做出了如下改变：音乐和歌剧不再被禁锢在厚实的观众厅的墙体内，通过制造神秘感来引起观众的兴趣，而是要打破重重壁垒，来到城市广场和街道之上，让人触手可及，成为普通人日常生活的一部分。演艺建筑中不仅公共空间变得透明，表演厅堂甚至后台也变得透明。人们不一定要走进剧场，在城市街道上也能看到表演，让观众不需要付费，就能获得戏剧体验。

为了让不看表演的人走进演艺建筑，演艺建筑的功能将会更加复合化，将不再只是高高在上的艺术殿堂和文化寺庙，而是要将那些不听音乐会，不看歌剧的人也吸引进来，尽一切努力，为新世纪培养可持续的观众。

---

① Hilde de Haan. De Spiegel : Theatre architecture as a mirror of experience[M]. Amsterdam : Architectura & Natura Press，2007：7.

② Sodie Carter, Dreaming in color. http://www.landscapeonline.com/research/

博物馆、图书馆、花园、城市广场、表演艺术教育中心、餐厅、酒吧、书店等都会被整合进演艺建筑之中。这里不再只是一个表演的场所，更成为了城市客厅，一个市民社交的场所；不再只在夜晚才被使用，而是全天开放。因此，演艺建筑的形态要跳出地标的怪圈，更加注重与观众、城市环境的互动。当然，这也能让演艺建筑更好地融入城市结构，满足城市发展对演艺建筑的要求：担当起旧城复兴的催化剂和新城开放的旗帜。

2. 声学技术的影响

在数字化技术的推动下，声学技术也有了显著的发展。依靠计算机的模拟和分析，不仅可以在新建筑未修建前，就在虚拟厅堂中听到它的声音，还能用于旧剧场的音质改善，让历史建筑起死回生，甚至可以在一个厅堂中复制另一个厅堂的音质。同时，先进的电子混响系统弱化了声音对空间的依赖，在室外露天剧场中，也能享受室内音乐会的音质。声学新材料使表演空间变得通透和轻盈，形成一种演出新氛围。可调声学技术的进步，可以塑造出真正的万能剧场，在计算机的控制下，复杂的厅堂声学可调设施变得简单而易操作。

在数字化技术的支持下，建筑师与声学顾问的高效互动和充分协作已经成为可能。厅堂的设计方式在发生改变，应该是以声学设计为起点或从空间概念到声学概念。声学顾问已经不再是设计中的从属者，而是成为了厅堂设计的合作者，他们是"声学建筑师"。这种工作方式，让建筑师有了更大胆的想法，和声学顾问一起来探索厅堂空间的新形态。

3. 可持续理念的影响

随着人们对历史建筑价值的再认识，越来越多的废弃工业厂房可以通过表演艺术获得再生和可持续。旧剧院的改造和加建，让老剧院历久弥新。历史建筑成为表演空间的背景和观众戏剧体验的一部分。

同时，绿色可持续概念和手段也许能最终解决演艺建筑耗能巨大的问题，通过"消极环境技术"让其内部开阔的公共空间最终成为一个仿生的温度环境。不仅需要运用绿色能源和环保材料，更需要采取应对气候的节能措施，用技术表达出演艺建筑对当地气候的尊重。遮阳系统和室内混合通风模式不仅是生态技术手段，也是理性平面布局和新颖建筑造型的灵感源泉。建筑师需要和环境建筑师的通力合作，结合建筑立面设计的遮阳板、木材的运用以及太阳能板的设置等，塑造出演艺建筑的生态新形象。

4. "亲密感"的实现

激发观众对演出的热情，是演艺建筑不变的核心目标。"亲密感"

261

作为表演空间的特质，也是一个厅堂能否成功的关键。它是一个跨学科的概念，涉及建筑空间、声学和环境心理学等范畴。弧形的厅堂空间具有很好的亲密感，但也带来声聚焦的问题。在先进声学技术的支持下，建筑师和声学顾问密切合作，把用于建筑外墙表皮的手段和营造城市广场的方式用于厅堂设计，在获得极佳音质的同时，也让观众获视觉愉悦。

自然声才是厅堂最完美的声音，采用自然声的演出，可以加强演员和观众之间的交流，也会有助于"亲密感"的实现。面对 MP3，IPOD 数字音质的竞争，对厅堂自然声的重视，将会超越以往任何年代，不仅要实现对厅堂自然声的全面可调，也在追求厅堂独特的声音，越来越多的厅堂希望兼顾"明晰度"和"丰富的混响声"，从而超越历史上的优秀厅堂。

剧场亲密感的塑造，不仅取决于厅堂内部，也来自于戏剧化的公共空间给观众提供的序曲和铺垫。在数字化技术的支持下，演艺建筑的公共空间可以更加复杂，通过空间的冲撞、变形和扭曲，给观众以惊喜的体验，加强观众对演出的期待。

21 世纪演艺建筑的发展趋势　　　　　　　　　　表 6.1

创新（新技术、新观念的推动）	数字化技术		建造方式	厅堂设计方式（协作的艺术）	从空间概念到声学概念
			设计概念		
			美学		
			数字化媒体		
	声学技术		完善 & 复制音质（自然声）		以声学设计为起点
			电子混响（电声）		
			可调		
			新材料		
	可持续	历史建筑可持续	旧建筑改造为演艺建筑		
			历史剧院的改造和扩建		
		绿色可持续	可再生能源		
			可持续的环保材料		
			应对气候的节能措施		

（数字化时代背景下）空间特质－亲密感的实现	厅堂建筑空间	表皮的手段	追求视觉和听觉的双重对话
		城市广场的方式	
	声学（自然声）	可调耦合空间	
		21世纪厅堂的声音	
	环境心理学	透明＆反转	公共空间
			观众厅
			后台、办公区域
		城市客厅（公共空间复合化）	
		互动	
		公共空间的戏剧感	

（表格来源：笔者整理）

附录 A：国外著名演艺建筑研究选例 ① （1998~2012 已建成或在建中）

序号	建成时间	名称	地点	等级	投资（美元）	功能配置	修建方式	建筑设计	声学设计	照片 / 效果图
1	1999	奈良千禧大厅（Nara Centennial Hall）	日本奈良	城市	1.78 亿	1180～1720 座的多功能大厅，446 座的小音乐厅和一个多功能的画廊	集中式的多厅堂结构	矶崎新（Arata Isozaki）	永田声学公司（NAGATA ACOUSTIC, Inc.）	
2	1999	琥珀大厅（Amber Hall–Kuji City Cultural Hall）	日本久慈市（Kuji）	城镇		主厅和小厅（建筑外形体现波浪和山脉的主题）	集中式的多厅堂结构	黑川纪章建筑师事务所（Kisho Kurokawa Architect & Associates）	永田声学公司	
3	1999	库扎尔大礼堂（Kursaal Auditorium）	西班牙圣塞巴斯蒂安（San Sebastian, Spain）	城市		1828 座音乐厅，624 座会议大厅	集中式的多厅堂结构	拉菲尔·莫内奥建筑师事务所（Rafael Moneo Architects）	Higini Arau	
4	1999	卢塞恩文化会议中心（Luceme Cutural and Congress Centre）	瑞士卢塞恩	城市	1.2 亿	3.5 万平方米，1900 座交响音乐厅，900 座多功能厅，300 座会议厅以及博物馆、餐厅、咖啡厅和相关设施	集中式的多厅堂结构	让·努韦尔（Jean Nouvel）	Artec 公司	
5	2000	西贝柳丝大厅（Sibelius Hall）	芬兰拉赫蒂（Lahti, Finland）	城市		1250 座音乐厅（在 1907 年的老家具工厂的基础上）	旧建筑改造和扩建	哈努·提卡 & 凯莫·林图拉（Hannu Tikka & Kimmo Lintula）	Artec 公司的罗素·约翰逊（Russell Johnson）	

---

① 2007 年 11 月 –2008 年 12 月，利用我在美国 RPI 做访问学者期间，对美国新建的 20 多座演艺建筑（＊号标记）进行了实地考察，分布在美国 10 个州、16 个城市。

序号	建成时间	名称	地点	等级	投资（美元）	功能配置	修建方式	建筑设计	声学设计	照片/效果图
6	2000	罗瑞表演和视觉艺术中心（The Lowry Performing and Visual Arts Centre）	英国索尔福德（Salford）	城市	0.96 亿	1730 座 Lyric 剧院、470 座可变剧院	集中式的多厅堂结构	迈克尔·威尔福德（Michael Wilford & Partners）	萨蒂·布朗公司（Sandy Brown Associates）	
7	2001	新卢克索剧场（New Luxor）	荷兰鹿特丹	城市		鹿特丹最大的剧场，1500 座大厅，用于音乐剧、戏剧、舞蹈、芭蕾和歌剧表演	单厅结构	博尔斯与威尔逊建筑师事务所（Bolles+Wilson）		
8	2001	音乐厅和展览复合体/顶点音乐厅（Concert Hall and Exhibition Complex）	法国鲁昂（Rouen）	城镇		7000 座流行音乐厅（电声设备），也用于政洽集会、戏剧表演、体育活动等；7 万平方英尺的展厅	单厅结构	屈米（Bernard Tschuml Architects）	法国 CIAL 公司（Cabinet Cial, Versailles）	
9	2001	帕格尼尼观众厅（Auditorium Niccolo Paganini, Parme）	意大利帕尔马	城市	11.9 百万	780 座	旧糖厂改造	伦佐·皮亚诺（Renzo Piano Building Workshop）		
10	2001	基梅尔表演艺术中心（Kimmel Center for the performing arts）*	美国费城	城市	2.65 亿	魏力逊音乐厅（Verizon Concert Hall）2500 座、帕拉尔曼剧院（Erelman 剧场——独奏剧场）650 座	集中式的多厅堂结构	拉斐尔·维诺里（Rafael Vinoly）	Artec 公司的罗素·约翰逊（Russell Johnson）	

265

266

序号	建成时间	名称	地点	等级	投资（美元）	功能配置	修建方式	建筑设计	声学设计	照片/效果图
11	2002	新Tempodrom（Neues Tempodrom）	德国柏林	城市	0.34亿	3800座位主剧场、400座的小剧场、50座Liquidrom	集中式的多厅堂结构	冯·格康-GMP建筑师事务所	BESB Schalltechnisches Buro	
12	2002	多特蒙德音乐厅（Dortmund Concert Hall）	德国多特蒙德	城市	0.67亿	多功能可变音乐厅（1550座交响乐、900座室内乐）、电影、颁奖仪式等活动；120人音乐主题餐厅、音乐试听吧	单厅	Schroder Schulte-Ladbeck Srothmann		
13	2002	罗马音乐厅 Auditorium Parco Della Musica	意大利罗马	城市	10.2亿	2800座、1200座、700座音乐厅各一个、3000座的室外剧场	校园式布局	伦佐·皮亚诺（Renzo Piano Building Workshop）	Muller-BBM声学公司	
14	2002	布莱顿穹顶音乐厅（Brighton Dome Concert Hall）	英国伦敦	城市	0.26	1878座	旧建筑改造	艺术组（Arts Team）	奥雅纳声学公司（Anup Acoustics）	
15	2002	滨海国家表演艺术中心（Esplanade National Performing Arts Center）	新加坡	国家	5.4亿	1800座音乐厅、2000座剧场、850座中剧场、450座适应性剧场（adaptable theater）、250座工作室（development studio）	集中式的多厅堂结构	迈克尔·威尔福德（Michael Wilford & Partners）	音乐厅：Artec公司/Russell Johnson	

续表

序号	建成时间	名称	地点	等级	投资（美元）	功能配置	修建方式	建筑设计	声学设计	照片/效果图
16	2002	本杰明和玛丽安·舒斯特表演艺术中心（Benjamin and Marian Schuster Performing Arts Center）	美国代顿（Dayton）	城市	0.77亿	2300座大剧场、一个黑箱工作室、18层办公楼、一个冬天花园、一个餐厅、150个地下停车位	商业合建	佩里建筑师事务所（Cesar Pelli）	杰菲·霍顿（JaffeHolden）声学公司	
17	2003	特内里弗礼堂（Tenerife Auditorium）	西班牙特内里弗	城市		1660座音乐厅、428座室内乐厅	集中式的多厅堂结构	圣地亚哥·卡拉特拉瓦（Santiago Calatrava）	Garcia-BBM	
18	2003	日本国家剧场（National Theatre of Japan）	日本冲绳岛（Okinawa）	国家	0.92亿	632座大剧场、255座小剧场	集中式的多厅堂结构	申·高松建筑师事务所（Shin Takamatsu architect & Associates）		
19	2003	费希尔中心——巴德学院表演艺术中心（Fisher Center-Bard College Performing Arts Center）*	美国安南代尔（Annandale-on-Hudson）	校园	0.62亿	110000平方英尺、900座位交响乐音乐厅、200个可伸缩座位的黑箱剧场	集中式的多厅堂结构	弗兰克·盖里建筑事务所（Frank Gehry Partners）	永田声学公司（Minoru Nagata）	
20	2003	里恩·奥利弗·麦考大厅/老剧院建于1963年（Marion Oliver McCaw Hall）*	美国西雅图	城市	1.27亿	280000平方英尺、2900座表演大厅	旧建筑改造	LMN Architects	杰菲·霍顿声学事务所（Jaffe Holden Acoustics）	

267

268

序号	建成时间	名称	地点	等级	投资（美元）	功能配置	修建方式	建筑设计	声学设计	照片/效果图
21	2003	沃尔特·迪士尼音乐厅（Walt Disney Concert Hall）*	美国洛杉矶	校园	2.74亿	2265座音乐厅、250座多功能剧院、300座和120座的室外剧场	集中式的多厅堂结构	弗兰克·盖里建筑师事务所	永田声学公司（Minoru Nagata）	
22	2004	千禧公园的杰·普利茨克音乐大棚（Jay Pritzker Pavilion at Millennium Park）*	美国芝加哥	城市	4.75亿	4000个固定座位、7000个草地上的座位	室外音乐大棚	弗兰克·盖里建筑师事务所	The Talaske Group, Inc	
23	2004	薛尼·哈曼大厅（Sidney Harman Hall）*	美国华盛顿特区	城市	0.41亿	800座的可变剧场	商业合建	戴尔蒙德和施密特建筑师事务所（Diamond and Schmitt Architects Incorporated）	TALASKE with Wilson, Ihrig & Associates	
24	2004	松本表演艺术中心（MATSUMOTO PERFORMING ARTS）	日本 MATSUMOTO	城市		1800座大剧场、240座小剧场	集中式的多厅堂结构	伊东丰雄（Toyo Ito）建筑师事务所	永田声学公司（Nagata Acoustic）	

序号	建成时间	名称	地点	等级	投资（美元）	功能配置	修建方式	建筑设计	声学设计	照片／效果图
25	2004	伦敦大剧院（London Coliseum）	英国伦敦	城市	0.75 亿	2358 座	旧建筑改造	艺术组（Arts Team）	奥雅纳声学公司（Arup Acoustics）	
26	2004	哥本哈根歌剧院（Copenhagen Opera House）	丹麦哥本哈根	城市	4.05 亿	大剧场 1641 座、工作室剧场 200 座	集中式的多厅堂结构	亨宁·拉森斯建筑师（Henning Larsens Tegnestue）	盖德 & 莫滕森声学公司(Gade & Mortensen Akustik)	
27	2004	Sage 音乐厅（The Sage Gateshead）	英国盖茨黑德（Gateshead）	城市	1.28 亿	大厅一：1700 座音乐厅；大厅二：可变座位的 400 座，上演民乐、爵士以及室内乐，排练大厅	集中式的多厅堂结构	福斯特建筑师事务所（Foster And Partners）	奥雅纳声学公司（Arup Acoustics）	
28	2004	威尔士千禧中心（Wales Millennium Center）	英国威尔士加的夫	城市	1.94 亿	1900 座 lyric 剧场、250 座工作室剧场	集中式的多厅堂结构	帕西·托马斯（Percy Thomas）		

270

序号	建成时间	名称	地点	等级	投资（美元）	功能配置	修建方式	建筑设计	声学设计	照片／效果图
29	2004	雷纳索菲亚艺术宫（Reina Sofia Palace of the Arts）	西班牙巴伦西亚（Valencia）	城市	4.42亿	歌剧院1782座、上层观众厅1617座、剧场388座、Magistral大厅386座位	集中式的多厅堂结构	圣地亚哥·卡拉特拉瓦（Santiago Calatrava）		
30	2005	霍兰德表演艺术中心（Holland Performing Arts）	美国奥马哈市（Omaha）	城市	0.95亿	1680座音乐厅和独奏大厅（recital hall）	集中式的多厅堂结构	波尔舍克事务所（HDR+Polshek Partnership Architects）	柯克加德事务所	
31	2005	波尔图音乐厅（Casa Da Musica）	葡萄牙波尔图	城市		主厅1200座位、小厅350座（结构顾问：Arup公司）	集中式的多厅堂结构	库哈斯（REMKOOLHAAS）	TNO and Dorsser Blesgraaf / Renz Van Luxeburg	
32	2005	卢森堡爱乐大厅（Luxembourg Philharmontic Hall）	卢森堡	国家	1.46亿	1500座观众厅、300座室内乐厅、120座的可变空间	集中式的多厅堂结构	克里斯蒂安·德·波特赞姆巴克（Christian De Portzamparc）	徐亚英声学公司（Xu Acoustique）	
33	2005	巴伊兰大学沃尔中心（The Wohl Centre, Bar.Ilan University）	以色列拉马特甘（Ramat Gan）	学校	5.5百万	910座位	单厅结构	丹尼尔·李伯斯金（Daniel Libeskind）		
34	2005	荷兰阿姆斯特丹Bimhuis音乐大厦	荷兰阿姆斯特丹	城市		现代即兴音乐厅800座、现代爵士音乐厅300座	集中式的多厅堂结构	3XNielsen		

序号	建成时间	名称	地点	等级	投资（美元）	功能配置	修建方式	建筑设计	声学设计	照片/效果图
35	2005	59E59剧场（59E59 Theaters）*	美国纽约	社区	6.5百万	3个黑箱剧场：座位数为199、99和50（非营利剧场）	商业建筑改造	URED Architecture		
36	2005	斯特拉思莫尔音乐中心（Strathmore Music Center）*	美国北贝塞斯达（North Bethesda）	城镇	0.99亿	190000平方英尺，11英亩室外艺术花园，1976座可调音乐厅，复合学科教育中心	集中式的多厅堂结构	威廉·罗恩建筑师事务所（William Rawn Associates Architects）	柯克加德事务所（Kirkegaard Associates）	
37	2006	长毛象剧院（Woolly Mammoth Theater）*	美国华盛顿特区	社区	8.5百万	265座的庭院式剧场（非盈利剧场）	商业合建	麦金塔夫建筑师事务所（Mark McInturff）		
38	2006	格思里剧院（Guthrie Theater）	美国明尼阿波利斯	城市	1.25亿	700座的镜框式舞台剧场、1100座插入式舞台剧场、200座的工作室剧场	集中式的多厅堂结构	让·努维尔（Jean Nouvel）	The Talaske Group+ Kahle Acoustics	
39	2006	特拉维哈市立剧院（Torrevieja Municipal Theatre）	西班牙特雷维耶哈（Torrevieja）	城市		650座	单厅结构	外国建筑事务所（Foreign Office Architects）		

续表

序号	建成时间	名称	地点	等级	投资（美元）	功能配置	修建方式	建筑设计	声学设计	照片/效果图
40	2006	镜子剧院（De Spiegel）	荷兰兹沃勒（Zwolle）	城市		适用于戏剧、音乐剧、音乐会和歌剧的可变剧场，座位数 850~1000	单厅结构	Greiner Van Goor Huijten 建筑师事务所	Rob Metkemeijer/ Peutz consulting engineers	
41	2006	艺术线剧院（De Kunstlinie）	荷兰阿尔梅勒（Almere）	城市	5.6亿	两个大剧场、几个小的表演空间、排练厅和行政用房	集中式的多厅堂结构	SANAA	DHV	
42	2006	丹佛表演艺术中心（老剧院建于1978年）*	美国丹佛	城市		2700座 Boettcher 音乐厅、2830座 Temple Hoyne Buell 剧院、八层1700个停车位、观众厅剧院综合体，Helen G. Bonfils 剧院综合体，Donald R. Seawell 大舞厅	校园式布局/旧建筑改造			
43	1986—2006	桔县表演艺术中心（Orange Country Performing Arts Center）*	美国桔县	城镇		3000座的歌剧院；蕾妮和亨利·西格斯托姆音乐厅（Renée andHenry Segerstrom Concert Hall）：2000座音乐厅；Samueli 剧场 –500座的多功能剧场；Founders 大厅 –250座的小剧场	校园式布局	歌剧院：查尔斯·劳伦斯（Charles Lawrence）音乐厅：西萨·佩里建筑师事务所（Cesar Pelli &Associates Architects）	歌剧院：Paoletti/ Lewitz Associates 音乐厅：Artec公司的罗素·约翰逊	
44	2007	实验媒体艺术中心（Experimental Media and Performing arts center）*	美国特洛伊（Troy）	校园	1.31亿	1.9万平方米，1200的音乐厅、400座的剧场、2个多功能黑箱工作室、一个舞蹈工作室，4个常驻艺术家的工作室	集中式的多厅堂结构	格雷姆肖建筑师事务所（Grimshaw Architects）	柯克加德事务所（Kirkegaard Associates）	

273

续表

序号	建成时间	名称	地点	等级	投资（美元）	功能配置	修建方式	建筑设计	声学设计	照片／效果图
45	2007	林肯中心爵士乐厅（Jazz at Lincoln Center）*	美国纽约	国家	1.28亿	1157000 平方英尺，四个表演场所：550座 Allen Room，Dizzy's Club Coea-Cola（Jazz Lounge），IrereDiamond Education Center	高层商业合建的	拉斐尔·维诺里（Vinoly Architects）	Artec 公司 +Walters Storyk+SLA 声学公司	
46	2007	英国伦敦皇家节日大厅（Royal Festival Hall）	英国伦敦	城市			历史建筑改造	英国 Allies & Morrison	美国柯克加德（kirkegaard）声学公司	
47	2007	Agora 剧院（Agora Theatre）	荷兰莱利斯塔德（lelystad）	城市	0.16亿	大厅725座，小厅200座	集中式的多厅堂结构	Un Studio	DGMR 声学公司	
48	2007	坦佩艺术中心（Tempe Arts Center）	美国坦佩（Tempe）	城市	0.66亿	9万平方英尺，600座中剧场，200座小剧场，室外有17英亩花园	集中式的多厅堂结构	巴顿·迈尔斯（Barton Myers Associates）	旧金山 Arup 声学公司	
49	2007	顶点音乐厅2（Zenith Concert Hall）	法国里摩日（Limoges）	城镇	0.31亿	11万平方英尺，固定座位4500（坐席：600～8000座的可变）流行音乐厅（摇滚音乐、电声设备）	单厅	屈米（Bernard Tschumi Architects）	CIAL 声学公司	
50	2008	莱切斯特剧院和表演艺术中心（Leicester Theatre &Performing Arts Center）	英国莱切斯特（Leicester）	城市	0.85亿	14.4 万平方英尺；750座、350～450座	集中式的多厅堂结构	拉斐尔·维诺里（Rafael Vinoly Architects）	Kahle Acoustics	

序号	建成时间	名称	地点	等级	投资（美元）	功能配置	修建方式	建筑设计	声学设计	照片／效果图
51	2008	顶点音乐厅（Zenith de Strabourg Eckbolsheim）	法国阿尔萨斯省 Strabourg	城镇		5000～10000座流行音乐厅	单厅	马希米亚诺·福克萨斯（Massimiliano and Doriana Fuksas）	ALTIA – Acoustiqu~e, Paris	
52	2008	大运河表演艺术中心和画廊（Grand Canal Performing Arts Center and Galleria）	爱尔兰都柏林	国家	1.58亿	2000座	单厅结构	丹尼尔·李伯斯金（Daniel Libeskind）		
53	2008	挪威国家歌剧院（Norway National Opera House）	挪威奥斯陆	国家	7.67亿	1350座大剧场、400座位可变剧场、200座彩排大厅	集中式的多厅堂结构	斯内赫塔建筑师事务所（Snohetta）	Arup Acoustic + Brekke Strand Akusikk	
54	2007年取消了合约	新马林斯基剧院（New Marlinsky Theatre）	俄罗斯圣彼得堡	城市	2.76亿	2000座剧院、350座室内乐厅	集中式的多厅堂结构	多米尼克·佩罗（Dominique Perrault Architecte）		
55	待定	新马林斯基剧院（New Marlinsky Theatre）	俄罗斯圣彼得堡	城市		2000座剧院、350座室内乐厅	集中式的多厅堂结构	戴尔蒙德和施密特建筑师事务所（Diamond and Schmitt Architects Incorporated）		
56	2008	大都会堪萨斯城表演艺术中心（Metropolitan Kansas City, Performing ArtS Center）	美国密苏里州堪萨斯城	城市	3.26亿	2200座芭蕾剧场、1800座音乐厅、500座实验剧场	集中式的多厅堂结构	Moshe Safdie and Associates	Artec+永田声学公司（Minoru Nagata 03年11月以后）	

275

序号	建成时间	名称	地点	等级	投资（美元）	功能配置	修建方式	建筑设计	声学设计	照片/效果图
57	2008	哥本哈根皇家剧场（Royal Playhouse）	丹麦哥本哈根	城市	0.9	22.6万平方英尺，三个剧场：650座、250座和100座	集中式的多厅堂结构	Lundgaard & Tranberg 建筑师事务所	Gade & Mortensen Akustik	
58	2009	水晶房（Crystal Room）	奥地利淮德侯苏（Waid-hofen）	城镇	不详	200座	旧建筑改造	汉斯·霍莱因/霍莱因工作室（Hans Hollein/ Atelier Hollein）	Muller-BBM 声学公司	
60	2009	哥本哈根交响乐大厅（Copenhagen Symphony Hall）	丹麦哥本哈根	城市	3.25亿	2.5万平方米；四个单独的音乐空间，包括一个音乐厅和三个音乐工作室	多厅结构（垂直叠加）	让·努韦尔（Jean Nouvel）	永田声学公司-丰田泰久、元田升（Nagata Acoustics INC）	
61	2009	巴西里约热内卢音乐厅（Cidade Da Musica, Rio De Janeiro, Brazil）	巴西里约热内卢	城市		一个主要用于交响乐和歌剧的大厅	单厅	克里斯蒂安·德·波特赞姆巴克（Christian De Portzampare）	徐亚英声学公司（Xu Acoustique）	
62	2009	玛戈特和比尔·温丝皮尔歌剧院（Margot and Bill Winspear Opera House）	美国达拉斯	城市	2.75亿	2200座（达拉斯演艺中心的一个组成部分）	各为单厅，校园式布局	福斯特建筑师事务所（Foster And Partners）	Sound Space Design	

序号	建成时间	名称	地点	等级	投资（美元）	功能配置	修建方式	建筑设计	声学设计	照片/效果图
62	2009	迪伊和查尔斯·威利剧院（Dee and Charles Wyly Theater）	美国达拉斯	城市		7000平方米，600座可变剧场（达拉斯演艺中心的一个组成部分）		库哈斯/OMA事务所 & Joshua Prince-Ramus	荷兰 Dorsserblesgraaf 声学公司	
63	2009	ZA-KOENJI 公共剧场（ZA-KOENJI Public Theatre）	日本东京	城市		4977平方米，230座的可变剧场、250~300的常规剧场（适用于戏剧、舞蹈、音乐会和讲座）、工作室剧场（彩排室）	集中式的多厅堂结构	伊东丰雄	Takeshi Shima（Head of Sound）Tokoha Utsumi	
64	2009	林肯表演艺术中心（爱丽丝杜莉厅/Alice Tully Hall和室外设施改造）*	美国纽约	国家	6.5亿	爱丽丝·杜莉厅（Alice Tully Hall：1095座音乐厅）	旧建筑改造	建筑师：Diller Scofidio+Renfro 景观设计师：SigneNielsen	杰·菲·霍顿声学事务所（Jaffe Holden Acoustics）	
65	2010	中心舞台剧院（Arena Stage/老剧院建于1961年）*	美国华盛顿特区	城市	0.8亿	250000平方英尺，650座Fichandler剧场（中心式舞台）、514座Kreeger剧场（插入式舞台），新建200座的摇篮剧院（有灵活座位区）	旧建筑扩建和改造	谭秉荣建筑师事务所（Bing Thom Architects）	TALASKE	
66	待定	BBC音乐盒（Music Box）	英国伦敦	城市	0.4亿	600座	单厅	外国建筑事务所（Foreign Office Architects）	Arup声学公司	

277

序号	建成时间	名称	地点	等级	投资（美元）	功能配置	修建方式	建筑设计	声学设计	照片/效果图
67	2012	巴黎爱乐大厅（la Philharmonie de Paris）	法国拉维拉特	城市		58412平方米，2400座的交响音乐厅、行政中心、教育中心、博物馆、餐厅	单厅，复合型	让·努韦尔（Jean Nouvel）	新西兰马歇尔声学公司+日本永田声学公司（Marshall & Day + Nagata Acoustics）	
68	2013	易北河爱乐音乐厅（Elbe Philharmonic Hall）	德国汉堡	城市	3.13亿	2200座音乐厅、550座室内乐厅、豪华旅馆、儿童博物馆、夜总会和停车设施等	旧建筑改造	赫尔佐格&德梅隆（Herzog & De Meuron）	永田声学公司/丰田泰久	
69	2010	迈阿密新世界音乐厅（The New world Symphony, Miami）	美国迈阿密	城市	1.3亿	可变坐席的音乐厅（最多700座）；数字音乐图书馆；26间个人彩排室；6个集中彩排室；一个多功能室	单厅	弗兰克·盖里建筑事务所	永田声学公司（Nagata Acoustic）	
70	待定	亚特兰大交响音乐厅（Atlanta's Symphony Center）	美国亚特兰大	城市	3亿	2200座位的交响音乐厅（配有可调设施；300~350座的彩排大厅；300座的工作室；11000平方英尺的学习中心）	集中多厅结构	圣地亚哥·卡拉特拉瓦（Santiago Calatrava）	美国柯克加德（Kierkegaard）声学公司	
71	待定	萨迪亚特岛演艺中心（the Performing Arts Centre for Saadiyat Island in the United Arab Emirates）	阿拉伯联合酋长国萨迪亚特岛	城市		5个剧院：音乐厅、演奏厅、歌剧院、戏剧院，共有6300个座位	集中多厅结构	扎哈·哈迪德	Sound Space Design（Bob Essert），London	

附录B：中国演艺建筑研究选例①（1998~2012建成或在建中）

序号	建成时间	项目名称	选址	投资亿元（¥）	功能配置	建筑设计单位	声学设计单位	舞台设备	造型特色	照片/效果图
1	1998	上海大剧院*	上海城市中心、人民广场侧	13	7万平方米，1800座主剧场、600座中剧场、200座的小剧场	法国ARTE（夏氏）建筑师事务所＋华东建筑设计研究院	上海现代设计集团章奎生声学研究所	日本三菱	水晶宫殿	
2	2001	辽宁大剧院	沈阳市市府广场东侧	2.5	3万平方米，大剧场、小剧场、电影场、多功能厅、三星的涉外宾馆	中国建筑东北设计研究院	清华大学	总装备部工程设计研究总院	辽西地区出土的代表红山文化的玉猪龙造型	
3	2003	嘉兴大剧院	嘉兴南湖中心区	1.7	2.8万平方米，1406座大剧场、多功能小剧场、电影场	浙江省建筑设计研究院	不详	浙江舞台设计研究院有限公司		
4	2003	绍兴大剧院	市区商贸中心	2.8	2.6万平方米，1349座剧院观众厅	蔡镇钰（上海现代建筑设计集团有限公司）＋绍兴市建筑设计研究院	浙江大学建筑技术研究所	浙江大丰实业有限公司	乌蓬船	
5	2004	宁波大剧院*	新区余姚江畔	6.19	1500座大剧场和800座多功能剧场	法国何斐德设计公司＋华东设计院	徐亚英（Xu Acoustics & Arts）	总装备部工程设计研究总院		

① 2006～2009年笔者对国内12个新建演艺建筑项目进行了实地考察和调研（＊号标记）。其中，合肥大剧院和西安大唐文化广场为笔者亲自参与设计的项目。相关声学设计单位信息主要由上海现代设计集团章奎生声学研究所的王晓波先生提供；相关舞台设备设计单位信息由总装备部工程设计研究总院的陈威先生提供；合肥大剧院和西安文化交流广场由上海仁蔼仁事务所提供；成都歌剧院由成都陇南区管委会提供；其他图片来源于http://images.google.cn/。

续表

序号	建成时间	项目名称	选址	投资亿元（¥）	功能配置	建筑设计单位	声学设计单位	舞台设备	造型特色	照片／效果图
6	2004	东方艺术中心*	上海浦东新区	11.4	4万平方米，1979座交响音乐厅，1054座的中剧场，330座的小演奏厅，4个排练厅	法国巴黎机场公司（ADP）+上海现代集团华东建筑设计研究院	CSTB+上海现代集团章奎生声学设计研究所	奥地利利瓦格纳比罗公司+总装备部工程设计研究院总院	白玉兰	
7	2004	杭州大剧院*	在钱塘江畔的钱江新城核心区	9	5.5万平方米，1600座歌剧院，600座音乐厅，400座可变剧场，700座下沉式露天剧场及室外文化广场	卡洛斯·奥特（加拿大OTT/PPA建筑设计师事务所）	Mueller-BBM 上海现代集团章奎生声学设计研究所	德国SBS舞台系统+美国温格尔公司制作舞台音乐罩	明珠出水+一弯明月	
8	2005	东莞大剧院*	城市新区	6	4.3万平方米，1600座大剧场和400座实验剧场	卡洛斯·奥特（加拿大OTT/PPA建筑设计师事务所）+同济大学建筑设计院	北京市建筑设计研究院声学所+上海现代集团章奎生声学研究所（顾问）	总装备部工程设计研究总院	一袭弗拉门戈舞蹁跹旋转的裙摆（芭蕾舞演员的舞姿）	
9	2006	贵阳大剧院	贵阳市中心区南部纪念塔四周	3.2	3.6万平方米，1281座剧场，667座音乐厅，5个电影厅	中国建筑西南设计研究院	同济大学建筑声学所	浙江大丰实业有限公司	架起的钢琴	
10	2007	内蒙古呼和浩特大剧院（与内蒙古博物馆建筑毗邻）	呼和浩特市新华大街北侧，内蒙古政府办公大楼西侧	5.6	3.1万平方米，1370座的演出大厅，460座多功能厅，3个电影放映厅及附属设施	北京市建筑设计研究院	北京市建筑设计研究院声学所	总装备部工程设计研究总院	体现草原文化，寓意蒙古族起源苍狼白鹿	

续表

280

序号	建成时间	项目名称	选址	投资[亿元(¥)]	功能配置	建筑设计单位	声学设计单位	舞台设备	造型特色	照片/效果图
11	2007	武汉琴台大剧院	新区(建在月湖旁,周围有古琴台),琴台艺术文化中心内	7	1800座的大剧院,1200座音乐厅,中西餐厅,艺术商店,琴房和排练厅	广州珠江外资建筑设计院	上海现代集团章奎生声学研究所	浙江舞台设计研究院+德国SBS舞台系统	中国最大的古琴	
12	2007	河南艺术中心	郑东新区如意湖畔	10	占地面积10公顷,1818座大剧院,802座音乐厅,384座小剧场,美术馆,艺术馆	卡洛斯·奥特(加拿大OTT/PPA建筑师事务所)+中国航空规划设计研究院	浙江大学建筑技术研究所	德国SBS舞台系统	河南远古乐器造型-5枚黄灿灿的"金球"	
13	2007	深圳文化中心音乐厅*	深圳市福田中心区莲花山脚下	7.76	4.1万平方米:2323平方米的演奏大厅面积,1个数字录音棚,4个贵宾厅,18间琴房,20间化妆室以及20间五星级的艺术家公寓	日本矶崎新事务所+北京建筑设计研究院	日本永田声学公司	韩国JASS	金树和银树的文化深林	
14	2007	苏州科技文化艺术中心*	新区金鸡湖畔	17	1200座剧院,550座观演剧场,一座IMAX影院和7个影厅的电影城	法国巴黎机场公司/Paul Andreu+上海现代建筑设计集团华东建筑设计研究院	Kahle Acoustics+上海现代设计集团章奎生声学设计研究所	总装备部工程设计研究总院	一颗珍珠,一段墙壁,一座园杯(也被称为苏州的鸟巢)	
15	2008	湖州大剧院	湖州经济开发区仁皇山新区	2.5	2.3万平方米,1680座大剧院,350座多功能厅	浙江大学建筑设计研究院	上海现代设计集团章奎生声学研究所	总装备部工程设计研究总院	蝴蝶破茧	

续表

281

序号	建成时间	项目名称	选址	投资亿元（¥）	功能配置	建筑设计单位	声学设计单位	舞台设备	造型特色	照片/效果图
16	2008	福建大剧院	福州五一广场南侧	4.1	2.8万平方米,1352座主剧场拥有,491座音乐多功能剧场,多功能数码影视城	崔凯（中国建设计研究院）	清华大学	总装备部工程设计研究总院	客家土楼（宛如花瓣）	
17	2008	国家大剧院*	城市中心,相邻人民大会堂,天安门	20	20万平方米,2400座歌剧厅,2000座音乐厅,1040座戏剧场	法国巴黎机场公司（ADP）+北京市建筑设计研究院	CSTB	日本三菱重工作歌剧厅舞台系统+总装备部工程设计研究总院+德国SBS舞台系统	湖上仙阁	
18	2009	合肥大剧院*	政务文化新区	6	5.9万平方米,1517座歌剧厅,977座音乐厅,496座多功能厅	上海秉仁建筑师事务所+同济大学建筑设计研究院	同济大学建筑声学研究所	总装备部工程设计研究总院	城市明珠+水波	
19	2009	重庆大剧院	嘉陵江和长江交汇处的沿江地带,城市CBD新区	16	9万平方米,1850座大剧场,930座中剧场,300座音乐厅	冯·格康（德国GMP）+华东设计院	Mueller-BBM	浙江大丰（大剧场）+总装备部工程设计研究总院（中剧场）	"水晶船"+"孤帆远影"	
20	2009	西安大唐文化交流广场*	曲江新区	7	7.3万平方米,四座建筑组成：包括1377座陕西大剧院,1205座西安音乐厅音乐厅,1068座曲江电影厅,西安艺术展廊	上海秉仁建筑师事务所+西北建筑设计研究院	马歇尔·戴声学有限公司+北京建声	总装备部工程设计研究总院	唐代高台	

序号	建成时间	项目名称	选址	投资亿元（¥）	功能配置	建筑设计单位	声学设计单位	舞台设备	造型特色	照片/效果图
21	2009	广州歌剧院*	珠江新城南部，临新建广州市图书馆和博物馆	10	7万平方米，1800座歌剧院（大石头），400座多功能厅+西餐厅（小石头）	扎哈·哈迪德+广州珠江外资建筑设计院	马歇尔·戴声学有限公司	总装备部工程设计研究总院+奥地利瓦格纳比罗公司	圆润双砾	
22	2009	温州大剧院	城市中心世纪广场	6.5	占地2万多平方米，1500座歌剧院，650座音乐厅和250座多功能小剧场（三个剧场空间叠放）	卡洛斯·奥特（加拿大OTT/PPA建筑师事务所）+同济大学建筑设计院	德国MüLLER-BBM+上海现代设计集团章奎生声学研究所	德国SBS	金色鲤鱼	
23	2009	烟台文化广场	市区南大街	3	烟台市博物馆、烟台市大剧院和群众艺术馆、烟台市京剧院、烟台市青少年宫和烟台书城	中国华南建筑设计院/何镜堂	不详	不详	文化之石（水平流动，烟绕云台）	
24	2009	常州大剧院		4.6	5.1万平方米，1680座剧院、350座多功能厅、20座则150座不等的4个电影厅	魏敦山（上海现代建筑设计集团有限公司）	上海现代集团章奎生声学设计研究所	总装备部工程设计研究总院	跳动音符和流动的乐章	
25	2010	青岛大剧院	青岛市崂山区	13.5	1600座歌剧院、1000座音乐厅、400座多功能厅	冯·格康（德国GMP）+华东设计院	德国MüLLER-BBM+北京中广电声学研究所	总装备部工程设计研究总院	山、海的元素	

续表

序号	建成时间	项目名称	选址	投资亿元（¥）	功能配置	建筑设计单位	声学设计单位	舞台设备	造型特色	照片/效果图
26	2010	宁夏文化大剧院	银川市核心区人民广场东侧，临宁夏博物馆和图书馆	5	49万平方米，包括一个剧院和一个多功能厅	程泰宁	待定	待定	伊斯兰文化，花开盛世	
27	2010	江西文化艺术中心	南昌市的青山湖文化广场旁	4.1	4.9万平方米，两期建设。一期包括剧院、音乐厅、美术馆和综合排练厅；二期包括4千平方米的电影城和8千平方米的演职员公寓	中国建筑设计研究院	待定	总装备部工程设计研究院	盛世莲花	
28	2011	无锡大剧院	蠡湖南岸	10	7万平方米，1680个座的大型歌剧厅，600~800座多功能厅	芬兰萨米宁设计事务所	Kahle Acoustics + 上海现代集团章奎生声学设计研究所	待定	戏水蜻蜓（俯视如树叶）	
29	2012	山西大剧院	太原市长风商务区文化岛	7.9	1628座主剧场，1170座音乐厅和458座小剧场	法国ARTE（夏氏）建筑师事务所 + 山西省建筑设计研究院	待定	待定	三普长风 + "艺术之门"	
30	2013	邯郸市文化艺术中心	滏东大街以东，广泰街以西，广府路以南、人民路以北	8.54	12.6万平方米，包括大剧院、博物馆、图书馆及城市规划展览馆组成。其中，大剧院含一个1600座的大剧场、500座多功能厅	北京建筑设计研究院	待定	待定	城市台上的美玉（赵王城"龙台"和氏璧"珠联璧合）	

续表

284

序号	建成时间	项目名称	选址	投资亿元（¥）	功能配置	建筑设计单位	声学设计单位	舞台设备	造型特色	照片/效果图
31	2013	高雄表演艺术中心（卫武营艺术文化中心）	台湾高雄	17.7	2260席的大剧院、2010席的音乐厅、1254席的中剧场以及470席的演奏厅	荷兰梅卡诺建筑师事务所（Mecanoo Architects）				
32	2013	台中歌剧院	台湾台中		2009座大剧院、800座中剧场及200座小剧场	伊东丰雄			声音涵洞	
33	2014	台北艺术中心	台湾台北		1500座大剧院、800座中剧场、800座多功能厅	库哈斯/OMA事务所				
34	2014	成都歌剧院及艺术馆*	成都高新区	10	8万平方米，1800座歌剧院厅，600座中型表演厅，600座的音乐厅，1700座的电影院	扎哈哈迪德事务所	马歇尔.戴声学有限公司	待定		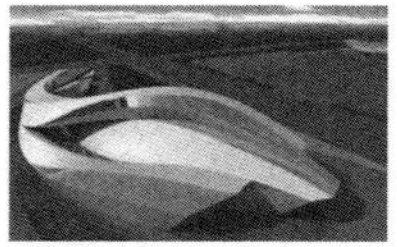
35	待定	西九龙文化区	香港的西九龙文化区		综合文化娱乐场所，设有15个表演艺术设施。包括：大型表演场地（1.5万人）、音乐厅（:2000人）、室乐演奏厅（800人）、大剧院（2个；1900~2200人）、中剧院（4个；600~1000人）、戏曲剧院（2个；400~1400人）、黑盒剧场（4个；100~300人）	福斯特（Foster and Partners）			城市公园	

序号	建成时间	项目名称	选址	投资亿元（¥）	功能配置	建筑设计单位	声学设计单位	舞台设备	造型特色	照片/效果图
36	2007	同济大学大礼堂*	上海同济大学	0.5	改造前3295/改造后6835平方米	同济大学建筑设计研究院	同济声学所		历史更新	
37	2009	红宝石舞蹈中心	北京·东城区方家胡同46号院（原北京机床厂）		520座的剧场	Chiasmus建筑师事务			红宝石	

附录 C：表格索引

参考文献

［1］Ian Appleton，Buildings for the Performing Arts：A Design and Development Guide，Second edition[M]，Architectural Press，2008

［2］Barry Blesser and Linda-Ruth Salter，Spaces speak，are you listening？- Experoencong aural architecture [M]，Cambridge MA：The MIT Press，2007

［3］Hilde de Haan，De Spiegel：Theatre architecture as a mirror of experience[M]，Amsterdam：Architectura & Natura Press，2007

［4］Christos G. Athanasopulos，Contemporary theater：evolution and design，2 edition[M]，North Charleston，S.C.，BookSurge Publishing，2006

［5］Hugh Hardy（Author），Stephen A.Kliment（Series Editor），Building Type Basics For -Performing Building Facility. Hoboken[M]，New Jersey：John Wiley & Sons，Inc.，2006

［6］Michael Hammond，Performing Architecture：Opera house，Theaters and Concert Halls for the Twenty-First Century[M]，London . New York：Merrell Publishers Limited，2006

［7］Iain Mackintosh，Architecture，Actor and Audience（Theatre Concepts）[M]，Routledge UK，May 1993

［8］Robert E. Apfel，Deaf Architects & Blind Acousticians-Challenges to Sound Design [M].Madison，CT：Printworks，Ltd，1992

［9］Hans Baldauf，Baker Goodwin，Amy Reicher，Perspecta 26 The Yale Architecture Journal-Theater，Theatricality and Architecture[M]. New York，NY：Rizzoli International，1990

［10］Brain FG Katz，Eckhard Kahle，Design of the new Opera House of the Suzhou Science & Arts Cultural Center，The 9th Western Pacific Acoustics Conference [C]，Seoul，Korea，Jun 26-28，2006

［11］Jean-Paul Vian，Acoustic Design of the National Grant Theatre of China，an attempt to get the rich sound of a modern opera in a classical horse shoe theatre[C]，International Symposium on Room Acoustics：Design and Science 2004

［12］Fumihiko Maki，Sound and figure：Concert hall design // Conference proceedings form MCHA 1995[C]，Academic Press，1997

［13］Yasushi Ikeda，Design a contemporary classic concert hall using computer graphics // Conference proceedings form MCHA 1995[C]，Academic Press，1997

288

［14］Techniques & architecture–489：Programme musiques（Concert halls）[J]，2007

［15］Architectural Dialogue No.133（Performance and Art center）[J]，2009–03

［16］Yukio Futagawa，GA Contemporary Architecture 04：Theater[M]，2006

［17］Bernard Tschumi，Concert Hall and Exhibition Complex（Zenith）[J]，GA Document 67

［18］Jean Nouvel，Copenhagen Concert hall[J]，GA Document 70：12–17

［19］FRANK O. GEHRY，Walt Disney Concert Hall[J]，GA Document 75

［20］FRANK O. GEHRY，Jay Pritzker Pavillon[J]，GA Document 81：38–51

［21］OMA，CASA DA MUSICA[J]，GA Document 84：8–49

［22］OMA，Dee and Charles Whyly Theatre[J]，GA Document 85：10–15

［23］Norman Foster，Sage Gateshead[J]，GA Document 86：94–107

［24］Christian De Portzamparc，Luxembourg Philharmonie[J]，GA Document 89：60–77

［25］Toyo Ito，Taichung Metropolitan Opera House[J]，GA Document 91：52–55

［26］Frank O. Gehry，New World Symphony[J]，GA Document 94

［27］UN studio，Theater Lelystad[J]，GA Document 96：90–107

［28］Jean Nouvel，Paris Philhermonie[J]，GA Document 97：10–15

［29］Zaha Hadid，Guangzhou Opera House[J]，GA Document 99

［30］Zaha Hadid，Abu Dhabi Performing Arts Center[J]，GA Document 99

［31］Snøhetta，New Opera House Oslo[J]，GA Document 102

［32］Jean Nouvel，Concert Centre Danish Radio[J]，GA Document 107：8–43

［33］029 The Space Structures Movment and Exchange between the Building's Users to Create Its Own Performance[J]，The Architectural Review 2009 Apr.：56–59

［34］Grand Opera，Olso's new opera house is both dramatic and topographic addition to the city's waterfront[J]，The Architectural Review 2008 Jun.：36–45

［35］Toyo Ito，Opera House，Taichung Taiwan[J]，The Architectural Review 2008 May.：40–41

［36］Grimshaw，Performing arts center，troy，New York，USA[J]，The Architectural Review 2008 Apr.：70–71

［37］Royal Fstival Hall[J]，The Architectural Review 2007 Nov：59–67

［38］Fantasy Island，An Impressively stellar cast of architects has been assembled to flex their creative muscles on Saadiyat Isalnd，Abu Dhabi's new cultural and tourist destination[J]，The Architectural Review 2007 March：30

［39］Performing Arts Centers Bold New Acts[J], Architectural Record 2010 Feb：49

［40］David Dillion, Dallas Arts District—Does an impressive collection of buildings add up yo a truly urban neighborhood for the arts? [J], Architectural Record 2010 Feb：50−51

［41］Victoria Newhouse, Opera Reaches Out：Using a Modern vocabulary, Foster+Partners reinterprets the traditional music hall to creat the Margot and Bill Winsper Opera House[J], Architectural Record 2010 Feb：52−56；58−59

［42］Joann Gonchar, When size matters：A hall reproduces old−world sound in a large modern setting[J], Architectural Record 2010 Feb：57

［43］David Dillon, Vertical Theatrics：The mechanistic tower of REX/OMA's Wyly Theatre enhances the flexibility of the performance along with connection to the world outside[J], Architectural Record 2010 Feb：60−65

［44］Joann Gonchar, Dramatically reconfigurable：A machinelike hall depends on inventive structural and acoustical solutions[J], Architectural Record 2010 Feb：66−67

［45］Suzanne Stephens, Blue Notes：Aeliers Jean Nouvel devises an ethereal container for the Copenhagen Concert hall[J], Architectural Record 2010 Feb：68−73

［46］Joann Gonchar, Model behavior：A not−so−miniature version of real thing helps tune a design[J], Architectural Record 2010 Feb：74−75

［47］Suzanne Stephens , Diller Scofidio+ Renfro and FXFOWLE give a bravura performance with the expansion and renovation of New York's Alice Tully Hall[J], Architectural Record 2009 Jun：61−

［48］Josephine Minutillo, Taking a Bow：Architects offer up an arresting array of performing arts venues across the globe−from grand concert halls to striking new theaters and intimate recital spaces[J], Architectural Record 2009 Feb：87

［49］Victoria Newhouse and Alexander Gorlin, Lundgarrd & Tranberg Architects' stunning new theater steals the show along Copenhagen's developing waterfront [J], Architectural Record 2009 Feb：88−93

［50］Josephine Minutillo, Hans Hollein carves out a dimond in the rough with a crystalline performance space inside a medieval fortress[J], Architectural Record 2009 Feb：94−95

［51］Josephine Minutillo, "And the award for best sound effects goes to..", Acoustics get a starring role in the designof a new performing arts center[J],

289

Architectural Record 2009 Feb : 100–106

[52] Peter MacKeith , Snohetta heightens experiential and theatrical moments in its design for the National Opera of Norway in Oslo[J], Architectural Record 2008 Aug : 84–91

[53] David Sokol, UNStudio shocks a quiet Duth city to life with the crystalline form and electric colors of the Agora Theater[J], Architectural Record 2008 May : 206–213

[54] Suzanne Stephens, Civic Identity : Distinctive forms give concert halls in different locales a sense of identity while maintaining connections to the history of this age–old building type[J], Architectural Record 2008 Jan : 107

[55] Jenna M. Mcknight, Barton Myers Associates and Architekton unite nine local arts groups under one dramatic roof[J], Architectural Record 2008 Jan : 108–113

[56] Joann Gonchar, Fashioning an aural architecture[J], Architectural Record 2008 Jan : 112

[57] Philip Jodidio, Bernard Tschumi Architects comes up with a green solution to the series of auditioriums for pop music sponsored by the government[J], Architectural Record 2008 Jan : 120–123

[58] In Santiago Calatrava' s City of Arts and Sciences, In Valencia, the Reina Sofia Palace of the Arts, an opera house finally touches down[J], Architectural Record 2007 Jul : 102–109

[59] James S. Russell, Building Ovations : For all the stories of struggling orchestras and embattled theater troupes, halls that offer a superior audience experience are drawing wide community support[J], Architectural Record 2006 Aug : 107

[60] James S. Russell, Ateliers Jean Nouvel prepares audiences for the artifice of drama with ghostly imagery, bold colors and bravura form[J], Architectural Record 2006 Aug : 108–117

[61] Joseph Giovannini, Christian de Portzamparc animates a monumental plaza with a spatial dynamism that takes its sophisticated urbanism inside[J], Architectural Record 2006 Aug : 118–123

[62] Russell Fortmeyer, HDR and Polshek Partnership collaborate to build a light–filled concert hall that invigorates a prominent downtown Omaha site[J], Architectural Record 2006 Aug : 124–130

[63] Suzanne Stephens, Foster and Partners thethers the billowing steel Sage Gateshead concert hall to the banks of the Tyne in England[J], Architectural

Record 2005 Aug : 106–116

[64] David Cohn, Rom Koolhaas/ OMA challenges old notions of what a concert hall should be in the sculptural CASA DA MUSICA in Porto, Portugal[J], Architectural Record 2005 Jul : 101–111

[65] James S. Russell, Beating the Odds : While the Allure of the arts is undimmed, diminished dollars are driving communities and arts groups to think harder about what should be built and for whom[J], Architectural Record 2005 Jan : 133–135

[66] Blair Kamin, Gehay Partners' Pavilion in Millennium Park Catalyzed the Creation of a New Postindustrial Playground of Crowd-Pleasing Specacle[J], Architectural Record 2005 Jan : 136–145

[67] Sam Lubell, Rafael Vinoly Develops Several Intimate and Often Unique Spaces in a New Headquarters for Jazz[J], Architectural Record 2005 Jan : 146–151

[68] Clifford A. Pearson, Santiago Calatrava sets concrete in motion ar the Auditorio De Tenerife in the Canary Islands[J], Architectural Record 2004 Feb : 78–87

[69] James S. Russell, The Story of how Frank Gehry's design and Lillian Disney's dream were ultimately rescued to create the masterful Walt Disney Concert Hall[J], Architectural Record 2003 Nov : 135–150

[70] Joseph Giovannini, With the City of Music in Rome, Renzo Piano sets out to transform frayed urban fabric into new "connective tissue" [J], Architectural Record 2003 Oct : 116–123

[71] Paul Bennett, Another View : The City of Music From a Local Vantage Point[J], Architectural Record 2003 Oct : 120

[72] Jane F. Kolleeny, Poetry of performance : Performing arts architecture is life storytelling–A text with a dramatic effect that contributes to the goal of heighteneing the imagination of theatergoers[J], Architectural Record 2003 Oct : 125

[73] Sara Hart, Von Gerkan, Marg Und Partner recreated Berlin's "Gateway to the South" with a new cultural icon and public square[J], Architectural Record 2003 Oct : 126–129

[74] Lucy Bullivant, Bennetts Associates Gives a New Face to a Venerable Theater Company that Carries on the Magic of Independent Performance Art[J], Architectural Record 2003 Oct : : 130–133

[75] Benjamin Kline, Cesar Pelli & Assocaites Brightens Downtown Dayton with Lights, Theater, Action [J], Architectural Record 2003 Oct : 134–137

[76] Sara Hart , Performing Arts Complexes are Evolving Form Shoebox Venues

291

into Multipurpose Arenas Architecture has become part of the acoustic strategy where functions compete [J]，Architectural Record 2003 Oct：143–148

［77］（日）安藤四一著，建筑声学：声源 声场与听众之融合 [M]，天津大学出版社 2006

［78］（美）哈迪－霍乐兹曼－法依弗联合设计事务所（HHPA），曲正、曲端译，剧场 [M]，辽宁科学技术出版社、中国建筑工业出版社，2002

［79］（美）白瑞纳克，音乐厅和歌剧院，王季卿、戴根华、项端祈等译 [M]，上海：同济大学出版社，2002

［80］格洛托夫斯基《迈向质朴戏剧》[M]，北京：中国戏剧出版社，2006

［81］（英）彼得．布鲁克，《空的空间》，刑厉等译，北京：中国戏剧出版社，2006

［82］（美）艾·威尔逊等著，《论观众》，李醒等译 [M]，北京：文化艺术出版社，1986

［83］Ju Yuan De Jiang Lai/ Bonamy Robref Zhu，剧院的将来，徐霞村译 [M]，上海：北新书局，1928

［84］卢向东，中国现代剧场的演进—从大舞台到大剧院 [M]，中国建筑工业出版社，2009 年 2 月

［85］Paul Andreu，国家大剧院 [M]，大连理工出版社，2008 年

［86］剧场、电影院和多用途厅堂建筑声学设计规范 GB/T50356—2005，中华人民共和国建设部出版社，2005

［87］项端祈，演艺建筑——音质设计集成 [M]，中国建工出版社，2003 年 7 月

［88］丹麦 S.E. 拉斯姆森著，建筑体验，刘亚芬译 [M]，知识产权出版社，2003 年

［89］剧场建筑设计规范 JGJ 57–2000 [S]，中华人民共和国建设部出版社，2000

［90］李道增，傅英杰编著，西方戏剧 上、下 剧场史 [M]，北京：清华大学出版社，1999

［91］建筑设计资料集（第二版）–4 分册 [M]，北京：中国建筑工业出版社，1994

［92］程翌、汤姆．卡姆，华盛顿新建剧院印象 [J]，建筑学报 2010 年 6 月

［93］项秉仁、程翌，古城西安的 "文化大殿" —西安大唐不夜城文化交流中心建筑和室内设计 [J]，建筑学报 2010 年 2 期

［94］程翌、向宁，艺术与技术的互动—格雷姆肖的伦斯勒理工实验媒体表演艺术中心 [J]，建筑学报 2009 年 11 月：49–54

［95］洪浚霆，爱丽丝·塔利音乐厅的改建工程 [J]，演艺设备与科技，2009

［96］濮存昕，豪华剧院为谁而建 [J]，教书育人，2008 年 32 期

［97］周庆琳，梦想实现—记国家大剧院 [J]，建筑学报 2008 年 1 期

［98］彭怒，孙乐，从木材到殿堂——西贝流士大楼 [J]，建筑学报 2006 年 12 期

［99］傅海聪，国内新建剧场建筑的思考与展望 [J]，建筑学报 2006 年 8 期

［100］冯江，徐好好，关于珠江边两块石头的对话—广州歌剧院设计深化访谈 [J]，新建筑，2006 年 4 期

［101］支文军、朱金良，奇妙的"容器"—解读波尔图音乐厅 [J]，建筑学报 2006 年 3 期

［102］孟子厚，用耦合空间来调节声学特性的音乐厅 [J]，艺术科技，2004 年 4 期

［103］林中杰，玻璃拱下的城市 – 费城金慕演艺中心的室内空间 [J]，时代建筑 2003 年第 6 期

［104］范强，当代演出建筑的多用途使用与适应性问题研究［D]，清华大学建筑学院硕士论文，指导教师李道增，1994

293

相关网站

文中案例的网络资料：

［1］美国奥尔巴尼帝国广场的蛋形演艺中心：http：//www.egg performiang arts. Org

［2］阿拉伯联合酋长国的萨迪亚特岛演艺中心：

http：//www.dezeen.com/2007/01/31/more-images-of-hadids-emirates-ce

［3］台湾台中大都会歌剧院：http：//www.tmoh.com.tw/

［4］美国纽约林肯中心爱丽丝·塔利大厅：Tim McKeough，Performing Architecture，http：//new.lincolncenter.org/live/index.php/erforming-architecture

［5］美国纽约林肯中心爱丽丝·塔利大厅：

http：//www.3-form.com/installations-case_studies-architectural_case_studies?id=12

［6］美国纽约林肯中心爱丽丝·塔利大厅：Alice Tully Hall，Lincoln Center for the Performing Arts，New York，NY，http：//www.architypereview.com/ar_v04_n02_dsr_tully.html

［7］俄罗斯圣彼得堡马林斯基剧院：

Toronto Architects Diamond and Schmitt Chosen to Design the new Mariinsky Theatre in St.Petersurg，Russia，http：//www.e-architect.co.uk/russia/mariinsky_theatre.htm

［8］丹麦哥本哈根交响音乐厅：http：//en.wikipedia.org/wiki/Copenhagen_Concert_Hall

［9］美国西雅图市的里恩·奥利弗·麦考大厅：http：// www.mccawhall.com

［10］美国西雅图市的里恩·奥利弗·麦考大厅：Jodie Carter, Dreaming in Color：A New Art Commission at Seattle's Marion Oliver McCaw Hall, Brings the Drama of Opera Outdoors, http：//www.landscapeonline.com/research/article.php?id=4249

［11］美国迈阿密新世界交响乐音乐厅：

Gehry Under the Sun, http：//www.urbancityarch.com/2009/03/gehry-under-the-sun/

［12］美国迈阿密新世界交响乐音乐厅：

http：//www.worldarchitecturenews.com/index.php?fuseaction=wanappln.projectview&upload_id=2418

［13］美国伦斯勒理工大学实验媒体艺术中心：Dennis Overbye, "Art and Science, Virtual and Real, Under One Big Roof", http：// www. Nytimes.com/2008/09/23/science/

［14］美国伦斯勒理工大学实验媒体艺术中心："Innovative in Form, Pioneering in Function, An Experimental Media and Performing Arts Center Takes Shape at Rensselaer", http：// empac.rpi.edu.news/2003/070501.html

［15］美国伦斯勒理工大学实验媒体艺术中心：John Tusa, Transcript of the John Yusa Interview with Nicolas Grimshaw,

http：//www.bbc.co.uk/radio3.johntusainterview/grismshaw_transprit.shtml

［16］美国伦斯勒理工大学实验媒体艺术中心：Dennis Overbye, "Art and Science, Virtual and Real, Under One Big Roof", http：//www. Nytimes.com/2008/09/23/science/

［17］美国亚特兰大交响音乐厅：http：//www.atlantasymphony.org/home.aspx

［18］美国达拉斯演艺中心：http：//www.dallasperformingarts.org

［19］美国费城基梅尔表演艺术中心：http：//www.kimmelcenter.org/

［20］美国达拉斯的迪伊和查尔斯·威利剧院（（Dee and Charles Wyly Theater）：

http：//www.architypereview.com/ar_v04_n02_rex_wyly.html

［21］美国达拉斯的迪伊和查尔斯·威利剧院（Dee and Charles Wyly Theater）：NICOLAI OUROUSSOFF, Cool or Classic：Arts District Counterpoint,

http：//www.nytimes.com/2009/10/15/arts/design/

［22］美国华盛顿特区的薛尼·哈曼大厅：Architects Vision：A conversation with Jack Diamomd, http：//www.shakespearetheatre.org

［23］美国洛杉矶迪士尼音乐厅：

　　http：//img151.imageshack.us/img151/5540/c9782120ly3.jpg

［24］英国伦敦布鲁克林穹顶音乐厅：

　　http：//www.brightondome.org/PavilionTheatre.aspx

［25］英国塞奇·盖茨黑德音乐厅（SAGE GATESHEAD Concert Hall）：

　　http：//www.burohappold.com/BH/PRJ_BLD_sage_music_centre.aspx

［26］英国塞奇·盖茨黑德音乐厅（SAGE GATESHEAD Concert Hall）：

　　http：//www.mottmac.com/projects/

［27］英国曲线剧院：Curve Theater, St. George's Conservation Area, Leicester, England, http：//www.architypereview.com/ar_v04_n02_vinoly_curve.html

［28］英国曲线剧院：Hugh Pearman, Rafael Viñoly builds The Curve in Leicester, http：//entertainment.timesonline.co.uk/tol/arts_and_entertainment/visual_arts/architecture_and_ design/article5049871.ece

［29］英国曲线剧院：Thomas Lane, Viñoly turns a corner–the Leicester Curve, http：//www.building.co.uk/story.asp?storycode=3124594

［30］中国北京红宝石剧场：Red Diamond, Dongcheng District, Beijing, China, http：//www.architypereview.com/ar_v04_n02_chiasmus_red–di.html

［31］法国巴黎爱乐音乐厅：Lauren Barlett, sound–business,

　　http：//idealog.co.nz/magazine/july–august–2007/now/sound–business

［32］法国鲁昂音乐展览中心：Concert Hall & Exhibition Complex, Rouen, France, http：//www.architypereview.com/ar_v04_n02_bta_rouen.html

［33］德国汉堡易北河爱乐音乐厅（Elbphilharmonie）：http：//www.elbphilharmonie.de/

［34］德国汉堡易北爱乐厅（Elbphilharmonie）：River Tunes：Elbe Philharmonic Hall by Herzog & de Meuron, http：//www.archnewsnow.com/features/Feature223.htm

［35］德国汉堡易北爱乐厅（Elbphilharmonie）：

　　http：//www.libertytimes.com.tw/2008/new/sep/15/today–art2.htm

［36］德国汉堡易北爱乐厅（Elbphilharmonie）：

　　http：//www.domuschina.com/News/ShowAtlPro.asp?id=1477#news

［37］德国多特蒙德音乐厅：Kristen Richards, Dortmund, Germany：A new concert hall hits all the right notes for the renaissance of an urban neighborhood

［38］意大利帕格尼尼观众厅（Auditorium Niccolò Paganini）：

　　http：//www.teatroregioparma.org/auditorium/auditorium_immagini.htm

［39］意大利帕格尼尼观众厅（Auditorium Niccolo Paganini）：

　　http：//www.parmaitaly.com/auditorium.html

［40］卢森堡音乐厅：http：//www.archnewsnow.com/features/Feature153.htm

［41］荷兰莱兹·苏堡剧院（Leidse Schouwburg）：http：//www.leidseschouwburg.nl/

［42］荷兰市场剧院：http：//www.arcspace.com/architects/un/lelystad2/lelystad2.html

［43］挪威国家歌剧院：Norwegian National Opera，Oslo，Norway，http：//www.architypereview.com/ar_v04_n02_snohetta_norweg.html

［44］挪威国家歌剧院：Planning a cultural icon：the Oslo Opera House，http：//www.theatreprojects.com/news/item/156

［45］挪威国家歌剧院：Sn?hetta/Oslo Opera House，Oslo，Norway http：//www.arcspace.com/architects/snoehetta/oslo_opera/oslo_opera.html

［46］挪威国家歌剧院：http：//www.far2000.com/plus/view.phpØaid=25622

［47］葡萄牙波尔图音乐厅：http：//www.architonic.com/aisht/casa-da-msica-omaamo/5100129

［48］葡萄牙波尔图音乐厅：http：//www.insideoutside.nl/flash.html

［49］葡萄牙波尔图音乐厅：Casa da Música，Rotunda da Boavista，Porto，Portugal，http：//www.architypereview.com/ar_v04_n02_oma_casa_musica.html

［50］瑞士卢塞恩文化会议中心：http：//www.kkl-luzern.ch/navigation/top_nav_items/start.htm

［51］新加坡滨海国家艺术中心：http：//www.esplanade.com/index.jsp

［52］新加坡滨海国家表演艺术中心：Kristen Richards，East Meets West on the Waterfront：Esplanade，http：//www.archnewsnow.com/features/Feature101.htm

［53］新加坡滨海国家表演艺术中心：Jackie Craven，A new performing arts center changed the skyscape in Singapore，http：//architecture.about.com/cs/greatbuildings/a/esplanade.htm

［54］新加坡滨海国家表演艺术中心：http：//www.skyscrapers.cn/city/asia/si/si_landmark_Esplanade.htm

［55］台湾台中大都会歌剧院：http：//www.tmoh.com.tw/

建筑师：

［1］保罗·安德鲁（Paul Andreu）http：//www.paul-andreu.com/

［2］弗兰克·盖里（Frank.Gehry/Gehry Partners，LLP）http：//www.foga.com/home.asp

［3］扎哈·哈迪德 http：//www.zaha-hadid.com/

［4］伊东丰雄（Toyo Ito）http：//www.toyo-ito.com/

［5］迪勒·斯卡菲狄欧＋伦弗洛建筑事务所（DS+R：Diller Scofidio +Renfro）
　　　http：//www.dillerscofidio.com/

［6］多米尼克·佩罗（Dominique Perrault）http：//www.perraultarchitecte.com/

［7］让·努韦尔（Jean Nouvel）http：// www.jeannouvel.com/

［8］施罗德、舒尔特和施特罗特曼（Schroder& Schulte-Strothmann）

［9］伯纳德·屈米（Bernard Tschumi）http：//www.tschumi.com/

［10］伦佐·皮亚诺（Renzo Piano）：http：//rpbw.r.ui-pro.com/

［11］拉斐尔·维诺里（Rafael Vinoly）：http：//www.rvapc.com/

［12］联合工作室（Un Studio）http：//www.unstudio.com/

［13］福斯特建筑师事务所：http：//www.fosterandpartners.com

［14］大都会建筑师事务所/雷姆·库哈斯（OMA：The Office for Metropolitan
　　　Architecture / Rem Koolhaas）http：//www.oma.nl/

［15］汉斯·霍莱因（Hans Hollein）：http：//www.hollein.com/

［16］尼古拉斯·格雷姆肖（Nicholas Grimshaw）http：//www.grimshaw-architects.
　　　com/

［17］圣地亚哥·卡拉特拉瓦（Santiago Calatrava）http：//www.calatrava.com/

［18］德·波特赞姆巴克（Christian de Portzamparc）http：//www.chdeportzamparc.com

［19］谭秉荣建筑师事务所：http：//www.bingthomarchitects.com/

［20］戴尔蒙德和施密特建筑师事务所（Diamond and Schmitt Architects）

［21］麦金塔夫（Mark McInturff）建筑师事务所http：// www.mcinturffarchitects.
　　　com

［22］迈克尔·威尔福建筑师事务所http：//www.michaelwilford.com

［23］Snehetta 建筑师事务所http：//www.snoarc.no

声学顾问：

［1］美国柯克加德（Kirkegaard）声学公司http：//www.kirkegaard.com/

［2］奥雅纳声学公司（Arup Acoustics）http：//www.arup.com/acoustics/

［3］美国 TALASKE 声学公司（The Talaske Group）http：//www.talaske.com/

［4］比利时卡尔声学公司（Kahle Acoustics）http：//www.kahle.be/

［5］日本永田声学公司（Nagata Acoustic，Inc）/丰田泰久 http：//www.nagata.
　　　co.jp/

［6］美国阿泰克（Artec）公司/罗素·约翰逊（Russell Johnson）http：//www.
　　　artec-usa.com/

［7］美国杰菲·霍顿声学事务所（Jaffe Holden Acoustics）http：//www.
　　　jaffeholden.com/

297

［8］法国徐亚英声学公司（Xu Acoustique）http：//www.xu-acoustique.com/

［9］澳大利亚马歇尔·戴 声学公司（Marshall & Day）

［10］法国 CSTB http：//dae.cstb.fr/en/webzine/default.asp?main=1

［11］Muller-BBM 声学公司 http：//www.muellerbbm.com/

［12］英国声音空间设计（Sound Space Design）http：//www.soundspacedesign.co.uk/

［13］拉穆勒声学公司 http：//www.lamoureux-acoustics.com/

［14］RPG 声学扩散体系统公司 http：//www.rpginc.com/

剧院咨询公司：

［1］英 国 剧 院 工 程 公 司（Theatre Projects Consultants）http：//www.theatreprojects.com/

［2］FDA（Fisher Dachs Assocaite）剧院规划公司：http：//www.fda-online.com/

结构 & 环境咨询公司：

［1］英国布罗·哈波尔德布罗（Buro Happold）：http：//www.burohappold.com/

［2］奥雅纳咨询公司（Arup）：http：//www.arup.com/

［3］莫特·麦克唐纳工程咨询公司（Mott. MacDonald）：http：// www.mottmac.com/

致　　谢

在本书的写作过程中，为了寻求项目实例的资料，曾和国外的一些事务所或有关部门联系。他们大都积极回应，并告诉我一些项目设计的具体细节，对本书写作的支持令人感动。在此，特别感谢日本槙文彦建筑师事务所、法国安德鲁建筑师事务所、法国让·努韦尔建筑师事务所、法国德·波特赞姆巴克建筑师事务所、奥地利汉斯·霍莱因建筑师事务所、加拿大戴尔蒙德和施密特建筑师事务所、加拿大谭秉荣建筑师事务所、美国麦金塔夫建筑师事务所、美国伦斯勒理工学院 EMPAC 中心、美国长毛象剧院公司、美国柯克加德声学顾问公司，芬兰西贝柳丝大厅、挪威奥斯陆国家歌剧院、英国剧院工程咨询公司、英国福斯特建筑师事务所、英国伦敦贝内特斯建筑师事务所为本书提供的图片。

还有美国《建筑实录》（Architectural Record）杂志的演艺建筑类型研究的专栏作者 James S. Russell 先生，也十分热心地给我提供了详细的全球最新演艺建筑项目列表和他个人的评论，对本书的案例收集是一个很好的补充。再有，感谢美国伊利诺伊州立大学香槟分校（UIUC：University of Illinois at Urbana-Champaign）建筑学院汤姆·卡姆（Tom Kamm）老师对本书的帮助，他不仅给我介绍了国外在演艺建筑研究方面的相关书目，还亲自安排并陪同我对美国首都华盛顿的几个新建剧院进行考察，让我有机会能和剧院管理者或现场建筑师进行直接的交流，对中美新建演艺建筑建设的差异有了直观的认识和深入的了解。

其次，我要感谢美国伦斯勒理工学院（RPI：Rensselaer Polytechnic Institute）建筑学院的向宁教授[①] 和同济大学的王季卿教授，对我在建筑声学方面的问题给予了悉心指点和耐心的讨论。特别是向宁教授，对本书中所有涉及声学设计的部分，都在百忙中逐一给予点评，让我对注重科技研究的严谨性、用词的准确性，有了更深入的体会。

为了了解国内演艺建筑项目的舞台设备和声学设计方面的信息，我曾向北京总装设计院的陈威先生、国家大剧院业主委员会的金志舜先生、上海现代集团声学所的王静波先生和比利时卡尔（Kahle）声学咨询公司的 Brian F.G.Katz 博士进行咨询，他们都给予了及时的帮助或提供相关资料。当然，也非常感谢同济大学设计院、上海项秉仁建筑师事务所、西安曲江新区土地储备中心、成都高新区管委会等机构，国家大剧院、广州歌剧院给本书提供的国内相关项目的建筑设计图片。

---

① 向宁（Ning Xiang）：美国 RPI 建筑学院的教授和博士生导师，建筑声学系主任，美国声学协会学报（the Journal of the Acoustical Society of America）的专栏副主编。

特别感谢我的博士导师、同济大学的项秉仁教授，坚定了我把演艺建筑作为博士阶段研究方向的决心，并提供了演艺项目设计实践的机会。很多对这种建筑类型的切实体会，从书本中是无法得到的，需要在设计实践中才能真正理解。

最后，感谢清华大学建筑学院的李道增院士、庄惟敏院长给我提供了博士后研究工作的机会，让我能够对演艺建筑进行更深入的研究。正是通过两年博士后工作的沉淀，我对博士论文（《当代演艺建筑发展研究1998-2009》）进行了提炼和修改，最终完成此书。

个人简历 相关论文、研究及设计工作

程翌，女，1972–
博士
国家一级注册建筑师
国家注册规划师

学习和工作经历：
2010 年 11 月至 2013 年 1 月　博士后，清华大学建筑学院
2008 年 12 月至 2010 年 7 月，2005 年 3 月至 2007 年 10 月
建筑设计及其理论博士生，同济大学建筑城规学院
2007 年 11 月至 2008 年 12 月，美国伦斯勒理工大学访问学者（博士联合培养）
2003 年 9 月至 2005 年 3 月，建筑设计及其理论硕士生，提前攻博，同济大学
建筑城规学院
1996 年 7 月至 2003 年 8 月，西南交通大学建筑学院，助教、讲师
1991 年 9 月至 1996 年 6 月，建筑学本科，西南交通大学建筑学院

发表的相关学术论文

[1] 程翌. 以实现空间"亲密感"为前提的剧院观众厅设计. 建筑学报，2013.

[2] 程翌. 协作的艺术—建筑与声学互动下的演艺建筑观众厅设计. 世界建筑，2011：82–85.

[3] Yi Cheng.From the vision of users to think about the architectural design of theater's auditorium，Proceedings of the 10th International Symposium on Environment–behavior Studies，Hunan University.Changsha：Hunan University Press，2012.

[4] 程翌. 融于城市之中的"透明"剧院. 城市建筑，2012.

[5] 程翌，汤姆·卡姆. 华盛顿新建剧院. 建筑学报，2010：106–111.

[6] 程翌，向宁. 艺术与技术的互动——格雷姆肖的伦斯勒理工实验媒体表演艺术中心. 建筑学报 2009：49–54.

[7] 程翌. 城市地标. 城市客厅. 城市建筑，2010：25–28.

[8] 项秉仁，程翌. 古城西安的"文化大殿"——西安大唐不夜城文化交流中心建筑和室内设计. 建筑学报，2010：50–55.

[9] 项秉仁，程翌. 内在理性和外在逻辑——合肥大剧院的建筑和室内设计. 时代建筑，2010（5）：128–133.

[10] 项秉仁，程翌. 现代与历史的对话——西安大唐不夜城文化交流中心设计. 城市建筑，2007：15–17.

相关的研究及设计工作

1. 观众厅包厢设计的研究 2006.4–2006.5；

2. 演艺建筑公共空间和观众厅空间设计的研究 2006.9–2006.10；

3. 西安大唐不夜城文化交流广场建筑设计和室内设计（省级重点项目，7万平方米，1200座音乐厅、1500座歌剧院、1200座电影院、1万平方米艺术展廊）2005.12–2007.3；

4. 合肥大剧院室内设计（省级重点项目，6万平方米，1500座歌剧院、1000座音乐厅、500座的多功能剧场）2006.9–2007.3；

5. 现代建筑声学技术对演艺建筑观众厅空间影响的研究（美国伦斯勒理工大学建筑学院）2007.11–2008.09；

6. 数字化表演对演艺建筑空间影响的研究（美国伊利诺伊州立大学香槟分校 2007.11–2008.11；

7. 苏州科技文化艺术中心——大剧场的声学测试和声学设计回访（陪同该厅堂的声学顾问布赖恩．卡兹）2009.7；

8. 西安大唐不夜城文化交流广场歌剧院座位数容积分析 2009.9；

9. 浙江海安大剧院设计咨询 2010.10；

10. 四川天府文化中心设计咨询 2012.9–2013.6；

11. 成都新建演艺建筑功能配置和运营策略研究 2012.3–2013.1（清华大学博士后出站报告）。

跋：笔者的写作背景

演艺建筑是最复杂的建筑类型，这种复杂性首先表现在设计所涉及的领域十分广泛。剧场不仅是演出的容器，而且是艺术作品得以被创造出来的"乐器"。观众与舞台的空间关系、声学、空间气氛、舞台形式、后台设施、灯光、结构、音响等，都影响着表演艺术的创作。因此，演艺建筑实际上是一个结合建筑、声学、灯光、音响、结构、舞台设备、水电暖通工程等多种复杂因素综合考虑的结果。不仅如此，演艺建筑的核心就是一切为了表演，所以其建筑的设计只是一个开始，表演艺术的魅力展示来自现场演出时演员和观众的很好的交流与互动以及导演、布景、灯光、服装、道具师、舞台管理人员共同的努力。

演艺建筑的这种特有的复杂性，对一个研究这种建筑类型的学者的知识面提出了很高的要求。虽然一个建筑设计科班出身的建筑师，在学校里多多少少都会学习到关于剧院设计的课程，然而那些课程只是能够了解"剧院建筑设计"的基本概念，其他的复杂因素很难有所涉及。同时，演艺建筑作为城市的明珠和耗资巨大的工程，就决定了它在修建的数量上是无法和酒店、学校、商店、办公楼等其他公建设施相比拟的。那么，对一个建筑师来说，能参与这类建筑项目的机会也不多。

笔者从 2005 年底至今，有幸亲自参与了国内两个省级重点演艺建筑项目①，通过和业主、声学顾问、舞台设备以及其他工种的配合，对国内演艺建筑的建设有了直观的认识。在这两个项目的设计过程中，笔者不仅考察了国内 10 几个新建演艺建筑项目，而且对"剧院包厢的设计"、"演艺建筑室内公共空间和观众厅空间设计"以及"歌剧院座位数分析"等问题，进行了设计研究，在具体的设计实践中，发现我国演艺建筑设计中存在的问题，也激发了对这种类型建筑进行深入研究的兴趣。

众所周知，没有其他任何一种建筑类型像演艺建筑这样注重建筑空间和建筑声学的关系。其观众厅的设计在某种程度上，更类似于设计轮船和飞机，建造出来观众厅的空间可以由声学测试的数据来评价其设计的好坏，建筑声学的技术要求直接影响观众厅空间形态。那么，要对这种类型建筑进行研究，如果没有对建筑声学技术手段的足够了解，还是会比较困难的。2007 年，笔者因国家留学基金委资助，前往美国一年，在伦斯勒理工学

---

① 自 2005 年底，笔者参与了西安大唐文化广场和合肥大剧院两个省级重点项目的建筑及其室内设计，积累了一些对演艺建筑项目的直观认识和一手资料。

院（RPI：Rensselaer Polytechnic Institute）^① 的建筑学院，和建筑声学专业的研究生们一起工作和学习，让笔者有机会对建筑声学理论在国外的最新发展、观众厅空间形态与建筑声学技术的互动关系以及在实际工程项目中，建筑声学顾问如何与建筑师一起工作等问题进行了考察和研究。

与此同时，为了收集论文的相关资料，笔者还前往全美公立大学中图书资料最齐全的伊利诺伊州立大学香槟分校（UIUC：University of Illinois at Urbana-Champaign），并旁听了一些相关课程，包括舞台管理原则（Principles of stage management），音乐舞台的灯光设计（Lighting Design for musical stage）等，让笔者对演出中演员和观众的关系、数字化技术对表演氛围的影响有了更深入的理解。

利用学校的假期时间，笔者对美国著名的或新建的 23 座演艺建筑进行了实地考察，包括纽约的林肯中心、百老汇剧院、费城的 Kimmel 艺术中心、华盛顿的肯尼迪艺术中心、波士顿交响音乐厅、芝加哥 Jay Pritzker 音乐棚、西雅图的 Marion Oliver McCaw 剧院、丹佛艺术中心和洛杉矶的迪士尼音乐厅等，足迹遍布美国 10 个州，16 个城市。^② 为了增加自己对演艺建筑的直观体验，笔者观看了 20 多场表演，包括纽约百老汇歌剧、音乐剧、爵士乐、洛杉矶迪士尼音乐厅和波士顿音乐厅交响音乐会、室内乐、在华盛顿特区的实验剧院观看的前卫话剧和在拉斯维加斯欣赏的经典剧等，从一个观众的角度对美国演艺建筑的设计和运营方式有了更多的认识。

2009 年 7 月，笔者陪同卡尔公司的声学顾问布赖恩·卡兹博士对苏州科技文化艺术中心的大剧场进行了声学测试和声学设计回访。在现场，经过布赖恩的讲解，让笔者对可调耦合空间的具体使用有了更深入的认识。

2010 年 11 月，笔者进入清华大学建筑学院博士后流动站，跟随李道增院士^③，对中国演艺建筑的建设和运营进行进一步的研究。

正是以上这些工作和经历，为本书的写作打下了较好的基础。

---

① 伦斯勒理工学院（Rensselaer Polytechnic Institute），位于纽约州的特洛伊城（Troy），成立于 1824 年，是美国首屈一指的研究型大学之一。伦斯勒理工学院一直以致力于边缘学科的研究，特别是在建筑声学和电子艺术学科方面，全球领先。

② 详见附录 B：美国演艺建筑实地考察选例。

③ 清华大学的李道增教授，是国内剧场研究的代表人物。他从 50 年代涉足剧场设计时，就开始研究剧场，并收集和整理了大量西方剧场资料，具有丰厚的中西方剧场知识积累。与此同时，李道增教授还主持设计过不少在我国现代剧场发展史上具有重要意义的剧场设计，如 1990 年国家大剧院的可行性方案设计等。其门下的十几位硕士和博士生也都在做剧院设计方面的研究。1999 年出版的由他和其博士生傅英杰所著的《西方戏剧·剧场史》，是我国第一部全面系统介绍西方剧场、戏剧发展的书籍，填补了我国这方面的学术空白。